国家自然科学基金资助项目(41330638,41402135)资助
江苏省煤基$CO_2$捕集与地质储存重点实验室(中国矿业大学)开放基金项目(2015A04)资助
江苏高校优势学科建设工程资助项目资助

# 沁水盆地南部煤层气直井产能的控制因素及预测

刘世奇　桑树勋　李梦溪　刘会虎　著

中国矿业大学出版社

## 内容简介

本书以煤层气地质学、煤层气藏工程、油气藏数值模拟等学科的理论和方法为基础，论述了地质与工程因素对煤层气直井产能的协同控制理论，并按照“地质描述（地质模型）—物理模型—数学模型—数值模型—计算机模型—模型应用”的数值模拟方法，系统阐述了煤层气直井产能预测的方法与实现过程，并结合现场实例介绍了工程应用。主要内容包括煤层气直井产能的地质与工程协同控制理论；沁水盆地南部典型煤层气开发地质—工程模型，包括沁水盆地南部煤储层原位地质模型，压裂强化改造的煤储层地质模型和排采动态地质模型；煤储层与煤层气生产动态过程数学模型；数学模型的求解与产能预测实例等。

本书可供煤层气地质及勘探开发领域的专业技术人员参考，也可作为高等院校相关专业研究生或本科生的教学参考书目。

**图书在版编目(CIP)数据**

沁水盆地南部煤层气直井产能的控制因素及预测/刘世奇等著.—徐州：中国矿业大学出版社，2017.10

ISBN 978-7-5646-3415-5

Ⅰ.①沁…　Ⅱ.①刘…　Ⅲ.①煤层－地下气化煤气－直井－产能预测　Ⅳ.①P618.11

中国版本图书馆CIP数据核字(2017)第008800号

**书　　名**　沁水盆地南部煤层气直井产能的控制因素及预测
**著　　者**　刘世奇　桑树勋　李梦溪　刘会虎
**责任编辑**　潘俊成　孙建波
**出版发行**　中国矿业大学出版社有限责任公司
（江苏省徐州市解放南路　邮编221008）
**营销热线**　(0516)83885307　83884995
**出版服务**　(0516)83885767　83884920
**网　　址**　http://www.cumtp.com　**E-mail**：cumtpvip@cumtp.com
**印　　刷**　徐州中矿大印发科技有限公司
**开　　本**　787×1092　1/16　**印张**　9.5　**字数**　243千字
**版次印次**　2017年10月第1版　2017年10月第1次印刷
**定　　价**　36.00元
（图书出现印装质量问题，本社负责调换）

# 前　言

煤层气是一种高效洁净能源。煤层气的开发对于缓解我国油气资源紧张现状、减轻矿井灾害程度、减少温室气体排放等具有重要意义，是我国增强能源自主保障能力与调整优化能源结构的重要途径。我国煤层气资源非常丰富，2 000 m 以浅的储量达到 $36.8\times10^{12}$ $m^3$，开发潜力巨大。高阶煤层气资源约占全国煤层气资源总量的三分之一。与美国以中阶煤储层作为煤层气开发的主要目的层不同，我国煤层气开发首先在以沁水盆地为代表的高阶煤储层实现突破。中国高阶煤储层构造条件复杂，渗透率总体偏低，增加了煤层气开发的难度。

沁水盆地南部作为典型的高阶煤层气藏，煤层气储量丰富，地质特色鲜明，是我国原位煤层气开发最为活跃的地区，也是中国实现煤层气商业性开发的最主要地区，在我国煤层气开发中具有代表性。最新一轮的资源评价结果表明，沁水盆地埋深 2 000 m 以浅的煤层气地质资源量可达 $3.98\times10^{12}$ $m^3$。中石油华北油田分公司拥有沁水盆地南部郑庄、樊庄、沁南东-夏店（长治）、沁南西（安泽）等 7 个矿权区，面积 5 169 $km^2$，资源量 $1.08\times10^{12}$ $m^3$，累计探明煤层气储量 $2.413\times10^{12}$ $m^3$。其中，晋城地区的樊庄区块是中国煤层气开发最早、技术最成熟的区块之一，已探明含气面积 398.23 $km^2$，煤层气资源量 $1\,043.30\times10^8$ $m^3$，建成了我国重要的煤层气开发基地。截至 2013 年年底，华北油田已完钻各类井 2 000 余口，合计建成产能 $21.5\times10^8$ $m^3$，2013 年实现商品气量 $8.05\times10^8$ $m^3$，煤层气生产形势良好。沁水盆地南部以直井作为煤层气生产的主要方式，同时，作为典型的高阶煤层气藏，煤储层具有“低渗”、“低压”、“欠饱和”的特点，煤层气开发难度大，如何进一步提高煤层气直井产能成为该地区煤层气开发亟待解决的关键问题。

煤层气生产的目的是最大程度地获取煤层中赋存的煤层气资源，提高煤层气井产能。煤层气井产能的控制因素繁多、控制机理复杂，且地质与工程因素之间存在着复杂的关系，并在整个煤层气勘探开发过程中相互影响。目前，以单一因素分析为主的产能主控因素研究，很少涉及各控制因素之间的协同控制作用，受到工程实践的挑战，难以有效指导煤层气井高效生产。研究地质因素与工程因素对煤层气井产能的协同控制作用，对提高煤层气井的产能具有更加现实的指导意义。

煤层气藏的研究和开发是一个复杂的综合性科技问题，新老区块开发方案设计、历史拟合、动态预测等方面的研究，采用地质理论及相关工程技术都难以实现，而煤储层数学建模技术在开发方案优选、经济评价、机理研究等方面具有较大优势，利用煤储层建模技术可再现生产历史，定量分析煤层气藏开发潜力。目前，煤层气井产能预测研究的重点集中在数学模型的建立和求解方面，注重参数的选取及各参数与煤层气井产能之间的关系，忽略了煤储层地质模型及物理模型的建立，数学模型的建立往往缺少地质模型、物理模型的指导，与储层实际差别较大，适用性低。特别是不同煤阶的煤储层物性特征、孔裂隙发育特征等各不相同，具有其独特的发育特点。因此，在煤层气井产能预测研究中，建立典型的生产地质模型并指导物理模型和数学模型的建立对于提高数学模型的适用性至关重要。

为解决上述问题，本书在与中国石油股份有限公司华北油田长期合作的基础上，以国家自然科学基金资助项目(41330638，41402135)、江苏省煤基$CO_2$捕集与地质储存重点实验室(中国矿业大学)开放基金项目(2015A04)以及江苏高校优势学科建设工程资助项目为依托，以煤层气开发程度最高、资料最为丰富的沁水盆地南部樊庄区块为示范研究区，开展煤层气直井产能的地质与工程协同控制机理及产能预测方法的研究。本书的研究内容深化了对煤层气直井产能控制机理的认识，进一步完善了煤层气直井产能的预测方法和理论，为该地区煤层气直井的勘探开发方案设计以及生产调整提供依据，也为我国高阶煤层气井的生产以及产能提高提供借鉴。

本书内容分为煤层气开发地质条件与生产特征、煤层气直井产能的地质与工程协同控制理论、沁水盆地南部典型煤层气开发地质—工程模型、煤储层与煤层气生产动态过程数学模型、数学模型的求解与产能预测实例五大部分。全书由刘世奇副研究员、桑树勋教授主持撰稿，各章节撰稿分工为：前言由刘世奇完成；第一章第一节由刘会虎、李梦溪完成，第二节由刘世奇、李梦溪完成；第二章第一节和第二节由刘世奇完成，第三节由刘世奇、桑树勋完成；第三章第一节由桑树勋、刘世奇、刘会虎完成，第二节由刘世奇、桑树勋完成，第三节由刘世奇完成；第四章和第五章由刘世奇完成。全书稿件由桑树勋教授、李梦溪高工审校，插图由刘世奇副研究员审校。本书中涉及的煤层气井产能数值模拟工作由刘世奇完成，刘会虎、徐宏杰、朱启朋、张杰芳参与完成了资料统计、图件编制和计算机清绘等工作。

在撰写过程中，参考了大量学术专著、科技论文、科研报告、软件说明书及网络文献等，引用了中国石油股份有限公司华北油田煤层气勘探开发分公司近年来所立科研课题成果，如“樊庄区块南部直井增产技术研究”、“煤层气流体化学生产监测与测试”、“樊庄区块南部煤层气群井排采井间干扰与增产效果研究”、“樊庄区块南部煤层气井流体化学场监测”和“‘煤层气勘探开发关键技术研究与示范工程’课题八——煤层气井流体化学场监测”。

中国石油股份有限公司华北油田煤层气勘探开发分公司总地质师李梦溪高工、煤层气地质研究所所长王立龙工程师及公司的各位同仁在煤层气勘探开发资料收集与样品采集等诸多方面给予了大力支持和无私帮助！中国矿业大学资源学院黄华州讲师、王冉副教授、周效志副教授和姜立君讲师，安徽理工大学地球与环境学院刘会虎副教授、徐宏杰讲师在写作思路上提供了建设性意见。中国矿业大学资源学院高贺凤实验员、张井实验员、唐家祥实验员，中科院广州地化所陈华山副研究员，中国矿业大学资源学院2012、2013、2014届部分硕士研究生参加相关的实验测试。

在此，谨向上述单位、个人表示诚挚的谢意！

**作者谨识**

2017年1月

# 目　　录

# 第一章　煤层气开发地质条件与生产特征

沁水盆地位于山西省东南部(图 1-1),含煤面积 29 500 $km^2$,煤炭储量 5 100 亿 t,是我国主要的特大型含煤盆地,也是世界储量最大的高煤阶煤层气田之一[1,2]。沁水盆地南部作为典型的高阶煤层气藏,是中国实现煤层气商业性开发的最主要地区。

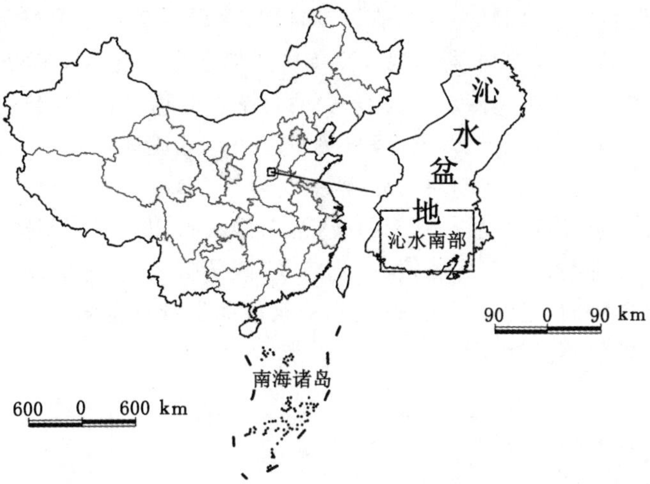


图 1-1　研究区地理位置

## 第一节　煤层气开发地质条件

### 一、沉积背景与含煤特征

沁水盆地南部含煤地层为石炭—二叠系,自下而上包括本溪组、太原组、山西组、下石盒子组、上石盒子组及石千峰组,其中以太原组和山西组为主要含煤地层[3,4]。山西组地层厚度一般为 41～83 m,平均约为 70 m 左右(图 1-2),为发育于陆表海沉积背景之上的三角洲沉积,一般从三角洲河口沙坝、支流间湾过渡到三角洲平原相[4,5],并在三角洲沉积基础上发育了一套以细、粉砂岩及泥岩为主的含煤岩系[4,5]。

研究区山西组共有 4 个煤层,自上而下编号为 $1^{\#}$～$4^{\#}$。其中 $3^{\#}$ 煤层是全区分布最稳定、单层厚度最大的煤层,为煤层气勘探开发的主要目的煤层,也是本书研究的目的煤层。研究区山西组 $3^{\#}$ 煤层厚度介于 3.25～8.85 m 之间,主要变化于 6.00～7.00 m;$3^{\#}$ 煤层埋深介于 409.70～808.70 m 之间,大部分地区埋深介于 500～700 m 之间;$3^{\#}$ 煤层显微组分以镜质组为主,含量介于 53.90%～92.7%,惰质组含量介于 7.0%～46.1%;$3^{\#}$ 煤层原煤灰分($A_d$)含量变化较大,主要介于 3.54%～19.42%之间,平均约为 7.62%,个别区域的原煤灰分含量极低(低至 0.18%)或极高(高至 50.76%);$3^{\#}$ 煤层原煤挥发分($V_{daf}$)含量主要介于 3.09%～6.78%之间,平均约为 5.59%,个别区域的原煤挥发分含量极低(1.40%)或极高

(22.08%);3# 煤层原煤水分($M_{ad}$)含量一般较低,介于 0.61%~1.83%之间,平均约为 1.11%;最大反射率值介于 3.24%~3.98%之间;空气干燥基含气量介于8.03~31.44 cm³/g 之间。

## 二、构造特征

### (一) 区域构造特征与演化

沁水盆地为华北地台山西隆起上的构造型复式盆地,形成于中生代末期[4,6,7]。含煤层系共经历四个构造演化期:海西期、印支期、燕山期和喜马拉雅期[8]。海西期—印支期为沉降深埋时期;印支—燕山早期为稳定和波动时期,地壳整体抬升,广泛遭受剥蚀;燕山中期—晚期为构造抬升期,此时的地壳快速抬升和强烈的岩浆活动,造成该区煤层埋深的进一步减小;喜马拉雅期为埋深持续减小与构造分异时期,含煤层系发生了严重的调整与改造,最终形成了现今的格局[9,10]。沁水盆地现今整体构造形态为一近 NE-NNE 向的大型复式向斜,轴线大致位于榆社—沁县—沁水一线,东西两翼基本对称,倾角为 4°左右,次级褶皱发育。

沁水盆地南部主要煤层气开发区块(樊庄区块与郑庄区块)位于晋城地区,主体部分位于山西省沁水县境内,以寺头断层为界,西侧为郑庄区块,东侧为樊庄区块。樊庄区块与郑庄区块处于沁水盆地南部晋城马蹄形斜坡带,东为太行山复式背斜隆起,南为中条山隆起,西为霍山凸起,北部与盆地腹部相接(以北纬 36°线为界)。樊庄区块 3# 煤层主要构造形态(断层走向与褶曲轴向)呈 NNE 向展布,次一级褶曲发育且方向多变,明显表现出受多期构造作用的影响,断层不发育(图 1-2)。

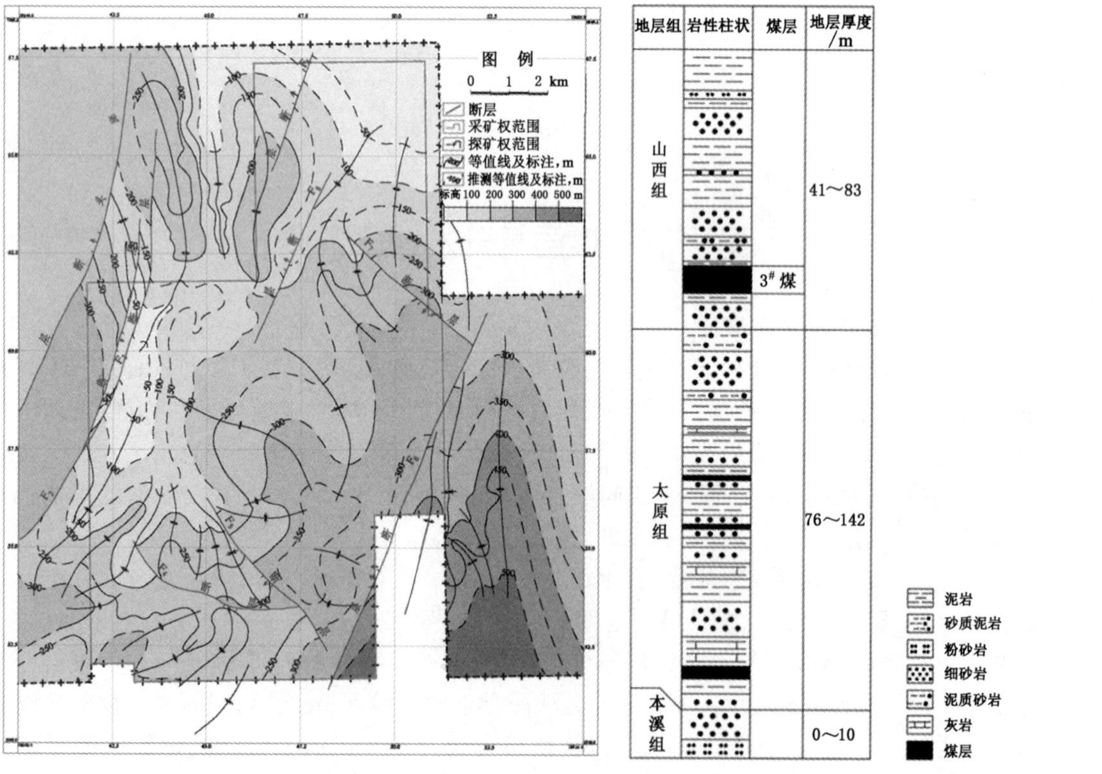


图 1-2 樊庄区块 3# 煤层构造图及山西组、太原组沉积序列

（二）褶曲构造

樊庄区块向斜构造一般出露较好，易于观测，背斜构造的核部往往发育有冲沟，不利于观测，而背斜构造两侧的地层产状表明背斜核部岩层较破碎，易遭受侵蚀作用。樊庄区块主要发育 NE 与 NW 两个方向的褶曲。根据野外地质调查以及所收集的区域地质资料，研究区褶曲轴向主要集中在 15°～54°和 320°～338°，主要发育两翼倾角较缓的宽缓褶曲（图 1-3）。例如，图 1-3 为野外观测到的一个樊庄区块向斜构造（核部观测点 N35°48′58.9″，E112°37′31.3″），该向斜构造的 NW 翼产状为 118°∠9°，SE 翼的产状为 296°∠14°，为一不对称向斜构造。

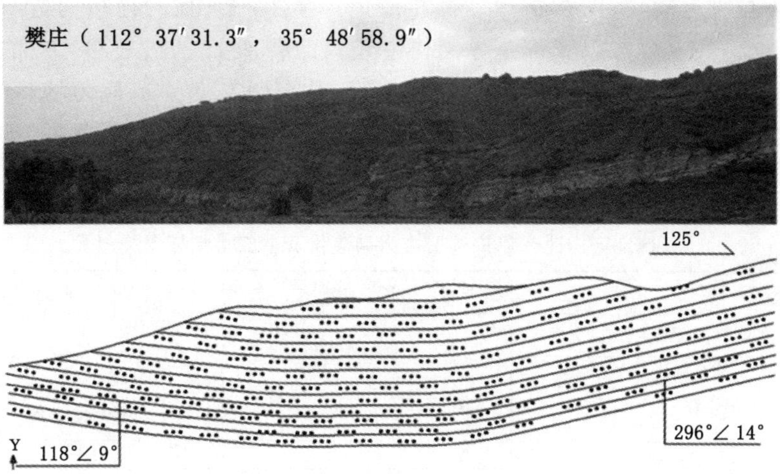


图 1-3 樊庄区块野外向斜素描图

（三）断层构造

樊庄区块断裂构造不发育，野外实际观测中可见数条断层，多为正断层，断层规模相对较小（表 1-1）。寺头断层为区内主要断层，也是区内最大的断层构造。由于地面剥蚀与冲击层堆积较厚，区内无法观察到寺头断层，但其平面位置较清楚，在区块北侧的枣园地区该断层地表出露良好，并有多处出露，表现为正断层，断层带在刘家沟组的上石盒子组、下石盒子组中，宽度约为 3 m，总体呈 NNE 向延伸，平面上呈舒缓状，断层产状为 110°∠40°。

**表 1-1　　樊庄区块主要断层构造**

| 断层编号 | 断层名称 | 断距 | 断层产状 | | |
|---|---|---|---|---|---|
| | | | 走向 | 倾向 | 倾角/(°) |
| 1 | 寺头正断层 | 最大 100 m，一般为 50～60 m | NE | NW | 70～75 |
| 2 | F1 正断层 | 4 m | NE | NW | 65 |
| 3 | F2 正断层 | 12 m | NE | SE | 60 |
| 4 | F3 正断层 | 1.5 m | NE | NW | 51 |
| 5 | F4 正断层 | 6 m | NW-EW | SW | 60 |
| 6 | F5 正断层 | 9 m | NW | SW | 50 |
| 7 | F6 正断层 | 8 m | NE | NW | 65 |
| 8 | F7 正断层 | 18 m | NW | SW | 55 |

（四）节理构造

樊庄区块属于暴露或半暴露区，基岩出露相对较好，虽然断裂构造并不发育，但野外露头的节理构造现象特别丰富。由于受到近 SN 向褶曲与 NW 向褶曲的联合控制，研究区节理发育方位明显多变。野外节理点的实地观测结果表明，区内节理共有四组优势发育方位：NE30°～40°、NE65°～85°、NW20°～50°、NW60°～85°，其中以 NE65°～85°、NW20°～50°最为发育。受多期构造运动的影响，靠近构造转折端的部位，节理密度加大，且延伸也较长。

（五）构造应力场演化

自石炭—二叠纪以来，沁水盆地南部经历了多期构造运动，先后经历了印支运动、燕山运动和喜马拉雅运动，每次构造运动都相应地产生了一系列的地质构造，现存的地质构造形态、组合形式及分布规律都是各期构造作用的叠加[11]。与之相对应的，沁水盆地南部晋城地区构造应力场可以分为 4 个时期：第一期，印支期构造应力场；第二期，燕山期构造应力场；第三期，喜马拉雅早期构造应力场；第四期，喜马拉雅晚期—现代构造应力场（表 1-2）[12,13]。

**表 1-2　晋城地区中生代以来构造应力场演化及主应力特征[12,13]**

<table>
<tr><th colspan="3">地质年代</th><th>构造期</th><th>应力场主应力特征</th></tr>
<tr><td rowspan="3">新生代</td><td colspan="2">第四纪</td><td rowspan="2">喜马拉雅晚期—现代</td><td rowspan="2">NE-SW 向挤压，NW-SE 向伸展</td></tr>
<tr><td colspan="2">新近纪</td></tr>
<tr><td colspan="2">古近纪</td><td>喜马拉雅早期</td><td>NWW-SEE 向伸展作用</td></tr>
<tr><td rowspan="5">中生代</td><td colspan="2">白垩纪</td><td rowspan="2">燕山期</td><td rowspan="2">NW-SE 向挤压作用</td></tr>
<tr><td colspan="2">侏罗纪</td></tr>
<tr><td rowspan="3">三叠纪</td><td>晚三叠世</td><td rowspan="3">印支期</td><td rowspan="3">SN 向的挤压作用</td></tr>
<tr><td>中三叠世</td></tr>
<tr><td>早三叠世</td></tr>
</table>

印支期构造运动从中三叠世之后开始影响沁水盆地，主要活动期为晚三叠世末，使沁水盆地主体遭受近 SN 方向的水平构造挤压应力，产生逆掩断层和一系列 EW 走向舒缓次级褶曲。在野外调查中，由于印支期的构造相对较弱，没有明显的构造特征，樊庄区块内该期节理不发育。总体上看，印支期近 SN 向的水平挤压应力场对沁水盆地的影响并不大，没有留下明显的构造形迹，仅使盆地南部产生了一定程度的隆起抬升。

燕山期构造运动是沁水盆地中生代以来最强烈的一次构造变形，也是区内地质构造形成的关键时期。该期构造运动表现为强烈的 NW-SE 向近水平挤压构造应力场，在盆地南部晋城一带主应力迹线略有偏转呈近 EW 向，产生了一系列 NNE 向为主的高角度正断层，并广泛发育有 NNE-NE 向次级褶曲构造。事实上，在研究寺头断层的岩石组构时，也明显发现其存在一期近 EW 向的挤压应力场，主应力呈 15°向 SEE 倾向（如主压应力方向为 100°∠15°）。另外，樊庄区块也发育了一系列 NNE-NE 轴向的褶曲，南部与北部发育较明显，中部相对较弱，且往往受后期的构造改造较大。

喜马拉雅早期构造运动使华北地区北部受到 NW-SE 方向的拉张构造应力作用，在区内形成大规模伸展构造，即进入全面裂陷阶段，形成了贯穿山西南北的断陷盆地，长治段及晋城段高角度正断层发育，部分地段密集分布，同时伴生剪、张节理。区内喜马拉雅早期最明显的构造是分隔郑庄区块与樊庄区块的寺头断层，对该断裂带的岩组与擦痕研究表明，虽然明显可以区分出存在三期构造应力场（三期构造应力场的主压应力产状分别为：NW 向 300°∠20°；近 EW 向 100°∠15°；NNE 向约 10°∠16°），而根据断层延展性质及与构造应力场的关系分析，特别是就断层面的擦痕研究，断层形成时其三轴应力方向分别为：最大主应力 10°∠16°，最小主应力 290°∠16°，中间主应力 100°∠74°。因此，该断层发育主要与 NNE 向挤压和 NWW 向伸展有关，应该是喜马拉雅早期的产物。而樊庄区块本期构造较为明显，特别是褶皱构造，在先前的 NNE-NE 向褶曲上，明显叠加了 NW 向褶曲，导致褶曲轴延伸复杂化，这种构造形迹在樊庄区块中北部尤为明显。

进入新近纪以来，山西地区的构造应力场由早期的 NNE-SSW 向挤压应力逐渐转变为 NE-SW 向挤压应力。喜马拉雅晚期—现代构造应力场对樊庄区块的构造改造性相对大些，它导致地壳进一步被抬升，接受剥蚀，加强了前期构造特征，特别是中部的轴向 NW 的褶曲构造，产生了一系列 NW 向次级褶曲及配套的构造裂隙，并在燕山期构造产物之上，最终奠定了研究区的现代分布格局[14,15]。此外，区内常存在一些褶曲轴弯曲的现象，也可能是本期应力场影响的表现，使得原先的构造复杂化。受该期 NE-SW 向的区域挤压应力场作用，寺头断层可能在该期应力场下，兼具右行走滑作用，导致该断裂在喜马拉雅晚期—现代处于相对紧闭状态而有利于煤层气的保存。

### 三、岩浆活动

山西南部岩浆岩地表露头主要见于襄汾—翼城—浮山之间的塔尔山—二封山一带，在其他地区，如太岳山西部、临汾西佐、侯马紫金山等地，岩浆岩则沿一些较深的断裂断续分布。岩浆岩种类多样，主要见有花岗岩类、脉岩类、超基性岩类和基性岩类，岩体出露规模一般不大，产状有岩枝、岩墙、岩脉等[4]。

沁水盆地南部岩浆活动主要集中于太古代—元古代和中生代两个地质阶段。太古代和元古代岩浆岩存在于前寒武系地层中，其岩体小，多以脉状产出，岩性以超基性岩、基性岩和酸性岩为主，主要分布在太岳山区。中生代（特别是燕山期）是华北地区岩浆活动的鼎盛时期，在山西南部也有清楚的显示。岩浆岩体分布于研究区南部，多呈 NEE 向断续分布，其展布方向和形式受隐伏的基底断裂带控制，各侵入体在地表以近等轴状形态出露，多沿短轴背斜的轴部侵入，其围岩主要是奥陶系、石炭—二叠系和三叠系[4]。

沁水盆地南部最大的出露岩体（塔尔山—二峰山）呈枝状产出，分布面积大于 100 $km^2$，与其呈侵入接触的最新地层是三叠系二马营组。根据同位素年龄测定结果，岩体的侵入时代为白垩纪早中期。该岩体对附近石炭—二叠系煤的煤化作用具有一定影响，从而造成侵入体附近煤阶呈环带状分布[4]。

除暴露于地表或侵入煤系及其以上层位的岩体之外，盆地内存在隐伏岩浆岩体的可能性不容忽视。根据已有资料和区内岩浆活动规律分析，区内翼城、安泽、阳城、晋城范围内可能存在较大规模的燕山期隐伏岩浆岩体，侵位较深。其主要证据有：① 晋城—阳城一带可见零星出露的燕山期岩浆岩热液岩脉，属于岩浆后期产物，其下必有较大母体存在；② 航测资料显示阳城—晋城—高平一带为正磁异常区，异常强度可达＋100$\gamma$～＋250$\gamma$；③ 浮山—翼城为断裂与岩浆活动强烈的块段隆起构造区，有燕山期岩体分布，其磁异常局部可达＋700$\gamma$，向东至阳城、晋城岩浆岩体呈 EW 向带状分布；④ 周边地区燕山期岩浆侵入到奥陶系—寒武系或下部层位的现象较为常见[4]。

中生代（特别是燕山期）的岩浆活动对沁水盆地南部石炭—二叠系煤层的煤化作用有深

刻的影响。

**四、水文地质条件**

沁水盆地南部存在奥陶系、石炭—二叠系和第四系3套主要含水层系，石炭—二叠系的含水性较弱，含水层主要为碳酸盐岩、砂岩和松散沉积层[16]，山西组的主要含水层是上主煤层间接顶板砂岩。主要隔水层为上石炭统隔水层、太原组和山西组泥岩和砂质泥岩隔水层、上石盒子组中下部及下石盒子组隔水层组，太原组和山西组所含的泥岩和砂质泥岩，裂隙不甚发育，为山西组顶部的相对隔水层组，造成山西组与上部太原组没有水力联系[16,17]。盆地南部水文地质单元由3个泉域组成，西北部为洪洞广胜寺泉域，东北部为辛安泉域，南部为延河泉域。各泉域地层构成南部向北、北部向南、东西两侧向中间的复式向斜储水构造。

沁水盆地南部存在4条重要的水文地质边界，包括近EW向2条和NNE-NE向2条。其中3条边界是由次级隆起形成的地下分水岭，1条为对南部煤层气富集高产具有明显影响的寺头断裂[16]。抽水试验、水化学、煤层含气性等方面的证据表明，寺头断层是一条封闭性的断裂，导水导气能力极差。但是，该断层断距较大，延伸较长，与其他断层相连，故不能排除局部导水、导气的可能性[16]。

樊庄区块为典型的等势面“洼地”滞流型，水等势面具有北高南低的总体态势，东南部最低，地下水补给主要来自西北部地区，区内地下水动力条件复杂，发育了若干个相对“低洼”的汇水中心[18,19]。因水力封闭导致研究区煤层气富集；郑庄区块为典型的等势面扇状缓流型，一方面因为区块东侧的寺头断层的阻水作用，另一方面因为露头地带的地表水补给对地下水径流造成了封阻，有利于区块内煤层气的富集。

## 第二节　煤层气井生产特征

沁水盆地南部是我国煤层气开发最早的地区之一，也是我国最重要的煤层气商业化开发区块之一。樊庄区块作为沁水盆地南部开发较早、开发程度较高的区块，是沁水盆地南部煤层气开发的典型区块。

**一、煤层气生产背景**

沁水盆地南部为原位煤层气地面井开采，多采用水力压裂直井。自2006年以来，樊庄区块煤层气直井陆续投入生产。从2007年开始，华北油田山西煤层气分公司加大樊庄区块的煤层气开发力度，至2014年，共开发了500多口煤层气直井。樊庄区块煤层气直井井网部署多采用300 m×300 m～400 m×400 m的矩形井网，井距变化较大，为200～500 m，大部分井与临井的井距在300 m左右。

樊庄区块煤层气直井多采用平衡钻井技术，以清水或低密度、低黏度钻井液为主。近两年随着钻井技术的发展，开始尝试对储层污染更小的欠平衡钻井技术，以空气泡沫钻井技术为主。区内煤层气直井一般为二开井身结构，一开采用311 mm钻头钻进，钻遇二叠系上统上石盒子组后停钻，停钻深度一般在40～100 m左右，下入外径244.5 mm、壁厚8.94 mm、内径226.62 mm、钢级J55的表层套管并固井。一开固井水泥浆密度为1.83～1.87 g/cm$^3$，固井水泥用量一般为5～8 t，水泥用量主要由一开钻进深度所决定，替清水1.5～2.0 m$^3$，使水泥浆返至地面。二开采用直径215.9 mm的三牙轮钻头钻进，钻至石炭系上统太原组完钻。钻井完成后进行完井综合测井，包括双侧向、自然伽马、补偿声波、井径及连斜等。测井完成后，下入外径 139.7 mm、壁厚 7.72 mm、内径 124.26 mm 的生产套管，并进行固井。二开固井水泥浆密度平均约为 1.84 g/cm$^3$，固井水泥用量一般为 10.2～20.3 t，水泥用量主要由钻遇深度决定，替清水 2.05～22.00 m$^3$。固井完成后再次进行测井，主要测试人工井底和水泥返高，最后进行试压，检验固井质量。平均钻井周期为 13～25 d，建井周期为 30 d 左右。测井结果表明，煤层气直井井斜不超过 3°。

樊庄区块煤层气直井基本采用套管射孔完井，射孔井段和射孔厚度受煤储层埋深和厚度控制。射孔枪一般采用 SYD-102 型，射孔弹一般采用 127 型，射孔密度为 16 个/m。

樊庄区块煤层气直井在开发前基本实现目的层的水力压裂，采用的压裂液类型为清洁压裂液（活性水）。压裂施工的一般步骤是：先进行循环试压，试压合格后开始注入前置液，并按照设计泵注程序开始加砂，加砂完毕开始注入携砂液及支撑剂，携砂液注入完毕后开始注入顶替液，最后测降压，施工完成。使用的前置液量变化于 75.95～240.00 m$^3$，携砂液量介于 127.95～362.06 m$^3$，顶替液量变化于 6.30～9.40 m$^3$，前置液排量、携砂液排量、顶替液排量分别为 5.47～8.20 m$^3$/min、5.55～7.95 m$^3$/min、3.65～7.85 m$^3$/min，前置液砂比为 0～7.80%，携砂液砂比为 7.80%～29.00%，注砂量为 30.00～50.41 m$^3$，破裂压力为 9.60～34.40 MPa，停泵压力为 5～40 MPa，前置液注入压力为 10～35 MPa，携砂液注入压力为 10～30 MPa，顶替液注入压力为 5～30 MPa。前置液注入阶段一般加粉砂或细砂，主要目的是防止滤失；携砂液一般加 0.425～0.85 mm 及 0.85～1.18 mm 石英砂作为支撑剂；顶替液一般不加砂。压裂施工之后，进行下泵、试压、下抽油杆等下泵施工，并最终启动排采。

## 二、煤层气直井产能特征

### （一）煤层气井生产阶段

樊庄区块煤层气井水力压裂施工完成即放喷，正式投产后无放喷阶段。根据煤层气井生产特征，可将其排采过程划分为 5 个阶段：排水降液面阶段、憋压阶段、产气量上升阶段、稳产阶段以及产气量衰减阶段。各阶段煤层气井的产气量与产水量不同，相应的煤储层含水饱和度、含气饱和度、流体渗流规律也不相同[19,20]。图 1-4 为樊庄区块 2 口典型煤层气排采井的排采曲线。

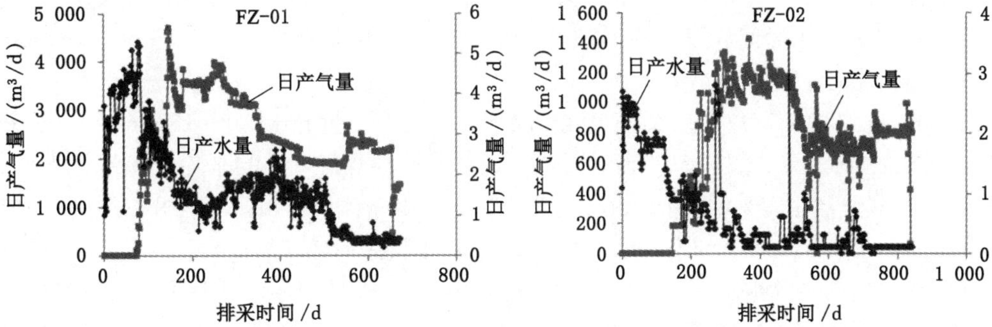


图 1-4　樊庄区块 2 口典型煤层气井的生产曲线

排水降液面阶段煤层气井产水量较大，且处于上升期，一般持续 50～300 d，个别井持续时间更长，随煤层水的产出，动液面持续下降；煤储层压力普遍高于临界解吸压力，产气量、套压一般为零。排水一段时间后，井筒附近煤层压力降至临界解吸压力以下，开始有少量气体解吸，为避免井底流压下降过快所造成的储层伤害，开始憋压。憋压一般持续十几天至几十天，以产水为主，产水量开始下降，产气量一般为零；伴随煤层气的解吸，套压迅速上升，动液面则降至较低水平。憋压一段时间后，较大范围内煤储层压力下降至煤层气的临界解吸压力之下，开始有大量气体解吸，进入产气量上升阶段。该阶段以产气为主，产水量迅速下降，产气量迅速上升，排采制度不变的情况下，产水量、动液面维持在较低水平，伴随煤层气的产出，套压亦降至较低水平。经过 50～600 d 的产气量上升期后，产气量逐渐趋于稳定，煤层气井进入稳产阶段。该阶段以产气为主，并伴有煤层水的产出，产水量、套压、动液面均维持在较低水平。稳产阶段持续一段时间，日产气量出现缓慢下降趋势，即进入产气量衰减阶段，这一阶段煤层气井仍以产气为主，并伴有煤层水的产出；该阶段一般持续时间最长，可达 10 年以上[21]。

排水降液面阶段、憋压阶段一般无气体产出，可统称为产水阶段；产气量上升阶段、稳产阶段以及产气量衰减阶段均以产气为主，同时伴随煤层水的产出，这三个阶段可统称为煤层气井的产气阶段。由于五个阶段煤层气井的产气量、产水量特点不同，煤储层裂缝中流体的宏观渗流规律也不相同。

排水降液面阶段，泄流半径范围内煤层压力高于气体的临界解吸压力，尚无气体解吸，仅有少量游离气以小气泡状分散在水中参与流动，煤层中为水的饱和单相流动。憋压阶段，井底流压降至煤层临界解吸压力以下，井筒附近煤层中气相饱和度升高，气体汇聚为大气泡分散在煤层水中参与流动，井筒附近煤层中为水的非饱和单相流动；远离井筒的区域尚未有气体解吸，仍为水的饱和单相流动。产气量上升阶段，泄流半径和解吸半径进一步扩大，煤层气大量解吸，井筒附近煤层中气相饱和度升至可流动饱和度，流体流动状态转变为以水为主的气、水两相流动；远离井筒的区域，随气相饱和度的降低，逐渐过渡为水的非饱和单相流与饱和单相流动。稳产阶段，解吸半径进一步扩展，气相饱和度进一步上升，井筒附近煤层中为以气为主的气、水两相流动；远离井筒的区域，以水为主的气、水两相流动和非饱和的单相流范围向边界稳定扩展。产气量衰减阶段，解吸半径扩展至边界，以气为主的气、水两相流动区域逐渐扩大至边界。

（二）研究区煤层气井产水量、产气量特征

根据樊庄区块 114 口煤层气井的排采资料，截至 2015 年 1 月 1 日，除 8 口煤层气井已关井外，106 口井排采时间介于 1 800～3 000 d，产气量均出现衰减。

(1) 产水量统计特征

投产之日至 2015 年 1 月 1 日，114 口煤层气井平均产水量介于 0.4～15.9 $m^3/d$，以小于 2.0 $m^3/d$ 为主，约占总井数的 59.65%(图 1-5)。产水阶段煤层气井的平均产水量介于 0.20～15.86 $m^3/d$，普遍小于 5.0 $m^3/d$，约占总井数的 87.72%；产气阶段煤层气井的平均产水量介于 0～12.47 $m^3/d$，以小于 3.0 $m^3/d$ 为主，约占总井数的 78.07%。

煤层气井的高峰产水量介于 2.20～43.70 $m^3/d$，以 3.0～10.0 $m^3/d$ 为主，占煤层气总井数的 66.67%；累计产水量介于 126.80～12 551.90 $m^3$，以小于 1 000 $m^3$ 为主，占总井数的 57.89%。煤层气井一般要经历一个较长的产水阶段，从目前所掌握的排采资料看，樊庄区块煤层气井的疏水降压一般持续 27～203 d，平均为 114 d，部分井疏水降压时间超过 300 d。

(2) 产气量统计特征

投产之日至 2015 年 1 月 1 日，樊庄区块 114 口煤层气井平均产气量介于 5.1～5 264.5 $m^3/d$，普遍小于 2 000 $m^3/d$(图 1-5)。其中，平均产气量大于 2 000 $m^3/d$ 的井数仅占 14.91%。煤层气井的高峰产气量介于 50.00～11 877.60 $m^3/d$，普遍大于 1 000 $m^3/d$；累计

产气量介于 5 294～7 380 231 m³；高峰产气（≥1 000 m³/d）累计时间 0～996 d，平均为 181 d（图 1-6）。

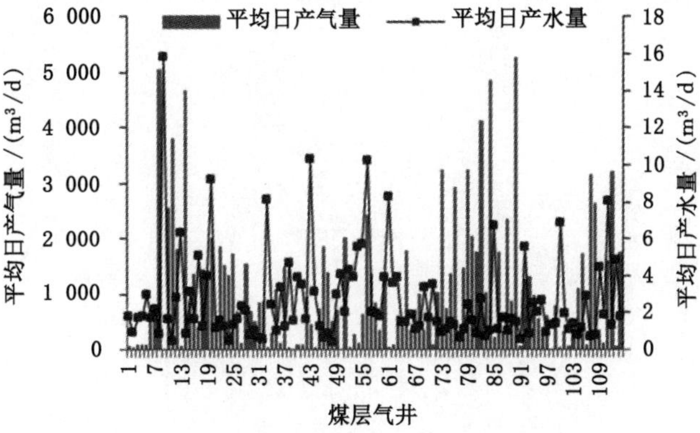


图 1-5　平均日产水量和平均日产气量分布

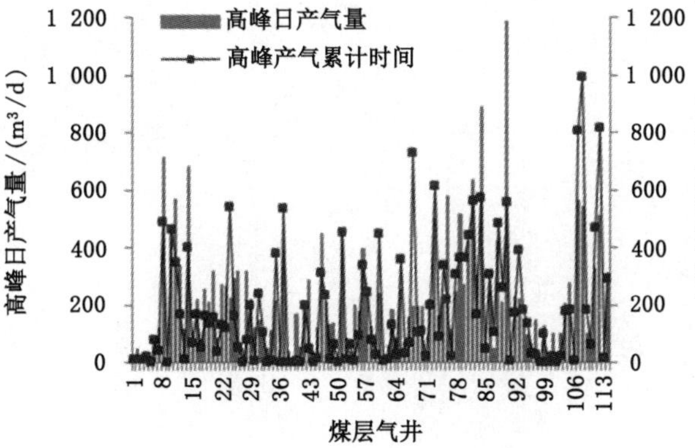


图 1-6　高峰日产气量和高峰产气累计时间分布

（三）研究区煤层气井产能分类

根据研究区 114 口煤层气井排采资料，以平均日产气量、平均日产水量、高峰产气量、高峰产气累计时间、产气累积时间为参考因素，可将樊庄区块煤层气井划分高产气井、中产气井、低产气井和产水井四种类型（表 1-3）。

**表 1-3　研究区煤层气井产能分类表**

| 产能分类 | 平均日产气量/m³ | 平均日产水量/m³ | $d_{1000}$ | $d_{1000}/d_t$ |
|---|---|---|---|---|
| 高产气井 | ≥1 000 | ＜1.5 | ＞100 | ＞0.5 |
| 中产气井 | 500～1 000 | ＜5 | ＞50 | — |
| 低产气井 | 100～500 | — | ＜50 | — |
| 产水井 | ＜100 | ＞1 | 0 | 0 |

注：$d_{1000}$——日产气量大于 1 000 m³ 以上的天数；$d_{1000}/d_t$，日产气量大于 1 000 m³ 以上的天数与累计产气时间的比值。

根据表 1-3 所述产能分级标准，114 口煤层气井中高产气井共有 46 口，占总井数的 40.35%；中产气井 21 口，占总井数的 18.42%；低产气井 20 口，占总井数的 17.54%；另有 27 口煤层气井直至记录数据结束之日仍未产气，归为产水井，占总井数的 23.69%。

# 第二章　煤层气直井产能的地质与工程协同控制理论

提高煤层气直井的产能是沁水盆地南部煤层气生产的主要目标。由于煤储层非均质性和含气性差异、地质条件的复杂性以及煤层气井工程条件的不同，煤层气井产能的区域性差异较大。排除断层等特殊地质条件的影响，相邻煤层气井一般具有共同的水动力系统、重叠的井控区域，生产过程中，相互影响，对相邻煤层气井之间的产能差异产生影响。研究该地区地质因素与工程因素对煤层气直井产能的控制机理，特别是地质与工程对煤层气直井产能的协同控制理论，可以为煤层气直井产能预测方法的研究提供理论基础，不仅有助于深化对沁水盆地南部煤层气直井产能控制机理的认识，还可以为该地区煤层气直井的勘探开发方案设计以及生产调整提供依据，具有重要的现实意义。

由于资料的限制，主要根据樊庄区块 79 口煤层气直井(剔除资料缺失较多的 35 口煤层气井)，特别是樊庄区块北部资料最丰富的 16 口煤层气井的排采资料、地质资料和工程资料，研究煤层气直井产能的地质与工程协同控制机理。图 2-1 为区内煤层气生产井的分布图。

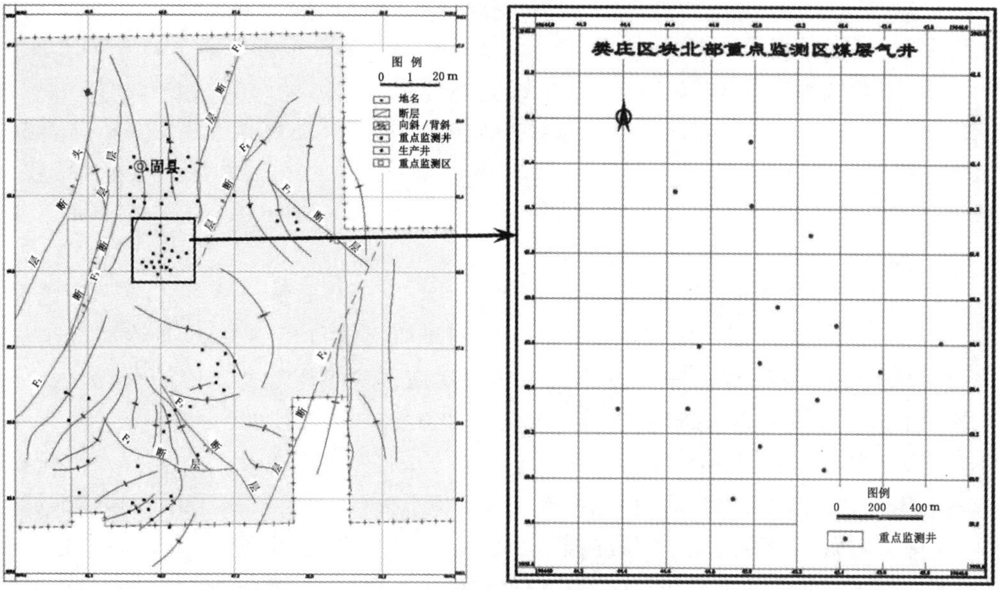


图 2-1　樊庄区块煤层气生产井的分布位置

## 第一节　煤层气直井产能的地质控制

煤层气直井产能的地质影响因素可大致分为两类：煤储层地质特征和煤储层物性条件。煤储层地质特征包括煤储层孔、裂隙发育特征、构造特征、岩浆活动、水文地质特征、构造应力场等;煤储层物性条件包括煤层气吸附、解吸、扩散、渗流特征,煤储层压力、渗透率、含水饱和度、含气性、埋深、盖层性质、煤体结构等。

## 一、煤层气直井产能的关键地质影响因素

地下水流体势是研究区煤层气直井产能主要地质控制因素之一。樊庄区块水文地质条件复杂,不同区域的水文地质条件不同,水文地质条件对煤层气井产能的影响程度也不相同;区内地下水属于滞留型,较大范围内地下水的流动性并不强,而在较小范围内流动性表现较为明显。因此,对整个樊庄区块来说,地下水流体势对煤层气直井产能的影响并不明显,但是对某一特定区域,特别是煤层气井较为密集的区域,相邻煤层气井明显受地下水流体势的影响,表现出不同的产能特征。

煤储层渗透率是樊庄区块煤层气直井产能的另一主要地质控制因素。一般认为,煤储层渗透越大,越有利于煤层气井的排水降压和煤储层流体流向井筒,煤层气井产气量也越高,这一点已被大量现场工程资料所证实,也被学者所普遍接受。然而,对于水动力条件较强或变化较大的区域,煤储层渗透率与煤层气井的产能并不是完全的正相关关系,较大的煤储层渗透率反而不利于煤层气井产能的提高。

考虑煤层气井资料的翔实程度和煤层气井网的开发程度,以樊庄区块生产监测区 16 口煤层气井的地质资料及排采资料为依据,分阶段分析地下水流体势、储层渗透率对煤层气井产水量、产气量的控制机理,特别是两者对煤层气井产能的耦合控制机理。

### (一) 生产监测区地下水流体势和煤储层渗透率基本特征

生产监测区地下水流体势与整个樊庄区块的地下水流体势基本相吻合,地下水等势面北高南低,并发育有若干个相对“低洼”的汇水中心,地下水补给主要来自西北部地区[16,22](图 2-2)。生产监测区煤层顶板标高南高北低,北部煤层顶板标高较低的区域紧闭向斜发育,受弹性、弹塑性应变影响,过渡结构煤较为发育,一定程度上改善了煤储层的渗透性,使得该地区煤储层渗透率北高南低,与地下水流体势有很好的负相关性,地下水流体势较低的区域渗透率较高,反之渗透率较低[22](图 2-3)。

### (二) 生产监测区煤层气井产能特征

生产监测区煤层气井日产气量与日产水量之间存在明显的负相关关系,产水量越高,产气量越低(图 2-4);煤层气井日产气量与排水时间呈明显的负相关关系,排水时间越长,一般产气量越低(图 2-5)。结合第一章第二节中对樊庄区块煤层气井产能的分类,生产监测区低产气井和产水井的排水时间较长,一般大于 200 d,产气量较少(一般小于 500 $m^3/d$),且不稳定,以产水为主,平均产水量一般大于 2 $m^3/d$;高产气井和中产气井排水时间较短,一般持续 150～200 d,排水一段时间后,产气量迅速上升(一般大于 500 $m^3/d$),产水量迅速下降,在排采制度不变的情况下,始终维持在较低水平(一般小于 2 $m^3/d$)。为了方便下一步研究,将生产监测区低产气井和产水井统称为第 1 类煤层气井,将高产气井和中产气井统称为第 2 类煤层气井。

通过对 16 口煤层气井所产地层水中离子浓度进行监测发现,煤层气井所产水均以煤层水为主(Na-$HCO_3$ 型),少有砂岩、泥岩及灰岩水(Na-Cl)(图 2-6)。因此,16 口煤层气井所在煤储层均未发生越流补给,所产地层水均为煤层水。

### (三) 产水量的关键地质影响因素

煤层气井的排采过程中,产水量大小和排水时间的长短主要受地下水流体势和煤储层渗透率的影响。

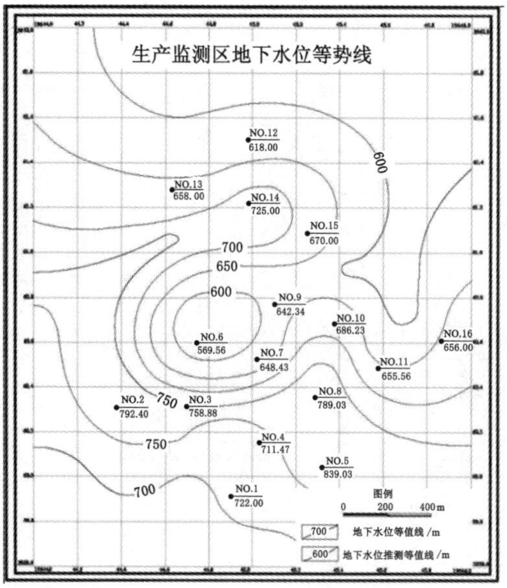


图 2-2　生产监测区地下水流体势等值线图

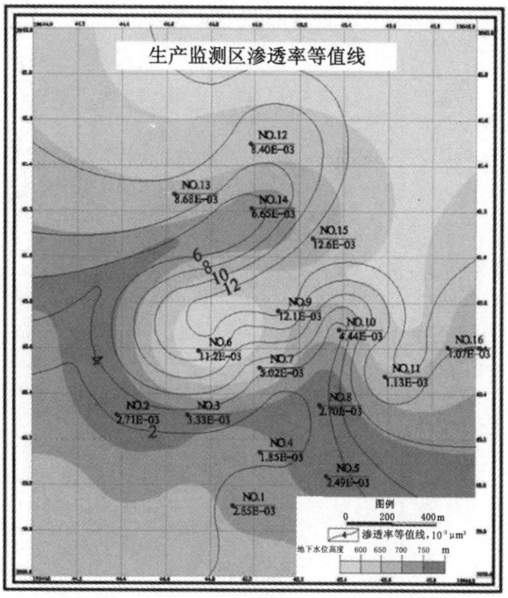


图 2-3　生产监测区地下水流体势与渗透率对比图

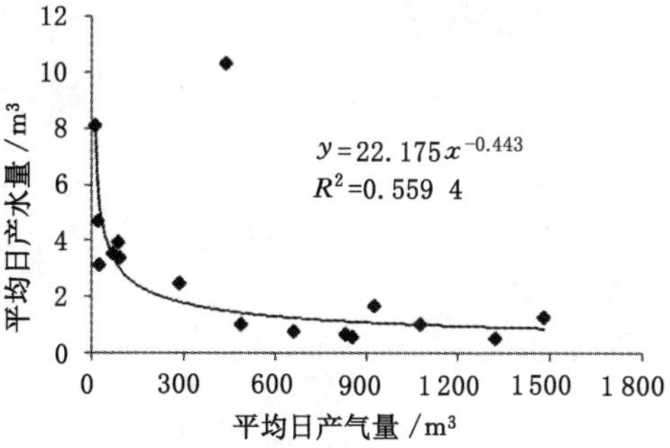


图 2-4　生产监测区平均日产气量与平均日产水量关系图

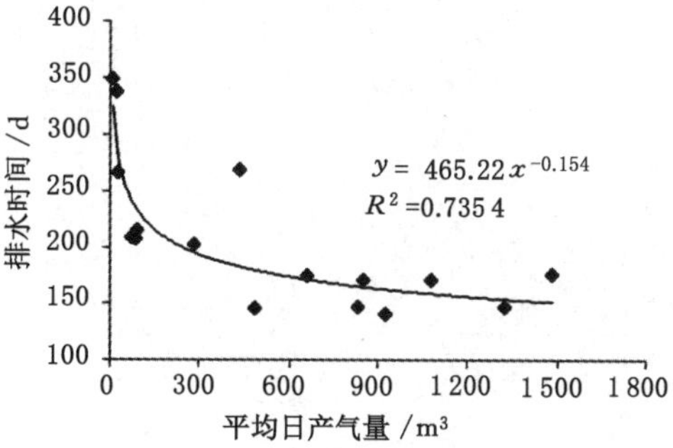


图 2-5　生产监测区平均日产气量与排水时间关系图

(1) 地下水流体势的影响

第 1 类煤层气井产水阶段的平均产水量大于 3 $m^3/d$，产气阶段的平均产水量一般大于 2 $m^3/d$，其地下水位高度普遍小于 680 m；第 2 类煤层气井产水阶段平均产水量小于 3 $m^3/d$，产气阶段的平均产水量一般小于 2 $m^3/d$，其地下水位高度普遍大于 680 m(图 2-7、图 2-8)。不论是产水阶段还是产气阶段，煤层气井的日产水量与地下水位高度均成反比，地下水流体势越低，煤层气井的日产水量越高(图 2-7、图 2-8)。另外，煤层气井的排水时间与地下水位高度成反比，地下水流体势越低，煤层气井的排水时间越长。

产水阶段，地下水流体势主要通过影响煤储层含水量和煤层水的补给方向影响煤层气井的日产水量和排水时间，无越流补给的情况下，地下水流体势越低，煤储层含水量越高、煤层水补给越充分，煤层气井产水量就越高，排水降压所需的时间也越长。产气阶段，地下水流体势主要通过影响产水阶段的排水降压效果控制煤层气井的产水量，排水降压效果好的煤层气井，产气阶段的日产水量较低。

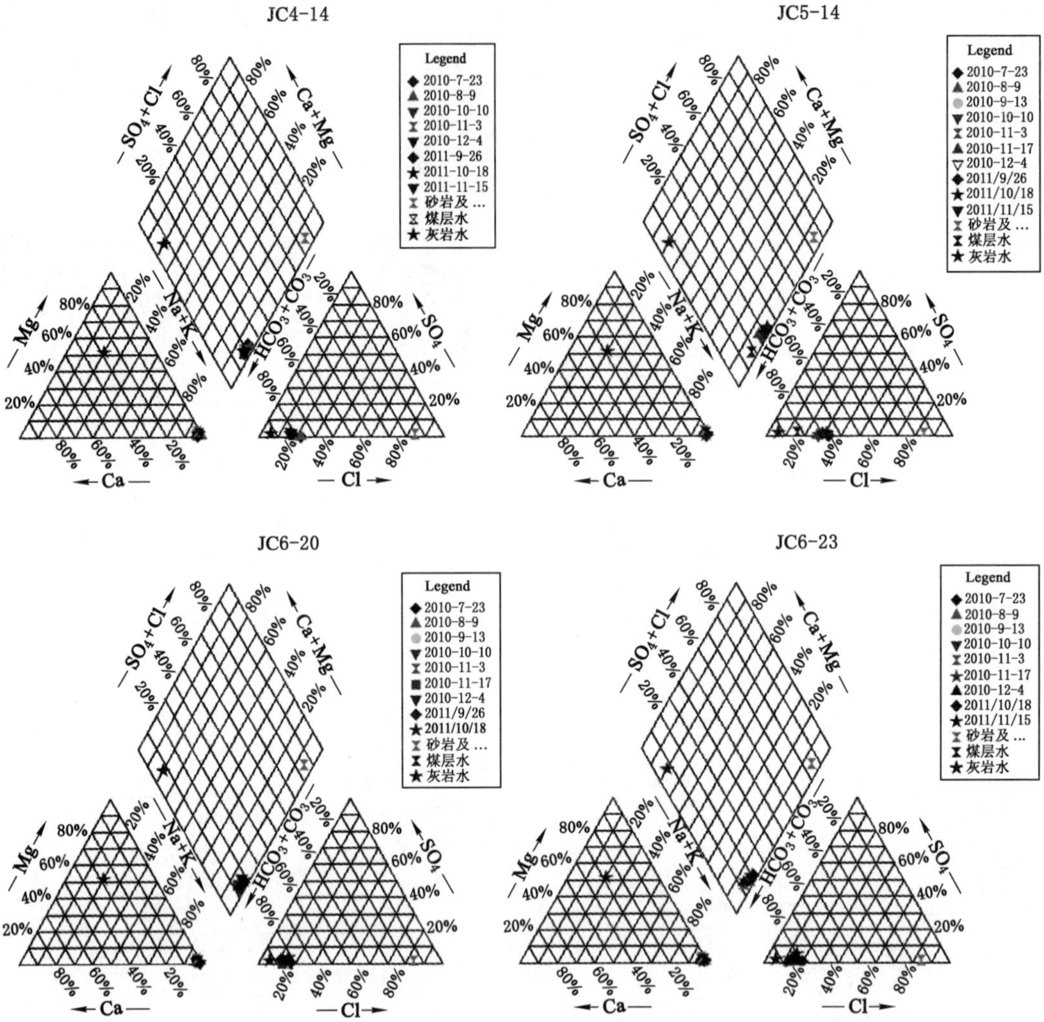


图 2-6 生产监测区煤层气井产出地层水的离子含量 Piper 图

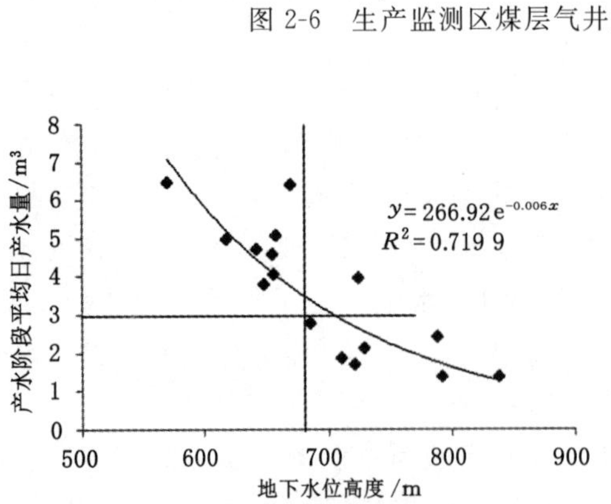


图 2-7 产水阶段地下水位高度与平均日产水量关系图

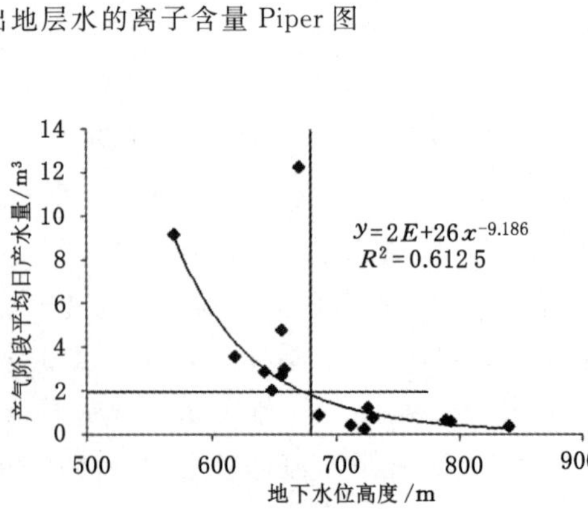


图 2-8 产气阶段地下水位高度与平均日产水量关系图

（2）煤储层渗透率的影响

产水阶段、产气阶段煤层气井的日产水量与煤储层渗透率均成正比，煤储层渗透率越高，煤层气井的日产水量就越高，第1类煤层气井的渗透率普遍大于 $5\times10^{-3}\ \mu m^2$，第2类煤层气井的渗透率普遍小于 $5\times10^{-3}\ \mu m^2$（图2-9、图2-10）；煤层气井的排水时间与煤储层渗透率成正比，煤储层渗透率越高，煤层气井的排水时间越长。

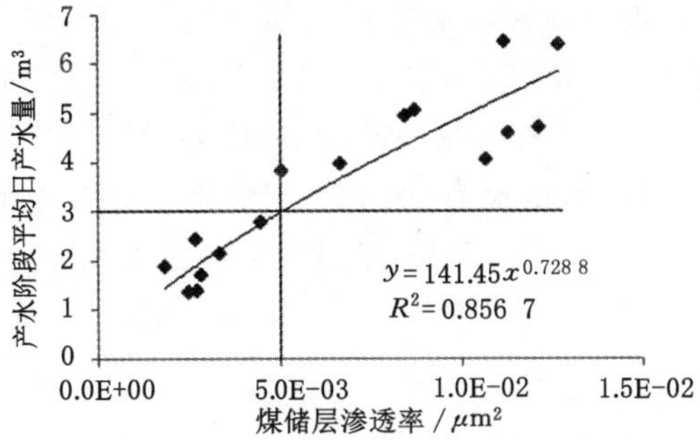


图2-9　产水阶段煤储层渗透率与平均日产水量关系图

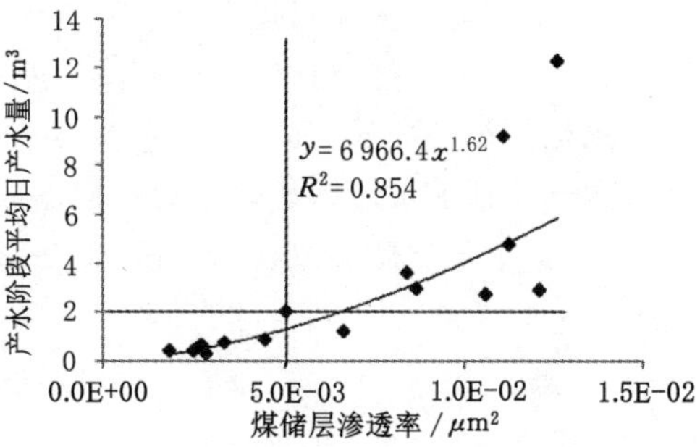


图2-10　产气阶段煤储层渗透率与平均日产水量关系图

产水阶段，较高的煤储层渗透率为煤层水的流动提供了更有利的条件，渗透率越高，越有利于煤层水流向井筒，提高了煤层气井的产水量；且较高的煤储层渗透率为煤层水的供给提供了有利条件，保证了充足的水源补给，同时增加了排水降压的难度，排水时间就越长[22,23]。产气阶段，日产水量与渗透率的关系同样与产水阶段煤层气井的排水降压效果有关。排水降压效果好的煤层气井，有利于煤层气的产出，不利于煤层水的流动，日产水量越低；排水降压效果差的煤层气井，则有利于煤层水的流动，日产水量较高。

（四）产气量的关键地质影响因素

生产监测区煤层气井的日产气量主要受地下水流体势和煤储层渗透率的影响（图2-11、图2-12）。地下水流体势、煤储层渗透率等对煤层气井产气量的影响同样表现在对产水阶段排水降压效果的影响上。排水降压效果越好的煤层气井，越有利于煤层气的解吸和运移，日产气量越高。

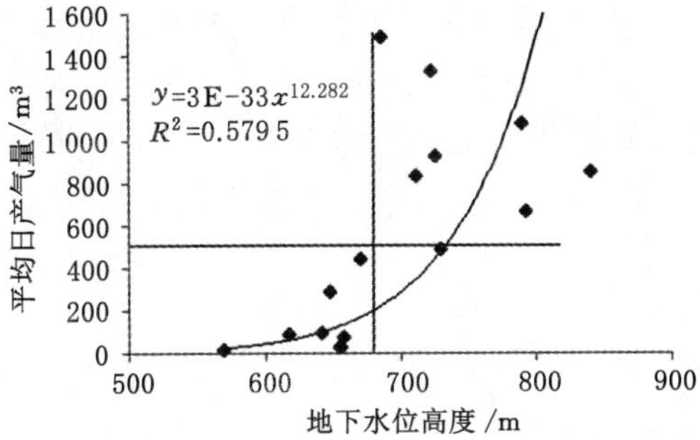


图2-11　地下水位高度与平均日产气量关系图

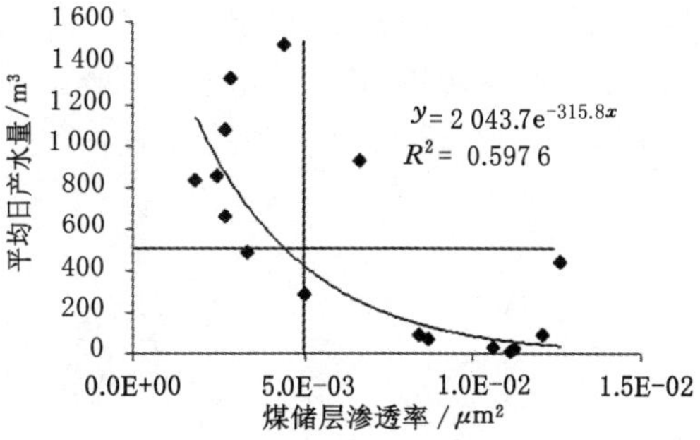


图2-12　煤储层渗透率与平均日产气量关系图

## 二、煤层气直井产能的关键地质控制机理

由前面的分析可知，产水阶段的日产水量受地下水流体势和煤储层渗透率的影响，产气阶段的日产水量和日产气量则受产水阶段煤层气井排水降压效果的控制，而产水阶段煤层

气井的排水降压效果则与地下水流体势和煤储层渗透率有关。

（一）产水阶段产水量的关键地质控制

产水阶段，地下水流体势与煤储层渗透率的耦合控制，造成了煤层气井日产水量的差异。

在无越流补给的情况下，地下水流体势对煤层气井产水量的影响主要表现在两个方面。一方面，地下水流体势控制了煤层水的流动方向。地下水流体势较低的煤层气井，处于“低洼”汇水中心，水源补给相对充分；而地下水位较高的煤层气井，位于“凸起”的源，煤层气水向地下水流体势较低的区域流失，水源补给相对较弱。另一方面，地下水流体势影响了煤储层的含水量。地下水流体势较低的区域煤储层本身含水量较高，保证了相对充足的煤层水流向井底；地下水流体势较高的区域，煤储层含水量较少（图 2-13），自身所含水源不充分。

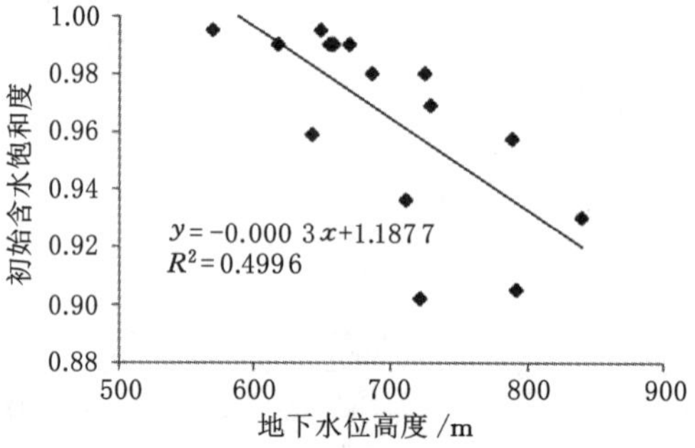


图 2-13　地下水位高度与初始含水饱和度关系图

煤储层渗透率通过控制宏观裂隙中煤层水的流动能力影响煤层气井的产水量，并与地下水流体势相互作用，进一步加大煤层气井之间产水量和排水时间的差异。

基于生产监测区 16 口煤层气井的实际排采数据，对煤层气井压降漏斗的扩展情况进行了数值模拟，计算结果表明，产水阶段，煤层气井压降漏斗之间尚未形成井间干扰（图2-14）。产水阶段，煤储层中以水的单相流动为主，煤层气井之间尚未连通，单井控制范围有限，由于煤储层无越流补给，煤层水总体上仍受原始地下水流体势的影响。地下水流体势较低的煤层气井，处于“低洼”汇水中心，煤储层本身含水量较高且井控范围外的水源补给相对充分，有较多的煤层水流向井底，煤层气井日产水量较高，同时，较高的含水饱和度和较多的水源补给不利于排水降压的进行，造成了煤储层压力下降困难，延长了排水时间。地下水流体势较高的煤层气井，位于“凸起”的源，煤储层含水量较低且井控范围外的煤层水补给困难，流

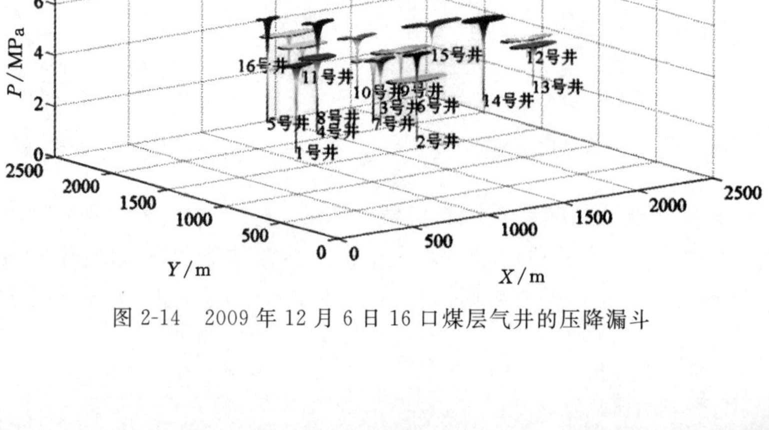


图 2-14　2009 年 12 月 6 日 16 口煤层气井的压降漏斗

向井底的水量较少，煤层气井的日产水量较低，而较低的含水饱和度和较少的水源补给，有利于排水降压的进行，煤储层压力下降较为迅速，缩短了煤层气井的排水降压时间。

生产监测区地下水流体势较高的区域，渗透率较低，而地下水流体势较低的区域，一般渗透率较大（图 2-15）。地下水流体势较低的区域，煤储层渗透率较大，水源补给相对充足的情况下，容易形成稳定的水相流动，增大煤层气井的日产水量并延长煤层气井的排水降压时间。所以，地下水流体势与煤储层渗透率的负相关性，进一步增大了煤层气井之间产水量和排水时间的差异。

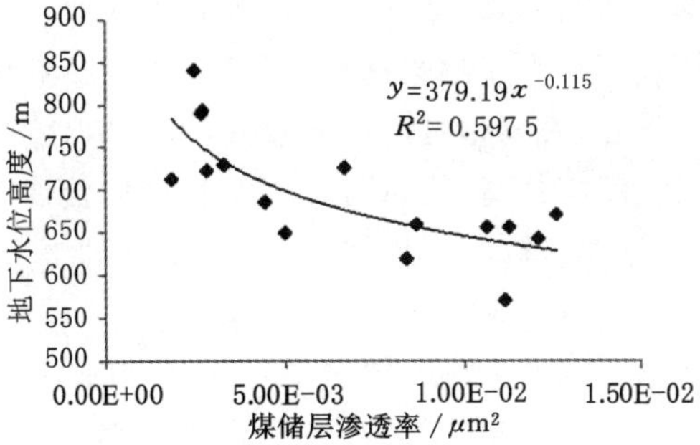


图 2-15　煤储层渗透率与地下水位高度关系图

（二）产气阶段排水降压效果对产能的控制

产气阶段，煤储层中为气、水两相混合流动。两相流情况下，储层流体的流动能力更主要地与相对渗透率有关[22,24,25]。含水饱和度越高，则水相相对渗透率越大，越有利于煤层水流向井筒；含气饱和度越高，气相相对渗透率就越高，越有利于气体的运移[22,24,25]。

产气阶段，排水降压效果主要通过影响煤储层的含水饱和度以及气、水相对渗透率控制煤层气井之间的产能差异，而由前面的分析可知，煤层气井的排水降压效果主要与地下水流体势和煤储层渗透率有关。排水降压效果对煤层气井产能主要有两个方面的作用：其一，产水阶段，煤储层压力下降幅度越大，越有利于煤层气的解吸，煤层气解吸量越大，煤层气井的气体来源越充足；煤储层压力下降幅度越小，煤层气解吸量越小，煤层气井的气体来源也越少（图 2-16）。其二，解吸气量的增大，使得煤储层中含气饱和度较高，气相相对渗透率较大，有利于煤层气流向井筒，阻碍了煤层水的渗流；解吸气量较小，则含水饱和度较高（图 2-17），水相相对渗透率较大，有利于煤层水的流动，而不利于气体的运移。

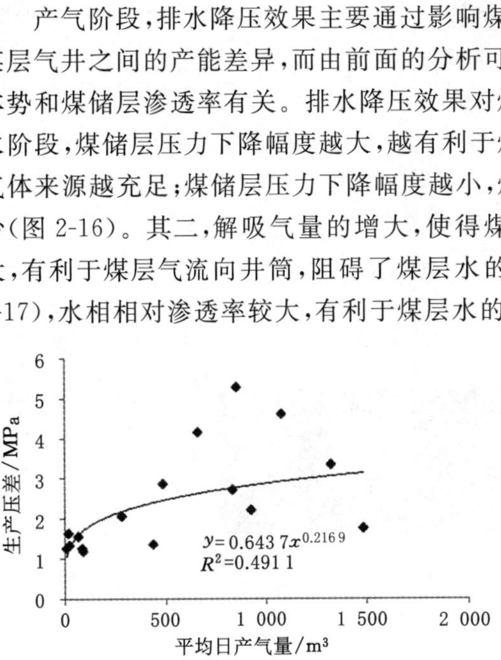


图 2-16　平均日产气量与产气阶段生产压差关系图

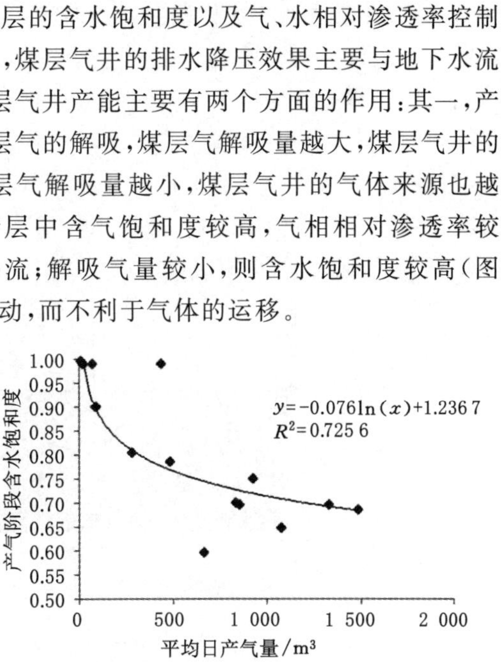


图 2-17　平均日产气量与产气阶段含水饱和度关系图

如前所述,地下水流体势较低的区域,井控范围外的煤层水补给充分,井控范围内含水量居高不下,且该区域储层渗透率较大,煤储层裂缝中形成了稳定的水相流动,井控范围内含水饱和度下降较慢,储层压力释放困难,达到临界解吸压力的范围较小,煤层气解吸量少,煤储层裂隙中仍以水相流动为主。较高的含水饱和度使得水相的相对渗透率较高,而气相的相对渗透率较低,有利于煤层水的流动,阻碍了气体的运移。进入产气阶段,较低的解吸气量和较高的水相相对渗透率,造成煤层气井产气量难以上升,产水量较高。

地下水流体势较高的区域,井控范围外的煤层水补给困难,随着煤层水的排出,井控范围内含水量逐渐降低,煤储层压力下降幅度较大,达到临界解吸压力的范围较大,煤层气解吸量也较大,为煤层气井提供了较为充足的气源,而且随着气体解吸量的增大,含气饱和度迅速上升,含水饱和度迅速下降,气相相对渗透率增大,水相相对渗透率降低,更容易形成气体的连续流动,有利于煤层气流向井筒,从而阻碍了水相的渗流。进入产气阶段,较高的解吸气量和较大的气相相对渗透率,造成煤层气井产气量较高,产水量迅速降低。

（三）气、水分异对煤层气直井产能的影响

井网排采过程中,相邻井的泄流半径之和大于两井井距时,就会出现井间干扰,井间干扰的出现,表明煤层气井之间逐渐连通[8,26]。煤层气井相连通的情况下,若相邻煤层气井泄流半径范围内解吸出的甲烷气体量不同,会造成两井控制范围内含气饱和度的差异,出现气、水分异现象,气、水分异现象进一步促进了煤层气井之间的产能差异[22]。

气、水分异现象一方面是由两相流体之间的密度差异造成的,密度较大的一方向下运移,密度较小的一方向上运移[22,25]。另一方面是由毛管力和贾敏效应产生的附加阻力造成的,两相流情况下,其中一相以液滴或气泡状分散在另一相中流动时,其饱和度越高,越容易形成连续性流动,毛管力及贾敏效应所产生的附加阻力就越小,若流体流动的两个方向均有流动压差,并存在两相流体饱和度的差异,流体会趋向于阻力最小的方向,即饱和度较大的方向运移[22,25]。流体流动的两个方向饱和度差异越大,则气、水分异现象越严重。

煤层气井连通的情况下,如果气、水流动的两个方向存在气、水饱和度的差异,水相饱和度较高的方向有利于煤层水的流动,气相饱和度较高的方向更有利于气体的运移。因此,在气、水分异的影响下,煤层水趋向于水相饱和度较高的方向,煤层气向气相饱和度较高的方向流动,同时,气体向上运移,煤层水在重力作用下向下运移。如图 2-18 所示,气相饱和度由 C 向 B 逐渐减小,水相饱和度由 A 向 D 逐渐增大的现象。

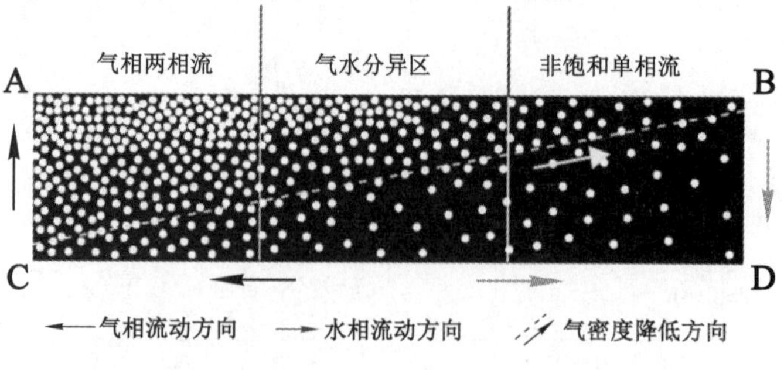


图 2-18　气、水分异现象示意图

2010 年 11 月 11 日开始,16 口煤层气井逐渐进入产气阶段,井间干扰也逐渐形成(图 2-19)。井间干扰的出现表明煤层气井之间逐渐连通。煤层气井投产前,煤储层孔裂隙中一般水饱和，由于各煤层气井之间排水降压效果不同，各煤层气井泄流半径范围内含水饱和度、含气饱和度出现了差异。相邻煤层气井连通后，煤层气井之间含水饱和度分布的差异，导致两井之间煤储层中解吸出的甲烷气体与煤层水在运移过程中发生气、水分异现象，甲烷气体向气相饱和度较高的方向流动，煤层水向水相饱和度较高的方向流动，进一步增大了产气阶段相邻煤层气井之间产水量、产气量的差异。

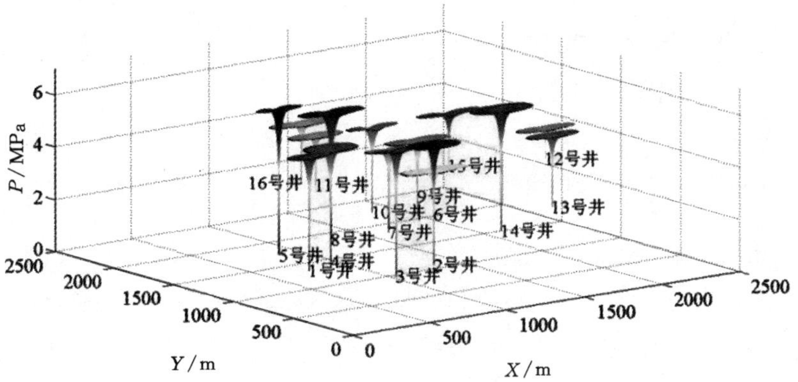


图 2-19 2010 年 1 月 25 日 16 口煤层气井的压降漏斗

气、水分异现象与产水阶段的排水降压效果有着密切联系，是在煤层气井连通的情况下，由煤层气井之间排水降压效果的不同所衍生出的一种现象。

另外，地下水流体势较低、煤储层渗透率较大的区域，由于无越流补给，随着排水降压的继续进行，煤储层压力可能会逐步释放，煤层气大量解吸，煤层气井产气量随之上升。

### 三、煤层气直井产能的其他地质控制

除地下水流体势和煤储层渗透率外，临储压力比、煤储层含气量、煤体结构、煤储层埋深、煤储层构造特征等，也直接或间接地对樊庄区块煤层气直井产能产生一定影响。

#### （一）临储压力比对煤层气直井产能的影响

樊庄区块临储压力比介于 0.16～1.17，主要分布在 0.40～0.80（图 2-20）。区内煤层气井的临储压力比与平均日产气量有一定的正相关性，临储压力比越大，煤层气井的日产气量也越大（图 2-20）；煤层气井的临储压力比与排水时间呈一定的负相关性，临储压力比越大，排水时间越短（图 2-21）。但樊庄区块煤层气井的临储压力比分布较为集中，与煤层气井平均日产气量和排水时间的相关性并非特别明显。

根据煤层气井产能的分类标准，区内 79 口煤层气井，高产气井（34 口）的平均临储压力比为 0.59，中产气井（21 口）的平均临储压力比为 0.56，低产气井（13 口）的平均临储压力比为 0.54，产水井（11 口）的平均临储压力比为 0.44，煤层气井的临储压力比越大则其产气量越高。而樊庄区块煤层气井的临储压力比与平均日产水量无明显的关系，说明日产水量不受临储压力比的影响。

临储压力比是临界解吸压力与原始储层压力的比值。临储压力比越大，说明煤层气的临界解吸压力越接近于原始储层压力，煤储层压力只需要少量的释放即有煤层气的解吸。因此，临储压力比越大，则煤层气井生产过程中，煤层气解吸所需的压降幅度越小，煤层气井的排水时间就越短，而相同压降幅度下，临储压力比越大，解吸出的煤层气量越多，煤层气井产气量越高。由于临储压力比表征的是煤储层气相的吸附/解吸特征，所以，临储压力比对

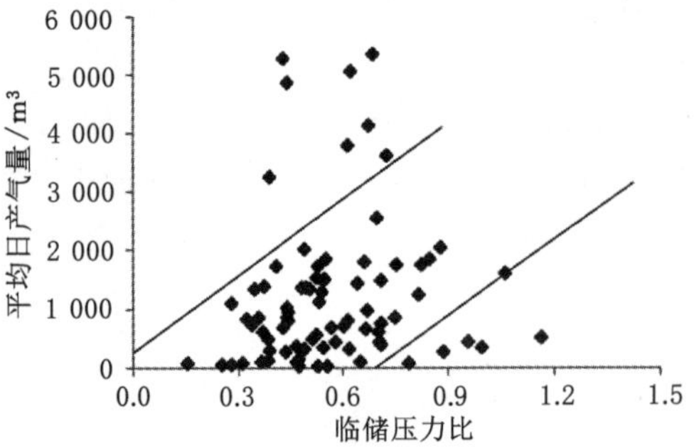


图 2-20　樊庄区块 3# 煤层临储压力比与平均日产气量关系图

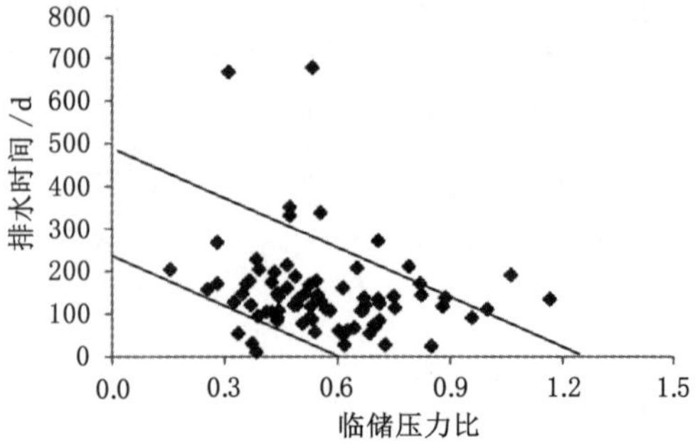


图 2-21　樊庄区块 3# 煤层临储压力比与排水时间关系图

煤层气井的产水量基本无影响，但是在产气阶段，产气量较高的煤层气井，其所在区域的煤储层中含气饱和度上升较快，会影响煤层水的排出，因此，临储压力比可能会对产气阶段煤层气井日产水量产生一定的间接影响，但这种影响非常微弱，容易受其他因素的干扰。

（二）煤储层含气性对煤层气直井产能的影响

樊庄区块煤储层含气量普遍较高，介于 21.65～24.64 $m^3/t$，平均约为 23.70 $m^3/t$（图 2-22）。樊庄区块煤储层含气量与煤层气井产气量之间存在一定的正相关关系，含气量越大，煤层气井的平均日产气量越高（图 2-22）。高产气井和中产气井所在区域的煤储层平均含气量明显高于低产井和产水井，说明煤储层含气量对研究区煤层气井产能有一定的影响，含气量较高的区域，煤层气井的产气量普遍较高。

煤储层的含气性主要表征了气源的丰度，含气性越大，说明该区域气源供给越充分，有利于煤层气井产气量的上升。由于樊庄区块煤储层含气量普遍较高，且煤层厚度相差不大，煤储层含气性对煤层气井产能的影响不明显。另外，含气性对排水时间和日产水量无影响。

（三）煤储层埋深对煤层气直井产能的影响

樊庄区块 3# 煤层埋深介于 453.25～808.70 m，主要分布在 600～750 m 范围内（图 2-23）。总体而言，煤层气井产能与煤储层埋深的相关性不太明显。区内煤储层埋深与平均日产气量有一定的负相关性，煤储层埋深越大，煤层气井的日产气量越小，但是埋深低于 500 m 的区域，煤层气井日产气量也较低（图 2-23）。高产气井、中产气井所在区域的平均煤储层埋深（介于 600～700 m）明显小于低产气井和产水井（700 m 以深）。通过对比不同埋深的煤储层所在煤层气井的平均日产气量发现，煤储层埋深在 500～600 m 的 11 口煤层气井的平均产气量为 2 120.65 $m^3/d$，埋深在 600～700 m 的 35 口煤层气井的平均产气量为 1 272.70 $m^3/d$，埋深在 700 m 以深的 35 口煤层气井的平均产气量仅为 810.24 $m^3/d$，而 500 m 以浅仅有 4 口煤层气井，井数较少，数据参考性不大，但 4 口煤层气井中有高产气井 1 口，中产气井 2 口，产水井 1 口，总体来说，其产气量低于埋深 500～700 m 的煤层气井但高于埋深 700 m 以深的煤层气井。由此可见，过高或过低的煤储层埋深均不利于煤层气井的高产，相对而言，过高的埋深更不利于煤层气井产能的提高。樊庄区块对煤层气井产能最有利的埋深为 500～700 m。另外，煤储层埋深与排水时间、平均日产气量无明显的相关性，说明研究区煤储层埋深对产水量和排水时间的影响非常微弱。

煤储层埋深对煤层气井产能的影响表现为三个方面。第一个方面，一般煤储层埋深越

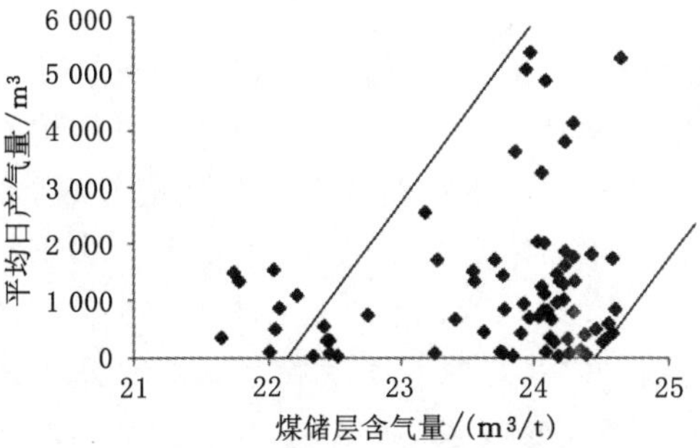


图 2-22　樊庄区块煤储层含气量与平均日产气量关系图

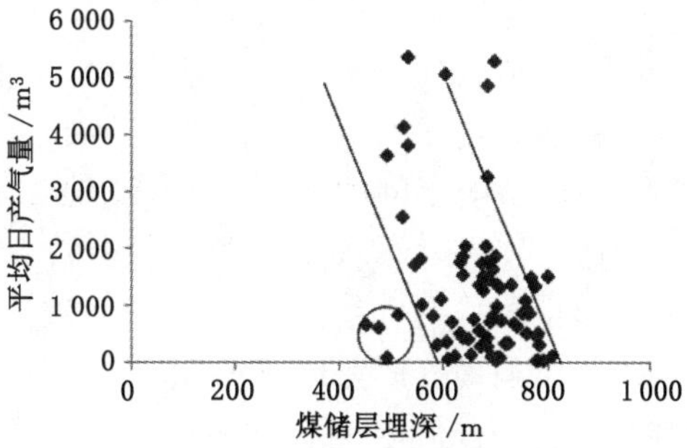


图 2-23　樊庄区块煤储层埋深与平均日产气量关系图

大,越有利于煤层气的富集,煤储层的含气性越高。樊庄区块煤储层含气性在煤厚、顶板岩性等多种因素的影响下,整体较高且相差不大,受埋深的影响非常小,这也是区内埋深较浅的区域,煤层气井产气量较高的保证。第二个方面,煤储层埋深与煤储层压力总体呈正相关性,埋深越大,煤储层压力越高。较高的煤储层压力一方面为流体流向井筒提供了较充足的动力;另一方面,相同的临界解吸压力下,煤储层压力越高,临储压力比越小,不利于煤层气的解吸。由图 2-24 可以看出,煤储层埋深与临储压力比有一定的负相关性,埋深越大,临储压力比越小,越不利于煤层气井产能的提高。当然,煤储层埋深对临储压力比的影响较微弱。第三个方面,随着埋深的增大,煤储层渗透率降低,渗透率降低到一定程度之后,将不利于煤储层流体的运移和产出,限制了煤层气井产能的提高。煤储层渗透率一般指煤储层天然孔、裂隙的渗透率,其中天然裂隙对煤储层渗透率的影响最为敏感。煤储层孔、裂隙受现代构造应力场的影响,现代构造应力场通过影响孔、裂隙开启程度影响煤储层渗透率。樊庄区块现代构造应力场形成于喜马拉雅晚期,最小主应力与主裂隙方向近于直交,最小主应力是决定区内孔、裂隙开启程度特别是天然裂隙宽度的重要因素,最小主应力越小,天然裂隙开启程度越高,煤储层渗透率也越大。由图 2-25 可以看出,研究区最小主应力与煤储层埋深具有非常高的线性正相关性,随埋深的增大,最小主应力迅速增大,说明随埋深的增大煤储层渗透率会明显降低。这也是造成埋深较高的区域煤层气井产能较低的主要原因。

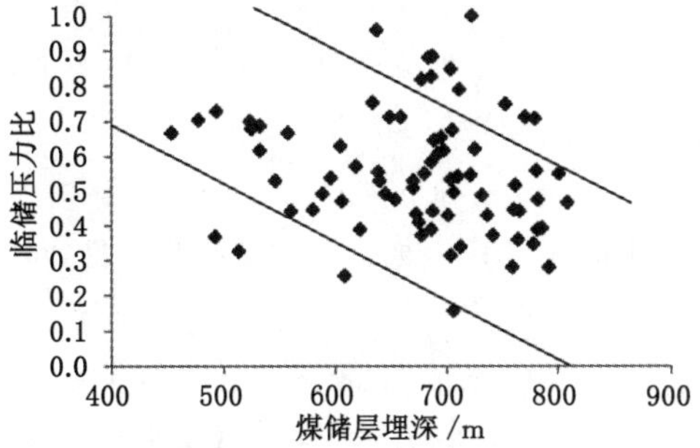


图 2-24　樊庄区块煤储层埋深与临储压力比关系图

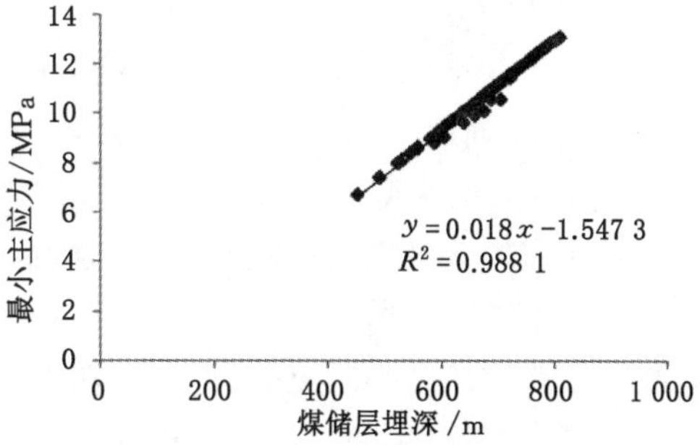


图 2-25　樊庄区块煤储层埋深与最小主应力关系图

综上所述,樊庄区块煤储层埋深对煤层气井产能的影响主要表现在埋深对煤储层渗透率的影响上,过高的埋深由于煤储层渗透率下降较快,更不利于煤层气的开发。

（四）煤体结构对煤层气井产能的影响

在应力（或其他力）作用下，煤体会发生不同程度的变形。煤体变形导致煤的正常结构被破坏，使煤体结构由原生结构变为碎裂结构、碎粒结构或糜棱结构等，不同的煤体结构发育程度不同，具有不同的渗透率[28,29]。通过对煤体结构与渗透率对应关系的研究发现，原生结构煤以及处于弹性、弹塑性应变阶段的碎裂结构煤，煤体变形程度越大越有利于裂隙的扩展，煤储层渗透率也越大；处于破裂面破坏阶段的碎裂结构煤以及碎粒结构煤、糜棱结构煤，由于强烈的构造应力作用，煤体发生严重变形，储层内的割理不复存在，裂隙延伸距离短或裂隙不发育，连通性变差，渗透率开始下降，储层渗透性变差（图 2-26）[27]。由于不同形变阶段的碎裂煤对渗透率的影响不同，可进一步将碎裂煤进行分类，将处于弹性、弹塑性应变阶段的碎裂结构煤定义为过渡结构煤[28,29]，它是介于原生结构煤和碎裂结构煤之间的一种煤体结构，过渡结构煤的厚度越大，煤储层的渗透性越好（图 2-27）。

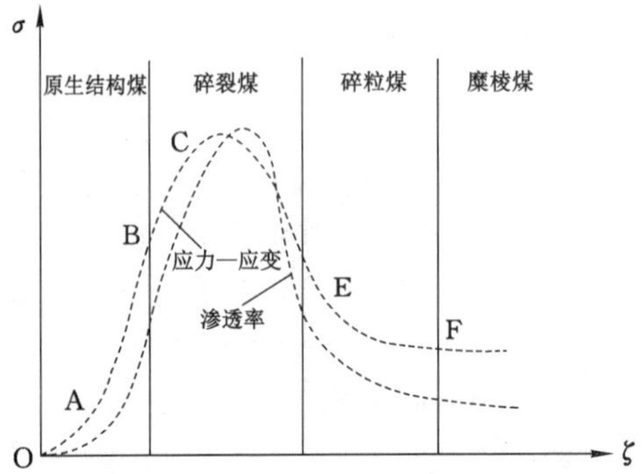


图 2-26　应力—应变、煤体结构与渗透率的关系[27]

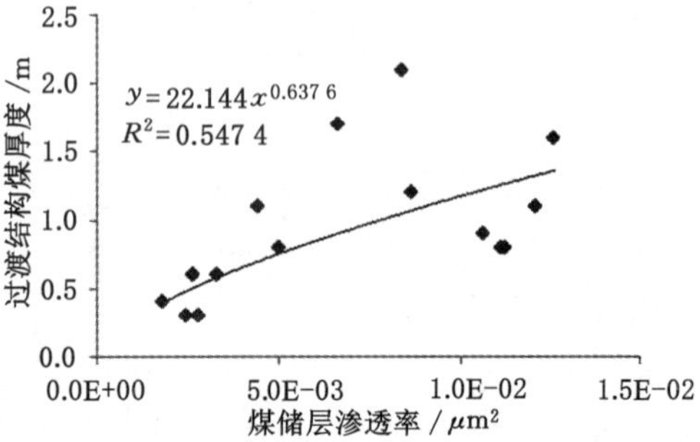


图 2-27　生产监测区过渡结构煤厚度与渗透率关系图

煤体结构对煤层气井产能的影响主要通过渗透率表现，过渡结构煤发育程度不同，煤储层具有不同的渗透率，进而影响煤层气井的产气量、产水量和排水时间。另外，煤体结构对煤储层含气性也有一定的影响，但受其他因素的影响，煤体结构对含气性和煤层气井产能的影响不明显。

（五）区域地质构造对煤层气井产能的影响

煤储层构造发育对煤层气井产能的影响较为复杂，与水文地质条件对煤层气井产能的影响类似，在不同区域表现不同，但总体仍呈现出一定的规律性。

（1）区域地质构造对煤储层渗透率的影响

区域地质构造对煤储层渗透率的影响主要表现在褶曲发育方面，不同的褶曲类型、同一褶曲类型的不同部位所受的应力作用不同，渗透率也有所不同。

向斜构造的核部受压应力作用，表现为明显的应力集中，为高压区，煤层以及顶板的裂隙和孔隙不甚发育，煤储层渗透率较低。背斜核部表现为拉张应力，产生大量的张性裂隙，应力快速释放，为低压区，裂隙较为发育，煤储层渗透率较高。向斜构造的翼部表现为拉张应力，产生少量开放性裂隙，释放部分应力，形成相对低压区，裂隙相对发育，较向斜核部的渗透率高；背斜构造的翼部表现为压应力，出现明显的应力集中，为相对高压区，裂隙相对不发育，较背斜核部的渗透率低。所以，褶曲翼部的渗透率较向斜核部高，较背斜核部低，处于过渡区域。同时，褶曲曲率越大，背斜、向斜核部的渗透率差异就越大。对于宽缓褶曲，由于褶曲所受应力作用较小,不同褶曲类型、同一褶曲不同部位之间存在渗透率差异,但差异不明显,而对于紧闭褶曲特别是紧闭向斜,应力作用明显,煤体原生结构明显遭受破坏,过渡结构煤发育,大幅改善了煤储层的渗透性。由图 2-28 可以看出,生产监测区过渡结构煤厚度介于 0～3 m,宽缓向斜部位过渡结构煤厚度为 0.5 m 左右,紧闭向斜部位过渡结构煤厚度约为 1.5～2.5 m,背斜部位过渡结构煤厚度在 1 m 左右,说明紧闭向斜处煤储层渗透率最高,背斜处次之,舒缓向斜处最小。紧闭褶曲对煤储层渗透性的明显改善可能更有利于煤层气的开发,也可能形成稳定的水相流动,反而不利于排水降压的进行和煤层气井产能的提高。综上所述,总体上看,背斜核部、褶曲翼部是有利于煤层气井生产的高渗透率区域,高产气井和中产气井也多分布于这些区域。

(2) 区域地质构造对煤储层水文地质条件的影响

区域地质构造对煤储层水文地质条件的影响主要表现在两个方面:褶曲发育对水文地质条件的影响和断层发育对水文地质条件的影响。

樊庄区块复向斜部位是煤层水的汇聚区,特别是紧闭向斜发育区域,往往形成相对"低洼"的汇水中心(图 2-29),水源补给相对充分,加之研究区紧闭向斜处过渡结构煤发育,煤储层渗透率相对较高,煤储层中易形成稳性的水相流动,不利于排水降压的进行,多为低产气井和产水井。

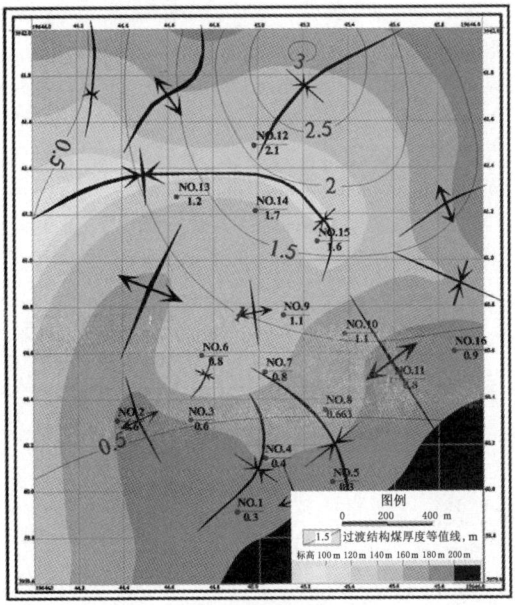


图 2-28　生产监测区过渡结构煤厚度与区域构造

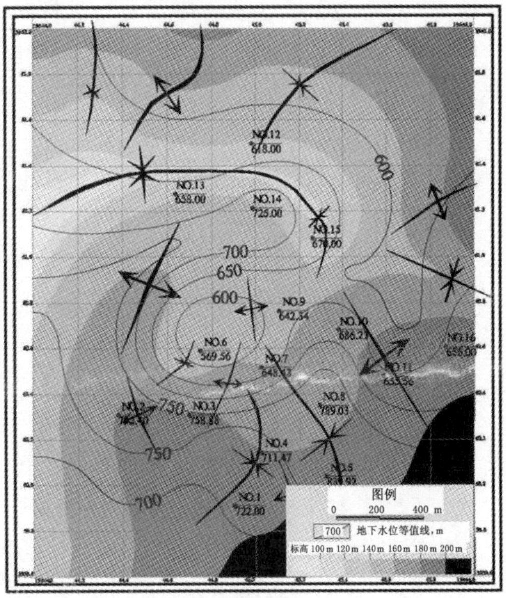


图 2-29　生产监测区地下水位高度与区域构造

樊庄区块发育的断层普遍为正断层,多属于张性断层,断层往往与下部的奥陶系灰岩水和围岩砂岩含水层相连通,成为导水断层,造成煤层气井水源补给充分,排水降压困难,因此在开放性正断层附近的煤层气井多为低产气井或产水井。

(3) 区域地质构造对煤储层含气性的影响

区域地质构造对煤储层含气性的影响同样主要表现在两个方面:褶曲发育对煤储层含气性的影响和断层发育对煤储层含气性的影响。

由前面的分析可知，向斜核部受压应力作用，煤层及顶板孔、裂隙不甚发育，阻止了煤层气向上的逸散，有利于煤层气的富集；背斜核部发育大量的张性裂隙或正断层，煤层气不易保存；向斜构造的翼部表现为拉张应力，产生少量开放性裂隙，而背斜构造的翼部表现为压应力，裂隙相对不发育，因此，褶曲翼部对煤层气的富集作用介于背斜核部和向斜核部。研究区紧闭褶区（主要是紧闭向斜）发育区域，由于煤体原生结构明显遭受破坏，过渡结构煤发育，相对于舒缓褶曲，裂隙发育程度更高，不利于煤层气的富集。总之，从孔、裂隙的发育程度来看，向斜核部最有利于煤层气的富集，其次是褶曲翼部，而背斜核部不利于煤层气的保存，紧闭向斜发育区域煤层气的富集效果最差。虽然背斜核部与向斜核部，特别是舒缓褶曲与紧闭褶区，煤层气富集的效果有所差异，但樊庄区块顶板以泥岩和砂质泥岩为主，具有较好的封盖能力，有效地阻止了煤层气向上的逸散，同时，区内地下水为“滞留型”，流速缓慢，水中的溶解气不易大量逸散，起到了一定的水力封堵作用，特别是紧闭向斜处，是煤层水的汇聚滞留区，水力封堵作用明显，有效缓解了煤层气的大量逸散[16,18,30]。因此，虽然褶曲发育对煤储层含气性有一定影响，但在良好的盖层封盖能力和煤层水的水力封堵作用下，不同褶曲类型、同一褶曲不同部位的含气性差异并不明显。泥岩、砂质泥岩盖层的良好封盖能力以及煤层水的水力封堵作用也是3#煤层含气性较高、含气量差别不大的重要原因。

由前文的分析可知，樊庄区块普遍发育张性正断层，张性断层为煤层气的逸散提供了运移通道，不利于煤层气的保存；同时，张性正断层与下部奥陶水和砂岩含水层相连通，为煤层气向上逸散提供了动力。因此，在开放性正断层附近煤储层含气量较低，进一步影响了开放性正断层附近煤层气井的产气量。

## 第二节　煤层气直井产能的工程控制

煤层气直井产能的工程影响因素包括井网设计，钻井、固井、完井方式，储层改造技术，排采制度以及其他增产措施等。煤层气井抽采制度和储层改造技术是研究区煤层气直井产能的主要影响因素，而井网布置和井网加密、钻井工艺、固井工艺等也对研究区煤层气直井产能有一定的影响。樊庄区块煤层气直井基本采用套管射孔完井，完井方式基本相同，且缺少更详细的资料，在此不做探讨。重点探讨抽采制度、储层改造技术、井网布置和井网加密、钻井工艺、固井工艺对煤层气直井产能的控制机理。

### 一、抽采制度对煤层气直井产能的影响

生产监测区煤层气井均采用38 mm泵径的抽油泵，抽油机冲程主要有1.2 m、1.5 m和1.7 m三种，生产过程中主要依靠调节抽油机冲次改变抽采制度。

#### （一）抽采制度对产水阶段煤层气井生产的影响

产水阶段，樊庄区块煤层气井平均冲次介于0.74～6.01次/min，平均约1.77次/min。

（1）抽采制度对产水阶段日产水量的影响

产水阶段，煤层气井平均日产水量与抽油机冲次呈明显的正相关性（图2-30），抽油机冲次越高，煤层气井的日产水量越大，说明樊庄区块煤层气井的日产水量明显受控于抽采制度。对生产监测区16口煤层气井分析发现，产水阶段，生产监测区煤层气井的平均产水量与抽油机冲次之间的关系同整个樊庄区块一致，煤层气井的日产水量明显受控于抽采制度（图2-31）。产水阶段，生产监测区平均冲次小于1.5次/min煤层气井，平均产水量均小于3 $m^3/d$，属于第2类煤层气井；平均冲次大于1.5次/min的煤层气井，平均产水量均大于3

m³/d，属于第 1 类煤层气井（图 2-31），所以在产水阶段，煤层气井的产水量大小主要由抽采速度决定。

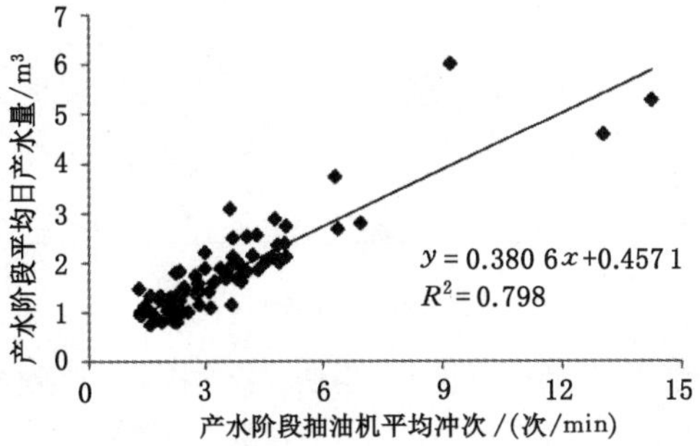


图 2-30　产水阶段樊庄区块抽油机平均冲次与煤层气井平均日产水量关系图

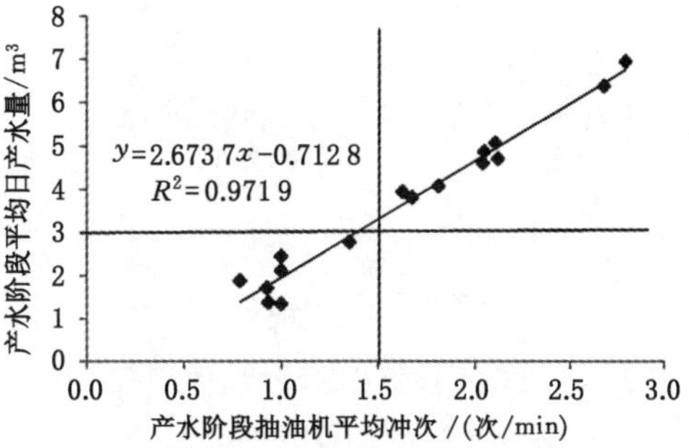


图 2-31　产水阶段生产监测区抽油机平均冲次与煤层气井平均日产水量关系图

(2) 抽采制度对排水时间的影响

煤层气井的排水时间与抽油机冲次有一定的正相关关系（图 2-32），抽油机冲次越高，煤层气井排水时间越长，但二者之间的相关性不是特别明显。重点对生产监测区 16 口煤层气井进行分析，研究发现，产水阶段，煤层气井的排水时间与抽油机冲次之间的关系同整个樊庄区块一致，煤层气井的排水时间明显受抽采制度的影响（图 2-33）。相对于整个樊庄区块，产水阶段，生产监测区抽油机冲次对煤层气井排水时间的影响更明显。产水阶段，生产监测区平均冲次小于 1.5 次/min 的煤层气井，排水时间均小于 200 d，属于第 2 类煤层气井；平均冲次大于 1.5 次/min 的煤层气井，排水时间均大于 200 d，属于第 1 类煤层气井，说明产水阶段，抽采制度是煤层气井排水时间的主要影响因素之一。

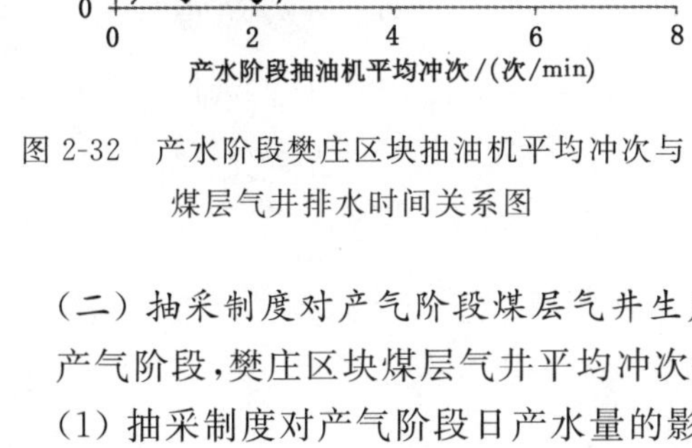


图 2-32　产水阶段樊庄区块抽油机平均冲次与煤层气井排水时间关系图

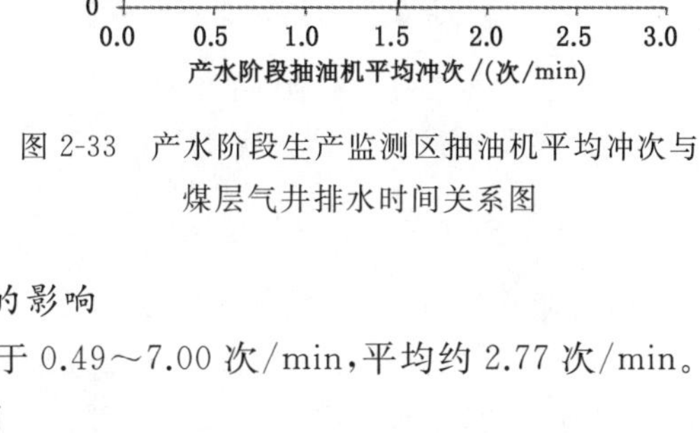


图 2-33　产水阶段生产监测区抽油机平均冲次与煤层气井排水时间关系图

（二）抽采制度对产气阶段煤层气井生产的影响

产气阶段，樊庄区块煤层气井平均冲次介于 0.49～7.00 次/min，平均约 2.77 次/min。

(1) 抽采制度对产气阶段日产水量的影响

产气阶段，抽油机冲次对煤层气井日产水量仍有部分影响，表现出一定的正相关性，抽油机冲次越高，煤层气井的日产水量也越大（图 4-34、图 4-35）。但抽油机冲次对煤层气井产水量的影响明显降低，特别是生产监测区，煤层气井平均日产水量基本不受抽油机冲次的影响，说明进入产气阶段，抽采制度对煤层气井日产水量的影响非常微弱。

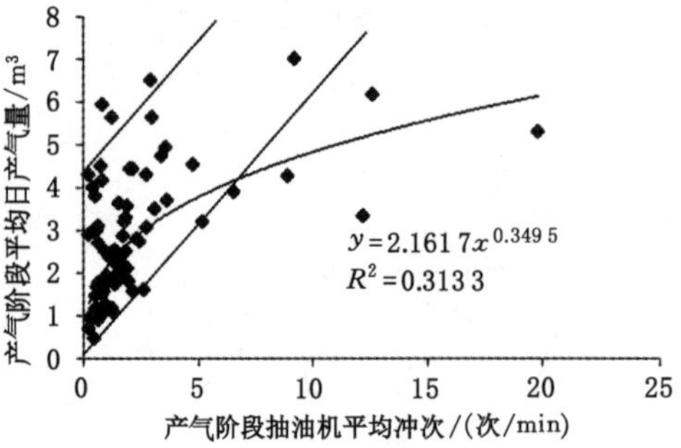


图 2-34 产气阶段樊庄区块抽油机平均冲次与煤层气井平均日产水量关系图

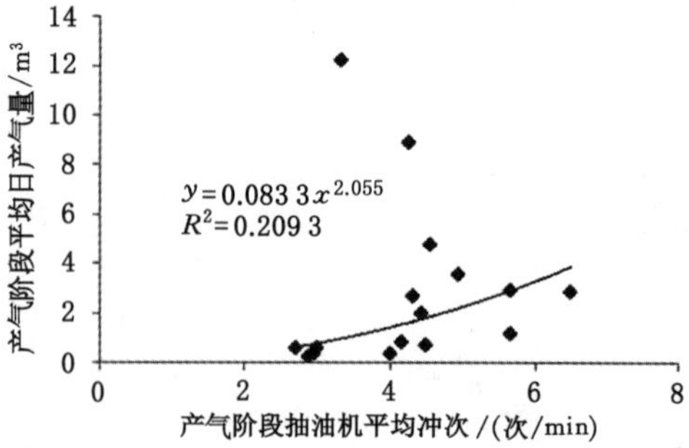


图 2-35 产气阶段生产监测区抽油机平均冲次与煤层气井平均日产水量关系图

(2) 抽采制度对产气量的影响

不论是整个樊庄区块还是生产监测区，产气阶段，煤层气井的平均日产气量与抽油机的平均冲次之间有一定的负相关性(图 2-36、图 2-37)，产气阶段抽油机平均冲次越高，煤层气井的日产气量越低，说明煤层气井的日产气量受产气阶段抽油机冲次的影响，但是这种影响较弱。而生产监测区煤层气井的日产气量明显受产水阶段抽油机平均冲次的影响，二者呈明显的负相关性，产水阶段，抽油机冲次越高，进入产气阶段，煤层气井的日产气量就越低。平均冲次高于 1.5 次/min 的煤层气井，平均产气量小于 500 $m^3/d$，属于第 1 类煤层气井，而平均冲次低于 1.5 次/min 的煤层气井，平均产气量大于 500 $m^3/d$，属于第 2 类煤层气井(图 2-38)。说明产水阶段煤层气井的抽采制度对后续产气量影响很大，因为产水阶段的排水卸压效果直接影响煤层气解吸量效果。

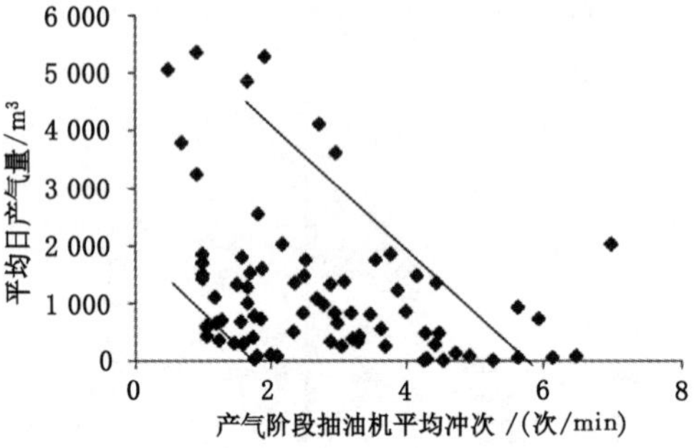


图 2-36 樊庄区块抽油机平均冲次与煤层气井平均日产气量关系图

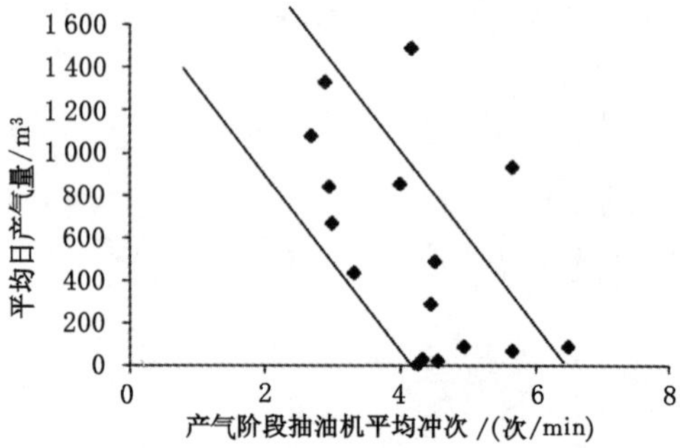


图 2-37 产气阶段生产监测区抽油机平均冲次与煤层气井平均日产气量关系图

(三) 抽采制度对煤层气井产能的控制机理

由前文的分析可知，樊庄区块煤层气井产气量明显受控于产水阶段煤层气井的排水降压效果，而煤层气井的排水降压效果则与抽采制度或抽油机冲次直接相关。

(1) 抽采制度对产水量的控制机理

产水阶段，樊庄区块煤层气井的产水量大小主要由抽采速度决定，排水时间明显受抽采速度的影响。原始煤储层裂缝中一般水饱和，煤储层中基本为水的单相流动，煤层气井投产之后，在压差的作用下，煤层水不断涌向井筒。抽油机的冲次越高，说明抽采能力越强，在水源补给相对充分的情况下，抽油机冲次越高，单位时间内采出的煤层水量也越大，煤层气井

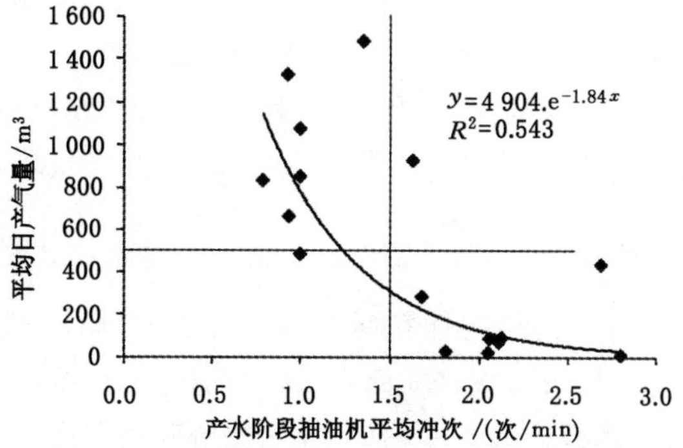


图 2-38 生产监测区产水阶段抽油机平均冲次与煤层气井平均日产气量

的产水量就越高。

产水阶段，煤层气井水源补给相对充分，抽油机的抽采能力越强，流向井筒的水量较多，造成煤储层中含水饱和度下降缓慢，煤储层中甚至形成稳定的水相流动，煤储层压力下降较慢，为使煤储层压力下降到临界解吸压力之下所需要的排水时间就越长。以生产监测区为例，产水阶段抽油机平均冲次小于 1.5 次/min 的煤层气井，平均井底流压均小于 2.75 MPa，属于第 2 类煤层气井，而抽油机平均冲次大于 1.5 次/min 的煤层气井，平均井底流压均大于 2.75 MPa，属于第 1 类煤层气井(图 2-39)。说明较强的抽采能力促使煤储层中形成了稳定的水相流动，煤储层压力下降困难，延长了煤储层压力下降至临界解吸压力之下所需的排水时间。

进入产气阶段，煤储层裂缝中气相饱和度升高，形成了气、水两相混合流动，此时，抽采制度对煤层水流动的影响减弱，煤层水的流动虽然仍受生产压差和绝对渗透率的影响，更主要受控于相对渗透率。相对渗透率成为影响煤层水流动的重要因素，煤储层中水相饱和度越高，则水相相对渗透率就越高，越有利于煤层水流向井筒[23,25,31]。同样以生产监测区为例，产气阶段，含水饱和度大于 0.8 的煤层气井，平均产水量均大于 2 $m^3/d$，属于第 1 类煤层气井；含水饱和度小于 0.8 的煤层气井，平均产水量均小于 2 $m^3/d$，属于第 2 类煤层气井(图 2-40)。说明产气阶段煤层气井的日产水量主要受水相相对渗透率的影响。

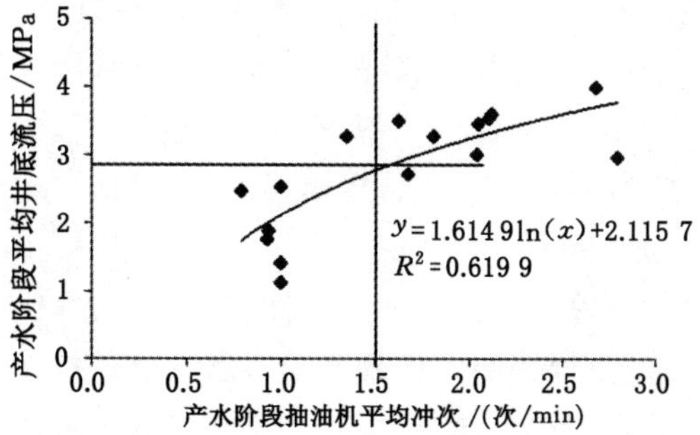


图 2-39 产水阶段生产监测区抽油机平均冲次与平均生产压差关系图

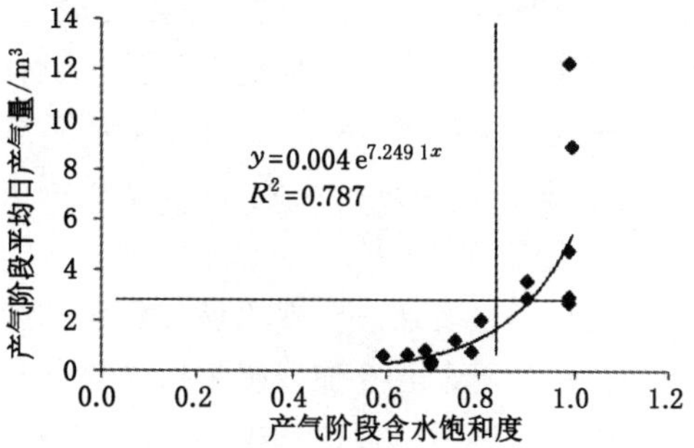


图 2-40 产气阶段生产监测区含水饱和度与平均日产水量关系图

(2) 抽采制度对产气量的控制机理

进入产气阶段，随着气体的不断解吸，形成了气、水混合流动，抽采能力对煤层中渗流的影响减弱，气相相对渗透率成为影响气体渗流的最重要因素，气相饱和度越高，气相相对渗透率越高，越有利于气体的流动[22,23,25,31]，而产气阶段煤储层的含气饱和度与主要受产水阶段煤层气井排水降压效果的影响，具体受产水阶段抽油机冲次的影响(图 2-41)。以生产监测区为例，产气阶段含水饱和度高于 0.8 的煤层气井，平均产气量均小于 500 $m^3/d$，属于第 1 类煤层气井，含水饱和度低于 0.8 的煤层气井，平均产气量均大于 500 $m^3/d$，属于第 2 类煤层气井(图 2-42)。由于产水阶段，第 1 类煤层气井抽油机冲次较高，煤储层中形成了稳定的水相流动，煤储层压力下降缓慢，气体解吸量少，进入产气阶段后，仍以水的单向流动为主，虽然其渗透率较高，但气相相对渗透率低，不利于气体产出；第 2 类煤层气井虽然渗透率相对较低，但是产水阶段煤储层压力充分释放，煤层气解吸量较高，含气饱和度上升迅速，气相相对渗透率增大，有利于气体流动和产出。

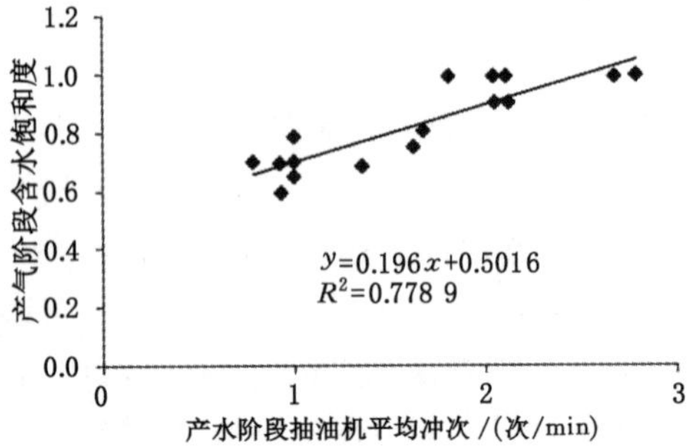


图 2-41 生产监测区产气阶段含水饱和度与产水阶段抽油机平均冲次关系图

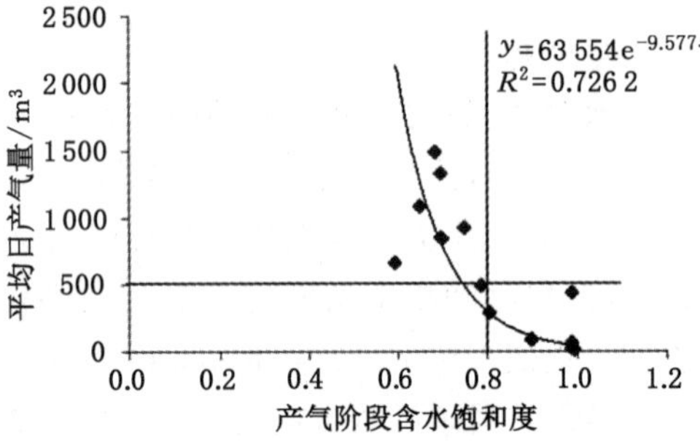


图 2-42 生产监测区产气阶段含水饱和度与平均日产气量关系图

另外，产水阶段抽油机冲次所造成的排水降压效果不同同样会引起气、水分异现象，促进相邻煤层气井之间的产能差异。

## 二、煤储层改造技术对煤层气直井产能的影响

水力压裂是煤层气井一项重要的增产工艺措施，也是最主要的煤储层改造技术，由于我国煤储层渗透率普遍较低，生产前一般采用水力压裂强化改造[32,33]。水力压裂(Hydraulic Fracturing)是利用地面高压泵组，以超过地层吸液能力的排量将压裂液泵入井内而在井底附近产生高压，当该压力超过井壁附近地应力及岩石抗张强度后，在地层中形成裂缝[32,33]。继续注入压裂液使水力裂缝逐渐延伸；随后注入带有支撑剂的混砂液，使水力裂缝继续延伸并在缝中充填支撑剂[32,33]。停泵后，由于支撑剂对裂缝壁面的支撑作用，在地层中形成足够长、一定长度和宽度的填砂裂缝，从而增大裂缝的渗流能力，改善煤储层的渗透性，实现煤层气井增产[32,33]。

水力压裂主要通过改变煤储层流体的流动形态、改善煤储层的渗透性、扩大煤层气供给面积和促进压降漏斗叠加以提高煤层气井产能。改变煤储层流体的流动形态主要是指将原有的径向流改变为线性流和拟径向流，缩短了较高阻力的流动路径；改善煤储层的渗透性主要通过解除近井地带污染和增强天然裂隙之间的连通性实现；扩大煤层气供给面积主要通过沟通非均质性构造煤储层，为煤层水和煤层气流向井筒提供更有利的通道实现；促进压降漏斗叠加则主要通过扩大煤层气井的有效井控范围、促进流体流动而实现。

### (一) 水力压裂工艺对煤层气井产能的影响

水力压裂工艺主要指压裂施工过程中，压裂液及压裂砂注入量、压裂液排量、压裂液砂

比、泵压、支撑剂和压裂液选择等压裂施工参数设定，压裂效果也多取决于这些施工参数。由于研究区煤层气井水力压裂过程中均采用 0.425～0.85 mm 及 0.85～1.18 mm 石英砂作为支撑剂，均采用清洁压裂液(活性水)，故暂不考虑支撑剂类型及粒径、压裂液类型对压裂效果和煤层气井产能影响，重点探讨压裂液及压裂砂注入量、压裂液排量、压裂液砂比、泵压与煤层气井产能之间的关系。

(1) 压裂液对煤层气井产能的影响

压裂液的主要作用是将地面设备的能量传递到煤储层中，在煤层中形成裂缝，并携带支撑剂填充到裂缝中，按照压裂施工中不同阶段的作用可以将压裂液分为前置液、携砂液、顶替液三种[33]。

平均产气量大于 500 $m^3/d$ 的煤层气井前置液用量主要分布在 180～250 $m^3$，携砂液用量主要分布在 200～360 $m^3$；平均产气量小于 500 $m^3/d$ 的煤层气井前置液用量往往小于 180 $m^3$，携砂液用量一般小于 200 $m^3$[图 2-43(a)、(b)]。前置液和携砂液用量随平均日产气量的降低呈减小趋势(表 2-1)，说明一定范围内，前置液和携砂液用量越大，煤层气井的压裂效果越好。顶替液用量没有表现出明显的规律性[图 2-43(c)]。平均产气量大于 500 $m^3/d$ 的煤层气井前置液、携砂液、顶替液排量均集中在 7～8 $m^3/min$；而平均产气量小于 500 $m^3/d$ 的煤层气井压裂液排量均以小于 7 $m^3/min$ 为主(图 2-44)。压裂液排量随平均日产气量的降低呈减小趋势(表 2-1)。说明研究区压裂液排量越大，压裂效果越好，越有利于产气量的提高。

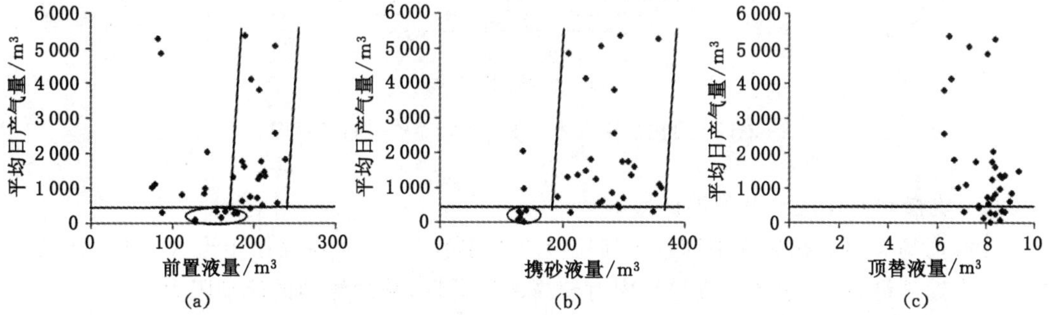


图 2-43　樊庄区块压裂液量与平均日产气量关系图

**表 2-1　　压裂施工平均参数与平均日产气量**

| 平均日产气量/$m^3$ | 压裂施工平均参数 | | | | | | | | | | | |
|---|---|---|---|---|---|---|---|---|---|---|---|---|
| | 前置液量/$m^3$ | 携砂液量/$m^3$ | 顶替液量/$m^3$ | 前置液排量/($m^3$/min) | 携砂液排量/($m^3$/min) | 顶替液排量/($m^3$/min) | 前置液砂比/% | 携砂液砂比/% | 前置液砂量/$m^3$ | 携砂液砂量/$m^3$ | 总注砂量/$m^3$ | 峰值泵压/MPa |
| ≥1 000 | 176.92 | 273.37 | 7.72 | 7.15 | 7.25 | 6.66 | 4.39 | 12.85 | 7.75 | 32.71 | 40.46 | 21.04 |
| 500～1 000 | 177.66 | 259.61 | 8.41 | 7.52 | 7.52 | 7.39 | 4.94 | 12.87 | 7.59 | 30.82 | 38.41 | 25.86 |
| 100～500 | 160.52 | 198.06 | 8.12 | 6.90 | 6.81 | 6.80 | 5.54 | 17.82 | 7.27 | 31.58 | 38.85 | 19.84 |
| <100 | 128.82 | 132.48 | 8.40 | 6.12 | 6.10 | 6.11 | 6.90 | 25.75 | 7.55 | 32.50 | 40.05 | 16.00 |

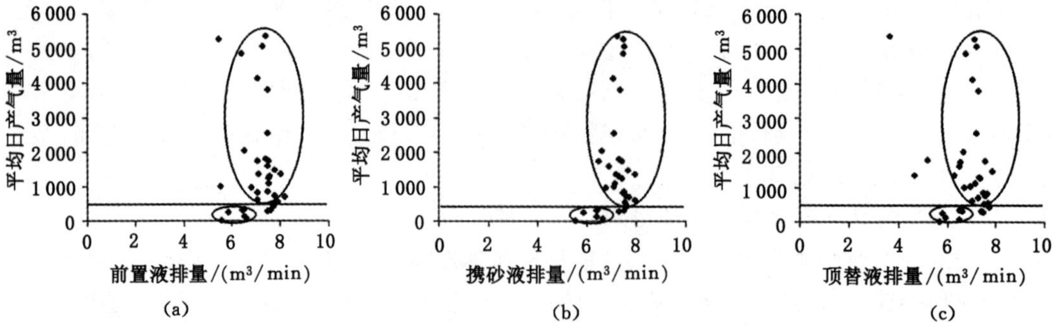


图 2-44　樊庄区块压裂液排量与平均日产气量关系图

压裂液排量越大，一般所需的泵压也较大。研究区平均产气量大于 500 m³/d 的煤层气井峰值泵压(18～30 MPa)往往高于平均产气量小于 500 m³/d 的煤层气井峰值泵压(小于 20 MPa)，适当范围内较高的泵注压力有利于提高煤层气井产气量(图 2-45)。

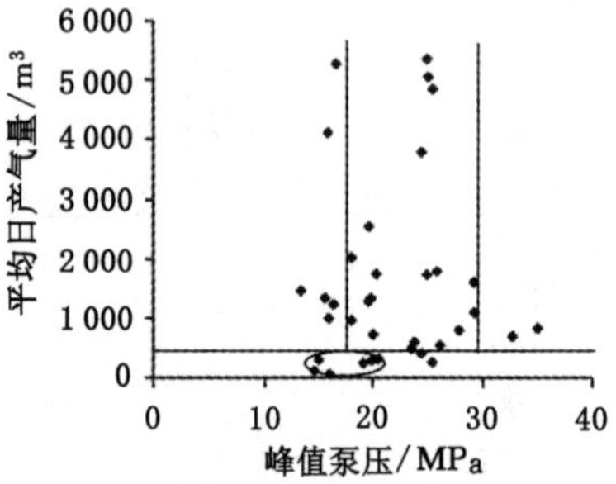


图 2-45　樊庄区块峰值泵压与平均日产气量关系图

(2) 支撑剂对煤层气井产能的影响

支撑剂的作用是在裂缝中铺置排列后形成支撑裂缝，从而在煤层中形成远高于煤层渗透率的支撑裂缝带，使流体在支撑剂中有较高的流通性，减少流体的流动阻力[33,34]。

注砂量对煤层气井压裂效果和产气量的影响不明显(图 2-46)。然而，平均产气量大于 500 m³/d 的煤层气井前置液和携砂液砂比明显小于平均产气量小于 500 m³/d 的煤层气井，较小的压裂液砂比有利于产气量的提高。前置液砂比与平均产气量有一定的负相关性，而平均产气量大于 500 m³/d 的煤层气井携砂液砂比基本小于 15%，平均产气量小于 500 m³/d 的煤层气井携砂液砂比以大于 20%为主(图 2-47)。由此可见，支撑剂用量与压裂液用量的配比对压裂效果和产气量的影响较大。

(二) 水力压裂工艺对煤层气井产能的控制作用

(1) 前置液对压裂效果的控制

煤层气井的压裂过程中，前置液主要用来压开煤层，并在煤层中形成具有一定几何形态的裂缝。前置液在井底形成的高压克服井壁附近的地应力并达到岩石抗张强度后，产生裂缝。地层破裂后，井眼附近的应力集中消失，在前置液作用下，压裂裂缝长度、宽度及高度进一步延伸。为提高工作效率，前置液中一般加细砂，以达到减少液体滤失的效果[33,34]。

较大的前置液注入量和排量在井底形成的流体压力较高，更有利于压裂裂缝开启和延

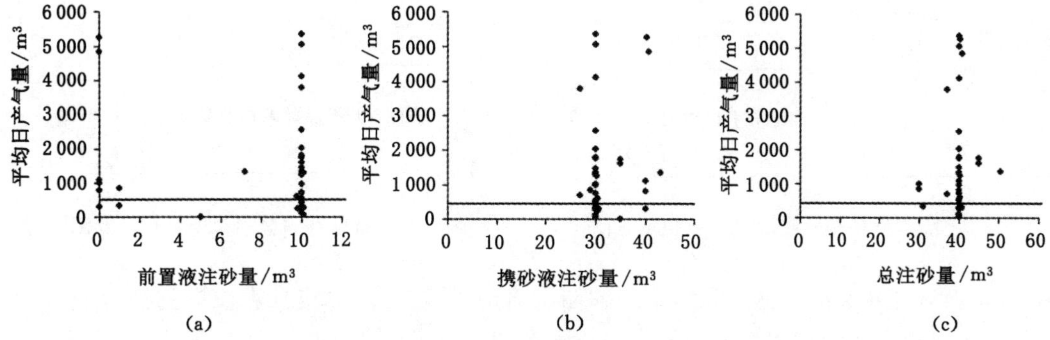


图 2-46　樊庄区块注砂量与平均日产气量关系图

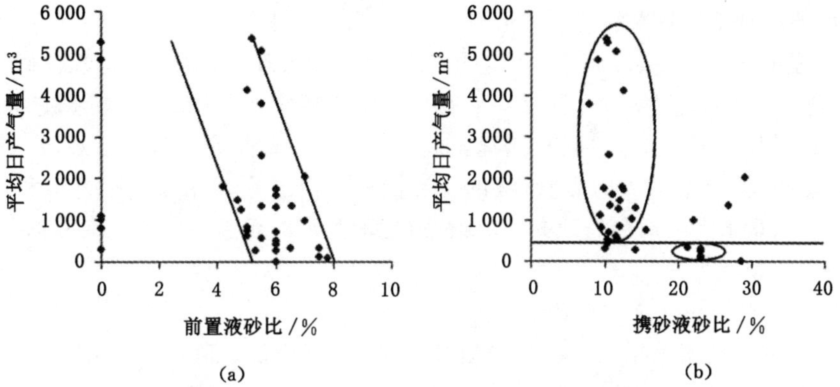


图 2-47　樊庄区块砂比与平均日产气量关系图

伸，并能撑开部分天然裂隙，增大整个煤层的渗透性；较大的净延伸压力可使压裂裂缝中保持较长时间的高压状态，延长滤失时间，有效缓解裂缝闭合。裂缝中，压裂砂受水平方向压裂液的携带力、垂直方向的重力及浮力，由于清洁压裂液密度较小，压裂砂具有很大的沉降倾向，只有当压裂液流速达到或超过平衡流速时，压裂砂才能停止沉降，并处于悬浮状态[35]。因此，较大的注入量和排量使前置液具有较高的流体势能和较强的携砂能力，可将压裂砂带入更远处的地层，压裂砂铺设更均匀，有效降低煤层滤失性，阻止远离井筒处压裂裂缝及天然裂隙迅速闭合，为支撑剂注入创造有利条件。较小的前置液注入量和排量不仅造成压裂裂缝开启程度低、延伸距离短，还可造成压裂砂在井筒附近或裂隙拐角处堆积，影响携砂液注入（图 2-48、2-49）。由此可见，前置液的注入量和排量主要通过影响压裂裂缝的发育程度影响压裂效果，同时其对裂缝的支撑和对压裂液滤失的缓解以及对压裂效果起到一定的促进作用。

（2）携砂液对压裂效果的控制

携砂液主要携带支撑剂进入地层，把支撑剂充填到预定位置[33,34]。携砂液对煤层气井压裂效果的影响主要表现在携砂能力方面，其对压裂砂的携带能力决定了压裂砂的运移距离、铺设面积和分布均匀与否，并能依靠自身具有的高流体压力，进一步促进裂缝延伸、缓解裂缝闭合[36]。如前所述，较高的携砂液注入量和排量同样为压裂裂缝进一步延伸创造条

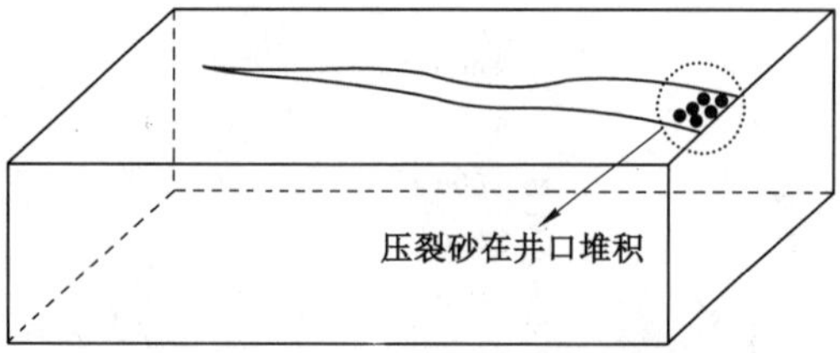


图 2-48　压裂砂在井筒附近地层堆积示意图[34]

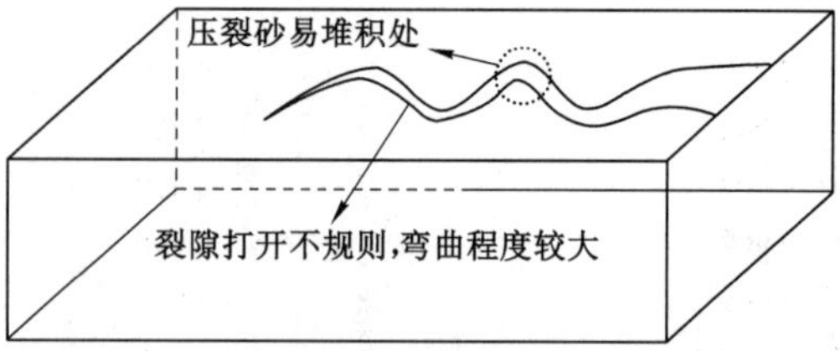


图 2-49　压裂砂在裂缝拐角处堆积示意图[34]

件,并能有效避免裂缝快速闭合所带来的储层损伤,能够使携砂液具有较强的携砂能力,增大压裂砂铺设面积和均匀程度。较小的注入量和排量可造成压裂砂铺设不均匀,严重时可引起砂堵;特别是在煤层滤失系数较大时,还可导致裂缝迅速闭合,造成压裂砂的嵌入或煤体破碎,影响煤层渗透性。总之,携砂液的注入量和排量主要通过影响压裂砂的铺设质量影响压裂效果,并对压裂裂缝的延伸有一定的促进作用。

(3) 顶替液对压裂效果的控制

顶替液是把压裂管柱、地面管汇中的携砂液全部替入裂缝,避免压裂管柱砂卡、砂堵的液体[32]。顶替液排量较大时,可有效替入管柱或地面管汇中的携砂液,特别是井筒附近有压裂砂轻微堆积时,顶替液能够辅助携砂液将堆积的压裂砂携带入较远处地层,避免砂堵出现[36]。而煤层滤失系数较大时,携砂液的迅速滤失造成压裂砂在井筒附近堆积,若顶替液排量较小,注入量增大反而会造成井底、管柱或地面管汇的压裂砂进一步向井筒附近地层堆积,造成砂堵。

(4) 压裂砂对压裂效果的控制

压裂砂主要起到支撑压裂裂缝和缓解压裂液滤失(粉砂、细砂)的作用[32]。砂比越大,说明单位体积压裂液(主要是前置液和携砂液)所携带的压裂砂量越大,压裂液流动性及其对压裂砂的携带能力减弱,易造成压裂砂堆积,影响裂缝导流能力。闭合压力较大时,注砂量较小,单位面积上分布的压裂砂数量较少,闭合压力作用下,压裂砂与煤基质接触面上所受的压强更大,煤层气井投产后,裂缝中压力降低,压裂砂更易嵌入煤层或造成煤体破碎,影响煤层气井后续的生产。

(5) 压裂效果对产气量的控制

煤层气井压裂效果主要体现在压裂裂缝开启程度、延伸长度和渗透率方面。压裂砂铺设越均匀,压裂裂缝的渗透性与导流能力就越好,越有利于煤储层流体的流动;压裂裂缝延伸越长,煤层气井的有效井控面积也越大,增大了供气面积,并沟通相邻煤层气井,促进叠加压降漏斗的演化。故此,水力压裂工艺对煤层气井产气量的影响也主要表现在三个方面,首先,压裂裂缝中压裂砂铺设较均匀,裂缝导流能力强,有利于煤层水流向井筒,煤层气井排水降压效果好,煤层气大量解吸后,又有利于气体的流动,产气量较高;再者,裂缝延伸较长不仅增大了压裂裂缝和煤基质的接触面积及煤层气井的供气面积(表 2-2),还可沟通相邻煤层气井,有利于叠加压降漏斗的形成,促进煤层压力下降和煤层气解吸;第三,有效撑开部分天然裂隙,增强天然裂隙之间的连通性,从而增大储层渗透率。因此,前置液、携砂液注入量和排量越大,研究区煤层气井的产气量一般越高,而较高的砂比则不利于产气量的提高。另外,较高的泵注压力是较大的前置液、携砂液注入量和排量的前提,故泵注压力越大,煤层气井的产气量也越大。

**表 2-2　樊庄区块不同类型煤层气井的平均压裂裂缝长度与平均日产气量**

| 煤层气井类型 | 平均压裂裂缝长度/m | 平均日产气量/$m^3$ |
|---|---|---|
| 高产气井和中产气井 | 134.54 | 1 977.53 |
| 低产气井和产水井 | 105.29 | 168.78 |

## 三、煤层直井产能的其他工程控制作用

除煤层气井抽采制度和储层改造技术外，井网布置和井网加密、钻井工艺、固井工艺等也对研究区煤层气直井产能有一定的影响。

### (一) 井网布置与井网加密对煤层直井产能的影响

煤层气井的布井方式是指煤层气排采井在煤层气藏中所处的部位以及井与井之间的排列关系[37]。井网部署对煤层气直井产能的影响主要表现在井控面积和压降漏斗叠加上。井控面积决定了单井的煤层气供给量，理想情况下，井控面积越大，煤层气的供给潜力也越大，而井网排采条件下，井控面积受井网类型和井距的直接影响；根据压降叠加原理，叠加压降漏斗可以大大提高煤储层压力的降落速度，提高煤层气解吸速率，同时，叠加压降漏斗使得低于解吸压力的范围增大，增大解吸体积[8]，煤层气井压降漏斗的叠加、变形、扩大是提高解吸速度的根本途径，而压降漏斗的叠加、变形则与井网部署密切相关[8]。

(1) 井网布置对煤层气直井产能的控制作用

不同于常规油气藏的布井方式，煤层气井不存在注水井与生产井的区分，煤层气井的布井方式实际是指煤层气井的最小生产单元[37,38]。根据煤层气井的特点，煤层气井的布井井网可分为两类：井排井网和面积井网[37,38]。

井排井网即一组煤层气井基本处于同一直线上，且仅同一井排的相邻煤层气井之间出现井间干扰，与其他井排的煤层气井之间由于断层阻碍、井距较大等原因，基本无干扰(图 2-50)[37,38]，由于井排井网不能很好地适应煤层气藏的非均质性，井排与井排之间基本不发生井间干扰，造成煤层气藏的利用率低，仅适用于断层附近、区块开发初期等特殊情况，在煤层气的开发过程中应用范围较窄。

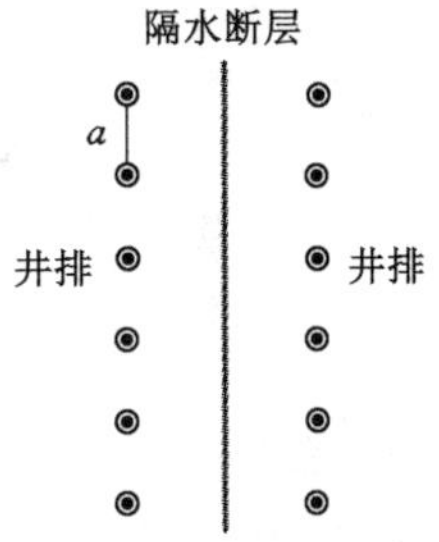


图 2-50　井排井网示意图[37,38]

面积井网是指煤层气井按照一定的几何形状和密度均匀地布置在整个开发区域上进行排采的系统[37,38]，其实质是把煤层气田划分为许多更小的单元。根据最小开发单元的划分，面积井网可分为两类：三角形井网(最常用的是正三角形井网)(图 2-51)和距形井网(最常用的是正方形井网)(图 2-52)。其他类型的开发井网均以此为基础。面积井网可应用于开发面积较大、构造复杂、非均质性较强的煤层气藏，且煤层气井之间井间干扰范围大、煤层气藏的利用率高，具有适用性强、使用范围广的特点，是煤层气藏开发中最常用的布井方式。

进行煤层气井井网部署的目的就是在保证一定的井控面积基础上，最大限度地增大压降漏斗的叠加面积，使解吸体积扩大到整个煤储层，从而达到提高解吸速度的目的。合理的井网部署甚至可以实现压降漏斗和解吸体积的重复叠加，从而进一步降低储层压力，提高解吸速度，获得较高的煤层气井产能。较密的井网部署一定程度上能够实现压降漏斗的大面积、多重叠加，但是较大的井网密度意味着较多的煤层气井数和更高的生产投入，如何在尽量降低生产投入的同时，提高压降漏斗叠加面积和解吸速度，是井网部署需要考虑的关键

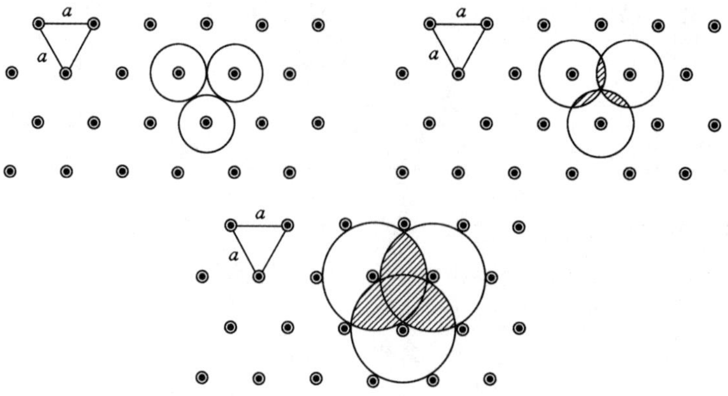


图 2-51 三角形井网压降漏斗的演化过程

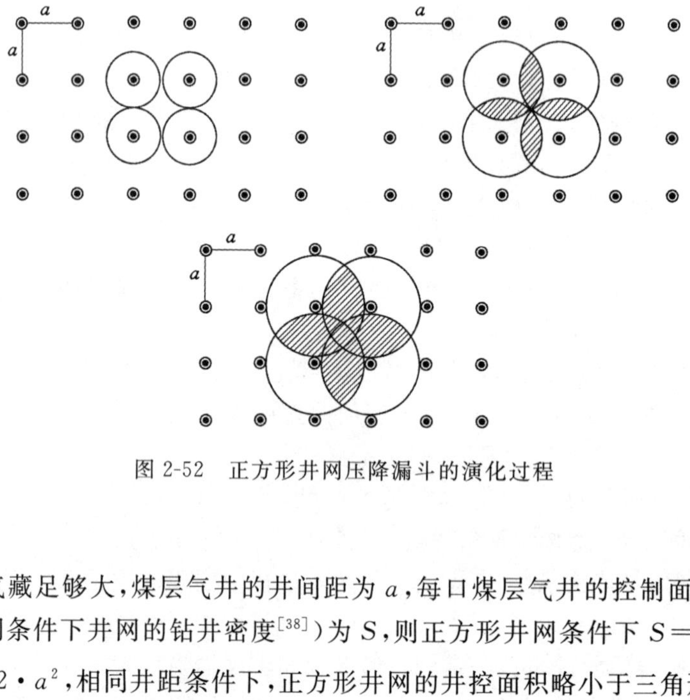


图 2-52 正方形井网压降漏斗的演化过程

问题。

假定煤层气藏足够大，煤层气井的井间距为 $a$，每口煤层气井的控制面积(在正方形井网和三角形井网条件下井网的钻井密度[38])为 $S$，则正方形井网条件下 $S=a^2$，三角形井网条件下 $S=\sqrt{3}/2\cdot a^2$，相同井距条件下，正方形井网的井控面积略小于三角形井网。

均匀井网内，两井之间的直线距离为最短流线，煤层气井泄流半径在平面上沿着这条最短的流线先到达邻井，之后再沿其他流线推进。两口煤层气井的泄流半径之和大于井距时，煤层气井之间发生井间干扰；泄流半径等于井距时，井间干扰范围达到最大。井网条件下，泄流半径达到一定程度时，还会出现多井重复叠加的情况。不同井网条件下，煤层气井之间压降漏斗出现多重叠加的时间不同，泄流半径达到井距时叠加区域的面积大小也不同。

假设煤层气藏均质等厚，且煤层气井的排采制度相同，则井网内煤层气井的泄流半径扩展程度、压降漏斗叠加面积均可用井距表示。

正三角形井网条件下，煤层气井的泄流半径($r$)$r=0.5a$ 时，压降漏斗发生叠加；$r=\sqrt{3}/3\cdot a$时，压降漏斗出现重复叠加；$r=a$ 时，三口井重复叠加的面积为$(2/3\cdot\pi-3\sqrt{3}/4)a^2$，整个叠加区域面积为$(4/3\cdot\pi-3\sqrt{3}/4)a^2$(图 2-51)。定义叠加系数 $U$ 为最小开发单元内压降漏斗叠加面积与最小开发单元面积的比值，则 $U_2$ 为两重叠加系数，$U_3$ 为三重叠加系数，$U_4$ 为四重叠加系数。正三角形井网条件下 $U=1,U_2=0,U_3=1,U_4=0$。

正方形井网条件下，煤层气井的泄流半径($r$)$r=0.5a$ 时，压降漏斗发生叠加；$r=\sqrt{2}/2\cdot a$ 时，压降漏斗出现重复叠加；$r=a$ 时，四口井重复叠加的面积为$(1+1/3\cdot\pi-\sqrt{3})a^2$，三口井的重复叠加面积为$(2\sqrt{3}+1/3\cdot\pi-4)a^2$，整个叠加区域面积为$(1+4/3\cdot\pi-\sqrt{3})a^2$(图 2-52)。正方形井网条件下 $U=1,U_2=0.173\,6,U_3=0.511\,3,U_4=0.315\,1$。

因此，井距相同的情况下，正三角形井网的压降漏斗发生重复叠加的时间较早，而重复叠加区域面积较正方形井网稍小，但是泄流半径扩展至邻井后正三角形井网内所有区域均发生压降漏斗的多重叠加，而正方形井网内总有部分区域无法形成多重压降漏斗的叠加，这说明正三角形井网条件下煤储层压力的下降幅度更大、更均匀。但是，正方形井网的压降漏斗会出现四口煤层气井重复叠加的情况，而三角形井网不会出现。

综上所述，理论上，井距相同的情况下，三角形井网的井控面积更大、压降幅度更大、压降更均匀，更有利于煤层气井产能的提高，但与方形井网差异并不大。理想条件(均质煤层气藏、相同排采制度等)下，不论是三角形井网还是正方形井网均能得到较为理想的叠加压降漏斗，井网部署的重点则转移到了井距的选择上。

(2) 井网加密对煤层气直井产能的控制作用

实际煤储层由于非均质性非常强、排采制度不同，造成了不同井之间泄流半径和解吸半径扩展的不均衡，压降漏斗的叠加程度也表现出较强的不均衡。

如图 2-53 所示，假定有 A、B、C 三口相邻的煤层气井，A、B 两井与 A、C 两井的井距相同，排除人为因素的影响，三口煤层气井的排采制度等相同，A 和 B 之间由于渗透率较高等原因，排采一段时间后可能形成较好的叠加压降漏斗，而 A 和 C 之间则可能在相当长的时间内无法形成有效的叠加压降漏斗。另外，受地面状况、煤矿开采、地质构造、钻井选址等因素的制约，布井过程中不能完全按照标准的正三角形或正方形井网布井，井距也不可能是一个固定值，一般在某一范围内波动变化。井距的变化同样会造成各井之间压降漏斗的叠加程度不同。井网加密就是在井间干扰较弱的地区布置新井，通过新井的排采加强该区域煤层气井之间的压降漏斗叠加程度，达到增大解吸体积、提高解吸速度的目的。

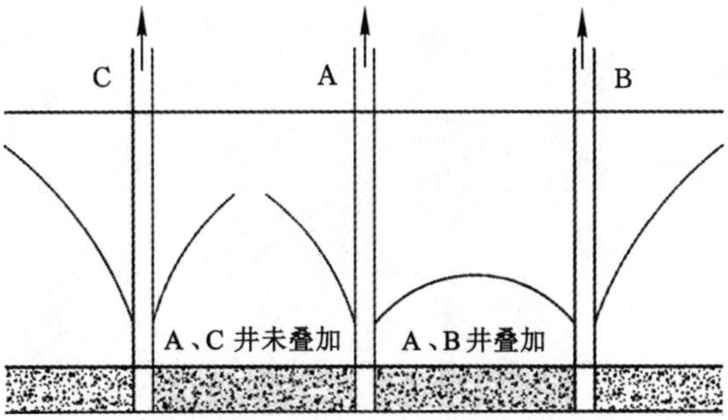


图 2-53　三口煤层气井压降漏斗叠加不均衡示意图

图 2-54 所示的三口煤层气井，在 A、C 两井之间增加一口加密井，则出现 2-54 所示的情况，加密井与 A 井、C 井之间均出现压降漏斗的叠加，极大地促进了原 A 井、C 井区域之间的储层压力下降。

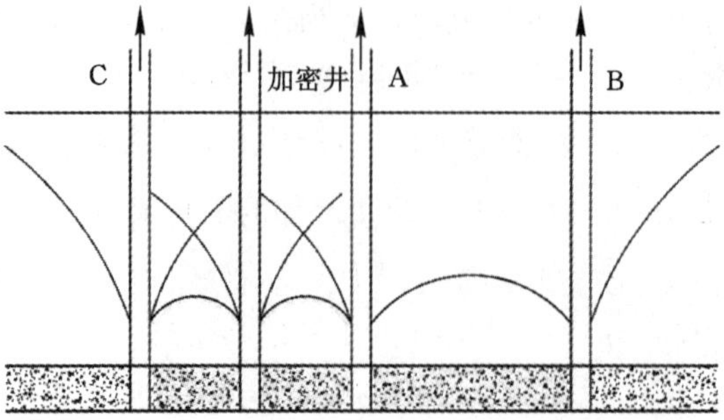


图 2-54　加密后煤层气井压降漏斗的叠加情况示意图

综上所述，井网加密提高煤层气直井产能的原理为：通过促进加密井所在区域煤层气井之间压降漏斗的叠加程度，增大该地区煤储层压力的下降幅度和解吸体积，从而加快煤层气的解吸速度，提高煤层气井产能。

（3）生产监测区井网布置与井网加密对煤层直井产能的影响

生产监测区井网部署时，受地面状况等的影响，井距变化较大，井距最小的为 234.67 m，相邻井最近井距变化范围为 234.67～437.98 m，大部分井与相邻井的井距在 300 m 左右，基本为 300 m×300 m 的正方形井网（图 2-55）。

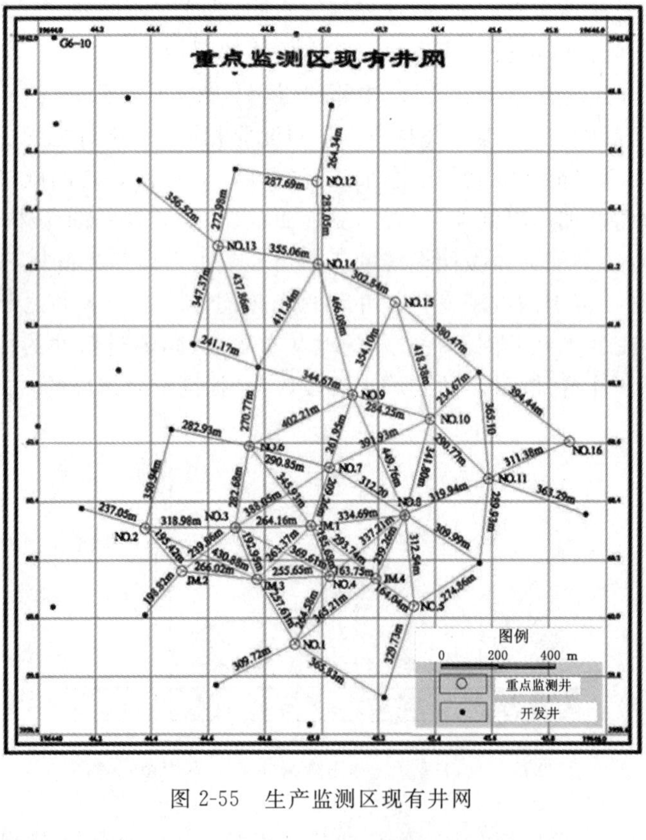


图 2-55　生产监测区现有井网

由图 2-56 可以看出，2010 年 10 月 2 日，生产监测区已投产的 16 口煤层气井中，NO.1、NO.4、NO.5、NO.7、NO.8、NO.10 等煤层气井和 NO.2、NO.3、NO.6 等煤层气井由于井距较小、排采制度更合理、地下水流体势较高等原因，已形成了较为成熟的叠加区域 A(NO.1、

NO.4、NO.5、NO.7、NO.8、NO.10 等煤层气井)和叠加区域 B(NO.2、NO.3、NO.6 等煤层气井),其他煤层气井所形成的压降漏斗叠加程度较低,尚未连成一体。叠加区域 A 和叠加区域 B 由于已经形成了较为成熟的叠加压降漏斗甚至多重叠加压降漏斗,煤储层压力下降幅度较大,解吸范围也较大,促进了煤层气的大量解吸,煤层气井产气量一般较高。根据叠加区域 A 和叠加区域 B 主要煤层气井的生产监测数据(表 2-3),9 口煤层气井以高产气井和中产气井为主,少有低产气井和产水井,说明压降漏斗叠加程度较高的区域是生产监测区高产、中产气井的主要分布区域。

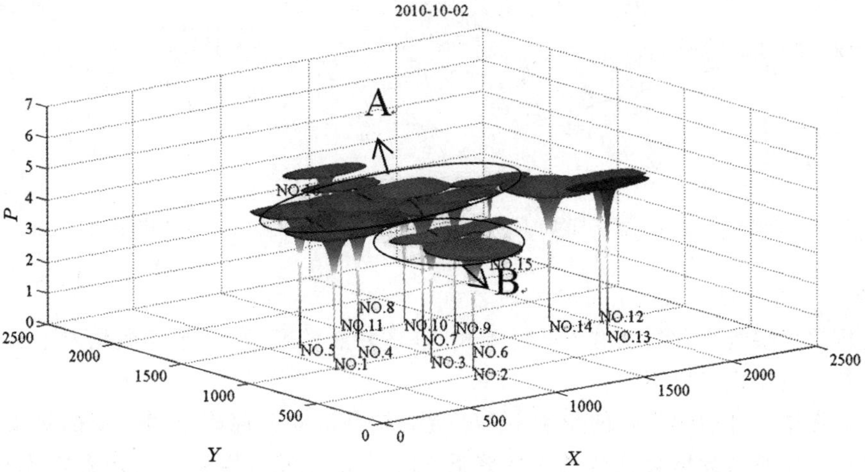


图 2-56　2010 年 10 月 2 日生产监测区煤层气排采井的多井压降漏斗

**表 2-3　　生产监测区叠加区域 A、叠加区域 B 主要煤层气井平均日产气量**

| 叠加区域 A | | 叠加区域 B | |
|---|---|---|---|
| 井号 | 平均日产气量/$m^3$ | 井号 | 平均日产气量/$m^3$ |
| NO.1 | 1 328.00 | NO.2 | 663.00 |
| NO.4 | 834.80 | NO.3 | 485.80 |
| NO.5 | 853.40 | NO.6 | 10.40 |
| NO.7 | 285.20 | | |
| NO.8 | 1 078.20 | | |
| NO.10 | 1 484.60 | | |

对比图 2-56、图 2-57,至 2011 年 1 月 10 日,4 口加密井陆续投入生产。随着 4 口加密井的投入生产,一方面,新的叠加压降漏斗出现,JM3 井与 JM1 井及 JM2 井之间出现压降漏斗的叠加,这两个叠加压降漏斗的出现将原有的叠加区域 A 和叠加区域 B 连成整体,形成新的叠加区域 A,进一步增大了该地区煤储层压力的下降幅度,促进了煤层气的解吸,使得该区域煤层气井的平均日产气量保持在较高水平;另一方面,从 4 口加密井的位置可以看出,这 4 口加密井处于已经投产井之间,投产之前,其周围煤储层的压力已经有所下降,甚至已经下降至接近其临界解吸压力,所以 4 口加密井的排水时间非常短,且由于煤储层压力得到了充分降低,产气量上升很快,4 口煤层气加密井的平均日产气量高达 1 107.40 $m^3/d$,均为中、高产气井,而平均排水时间仅为 28.25 d。

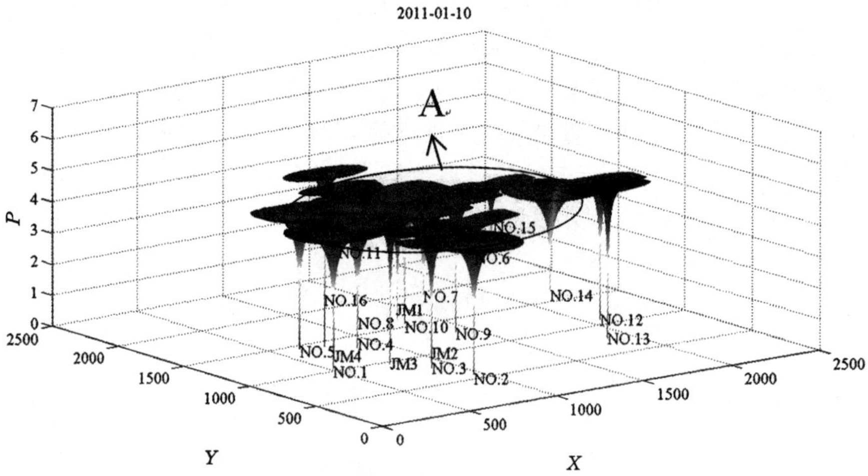


图 2-57　2011 年 1 月 10 日生产监测区煤层气排采井的多井压降漏斗

（二）钻井工艺对煤层气直井产能的影响

樊庄区块煤层气直井的钻井方式基本相同，钻井液密度、黏度等参数相差不大，但各煤层气井的钻井效果仍有所不同。

钻井对煤层气井后续生产的影响主要表现为钻井液对井筒附近煤储层的污染，即井筒附近煤储层表皮系数的增大和渗透率的降低[39,40]。钻井液对煤储层的污染主要有两个方面，一是煤储层对钻井液的吸附或吸收，钻井液被煤储层吸附或吸收后，煤基质会发生鼓胀引起天然裂隙宽度的减小，影响煤储层的渗透性；二是钻井液中固体颗粒对煤储层孔、裂隙的堵塞，钻井液被煤储层吸附或吸收后，容易在井壁或煤储层孔、裂隙中残留固体颗粒，钻井液中固体颗粒也可能发生沉淀等作用残留在煤储层孔、裂隙中，残留的固体颗粒甚至形成滤饼，堵塞煤储层天然孔、裂隙，影响煤储层的渗透性[41]。

(1) 钻井液密度对煤层气井产能的影响

产水阶段平均产水量大于 3 $m^3/d$ 的煤层气井和产气阶段平均产水量大于 2 $m^3/d$ 的煤层气井，钻井液密度往往小于 1.05 $g/cm^3$（图 2-58、图 2-59）。排水时间小于 150 d 的煤层气井钻井液密度往往小于 1.05 $g/cm^3$（图 2-60）。平均产气量大于 500 $m^3/d$ 的煤层气井钻井液密度往往小于 1.05 $g/cm^3$（图 2-61）。

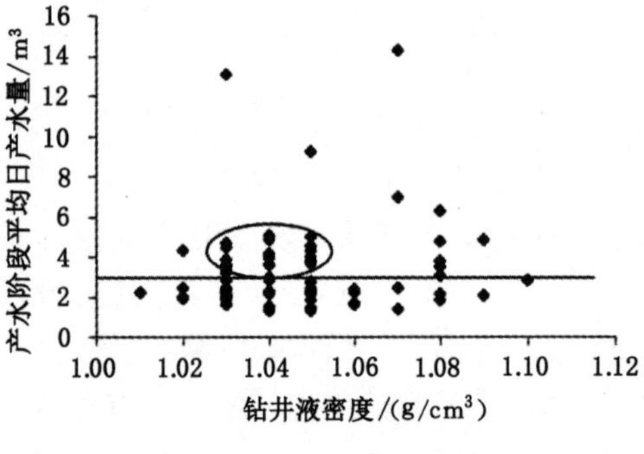


图 2-58　钻井液密度与产水阶段平均日产水量关系图

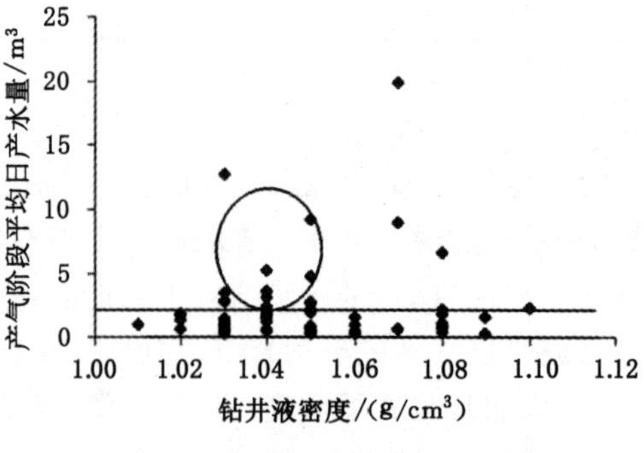


图 2-59　钻井液密度与产气阶段平均日产水量关系图

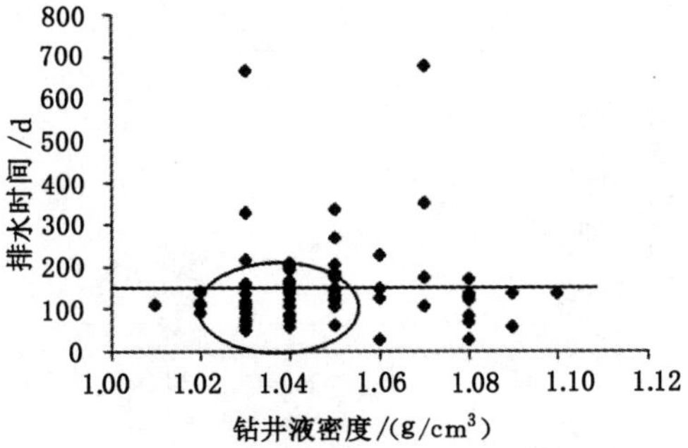


图 2-60　钻井液密度与排水时间关系图

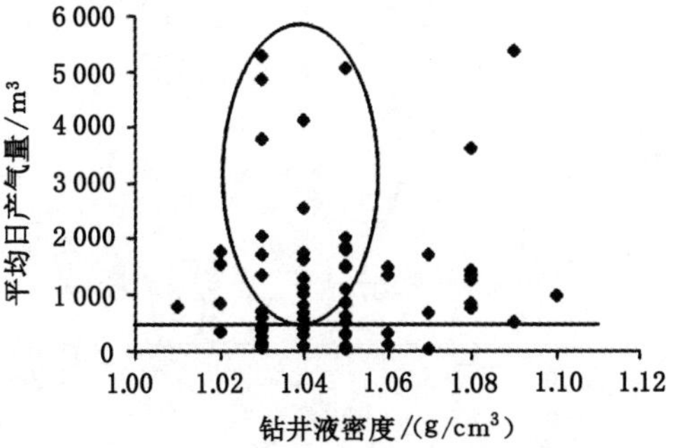


图 2-61　钻井液密度与平均日产气量关系图

钻井液密度与平均日产水量和排水时间的关系说明，较小的钻井液密度有利于煤层水的产出，煤储层渗透率较大。平均日产水量和排水时间一方面代表煤层水的供给程度，另一方面，一定程度上说明煤储层渗透性，渗透性越好越有利于煤层水的产出，平均日产水量就越大，而水源补给相近的情况下，渗透率越大、煤层水的排出速度越快，越有利于煤储层压力的降低，排水降压时间也越短。结合平均日产气量与钻井液密度的关系，钻井液密度分布范围内，密度较小的钻井液固体颗粒含量较少，对井筒附近煤储层的污染程度也较小，井筒附近煤储层的表皮系数较小、渗透率较大，不仅有利于排水降压的进行，同时为后期煤层气的运移和产出提供较好的流动通道，有利于产能提高。

(2) 钻井液黏度对煤层气井产能的影响

产水阶段平均产水量大于 3 m³/d 的煤层气井和产气阶段平均产水量大于 2 m³/d 的煤层气井，钻井液黏度往往小于 30 s(图 2-62、图 2-63)。排水时间小于 150 d、平均产气量大于 500 m³/d 的煤层气井钻井液黏度一般小于 30 s(图 2-64、图 2-65)。

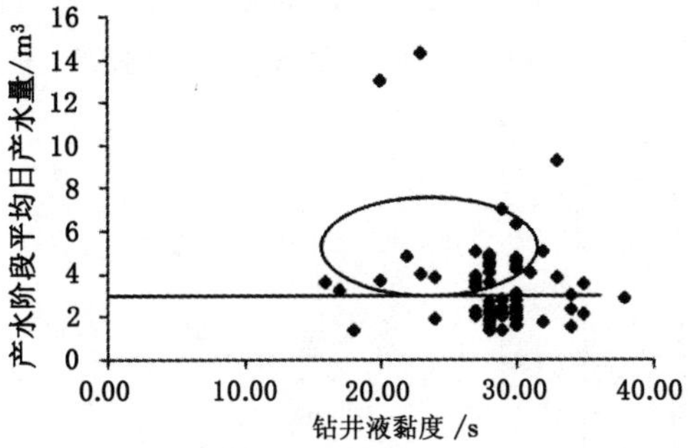


图 2-62　钻井液黏度与产水阶段平均日产水量关系图

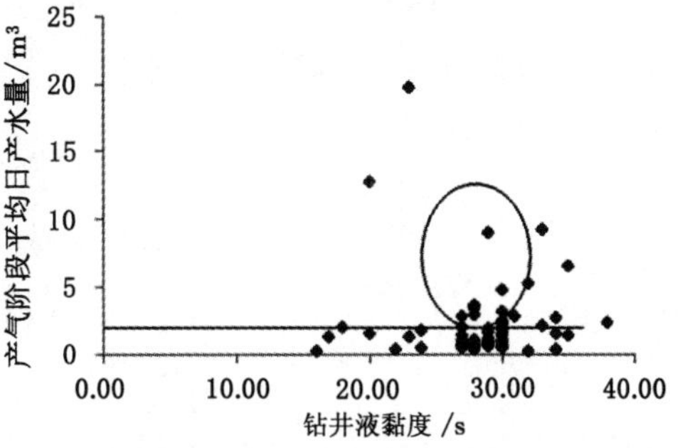


图 2-63　钻井液黏度与产气阶段平均日产水量关系图

钻井液黏度与平均日产水量和排水时间的关系说明，黏度较小的钻井液对煤储层伤害程度较小，煤储层渗透率一般较大，有利于煤层水的产出和排水降压的进行。结合平均日产气量与钻井液黏度的关系，钻井液黏度分布范围内，黏度较小的钻井液，固体颗粒含量较少，对煤储层的污染程度也较小，井筒附近煤储层具有较小的表皮系数和较高的渗透性，有利于煤层气井排水降压，并为后期煤层气产出提供较好的流动通道，煤层气井产能一般较高。

综上所述，研究区煤层气井在钻井液密度小于 1.05 g/cm³、钻井液黏度小于 30 s 时，能够获得较高的产能。

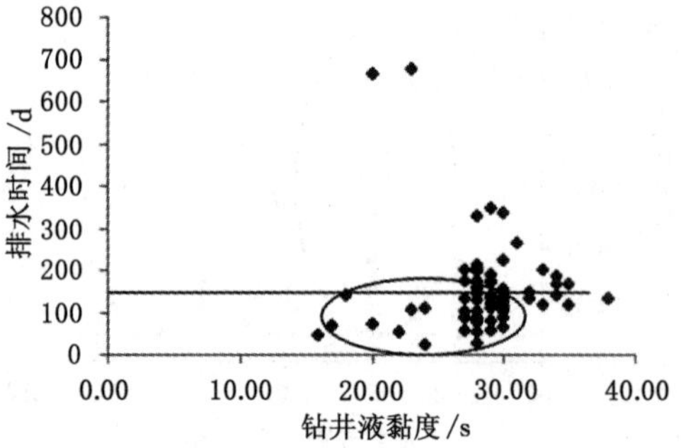


图 2-64　钻井液黏度与排水时间关系图

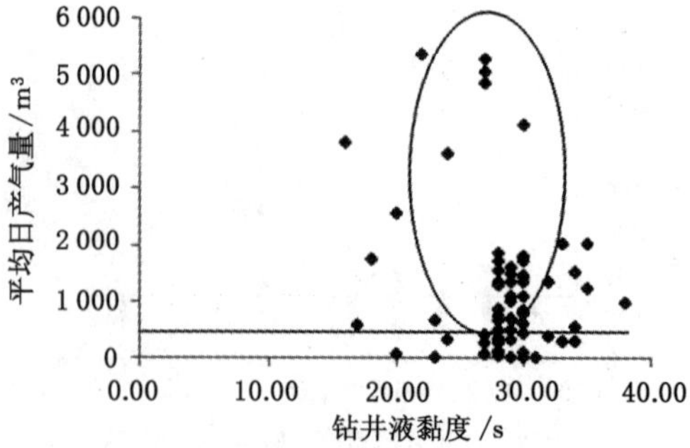


图 2-65　钻井液黏度与平均日产气量关系图

（三）固井工艺对煤层气直井产能的影响

固井对煤层气井生产的影响同样表现在固井水泥浆对井筒附近煤储层的污染上。固井作业过程中，固井水泥浆中的水泥、外加剂或外掺料等固相介质在压力作用下渗入煤储层孔、裂隙中，造成孔、裂隙堵塞，增大井筒附近煤储层的表皮系数，影响煤储层渗透性[36,42]。

（1）固井水泥浆密度对煤层气井产能的影响

产水阶段平均产水量大于 3 $m^3/d$ 的煤层气井和产气阶段平均产水量大于 2 $m^3/d$ 的煤层气井，固井水泥浆密度往往小于 1.85 $g/cm^3$（图 2-66、图 2-67）。排水时间小于 150 d 的煤层气井固井水泥浆密度往往小于 1.85 $g/cm^3$（图 2-68）。平均产气量大于 500 $m^3/d$ 的煤层气井固井水泥浆密度往往小于 1.85 $g/cm^3$（图 2-69）。固井水泥浆密度与平均产水量和排水时间的关系说明，较小的固井水泥浆密度，对煤储层的伤害较小，井筒附近煤储层表皮系数较小，渗透率较大，有利于排水降压的进行。结合平均日产气量与固井水泥浆密度的关系可以看出，固井水泥浆密度的分布范围内，固井水泥浆密度较小，说明固井水泥浆中固相介质的含量较低，对井筒附近煤储层的污染程度也较小，井筒附近煤储层的表皮系数较小、渗透率较大，有利于排水降压的进行，并为后期煤层气的运移和产出提供较好的流动通道，有利于煤层气井产能的提高。

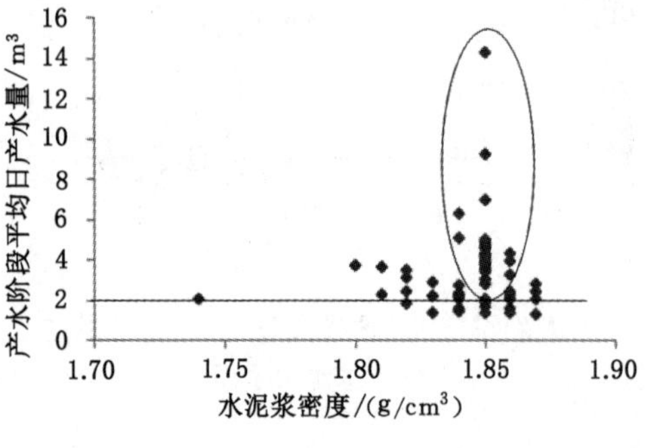


图 2-66　水泥浆密度与产水阶段平均日产水量关系图

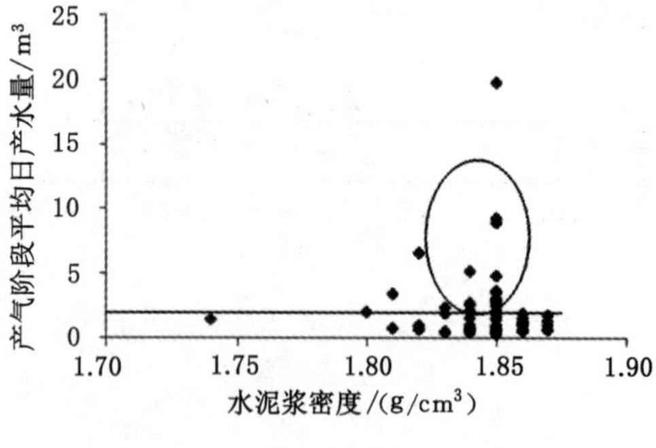


图 2-67　水泥浆密度与产气阶段平均日产水量关系图

（2）固井水泥浆用量对煤层气井产能的影响

产水阶段平均产水量大于 3 $m^3/d$ 的煤层气井和产气阶段平均产水量大于 2 $m^3/d$ 的煤层气井，固井水泥浆用量往往小于 22.5 $m^3$（图 2-70、图 2-71）。排水时间小于 150 d 的煤层气井固井水泥浆用量往往小于 22.5 $m^3$（图 2-72）。平均产气量大于 500 $m^3/d$ 的煤层气井

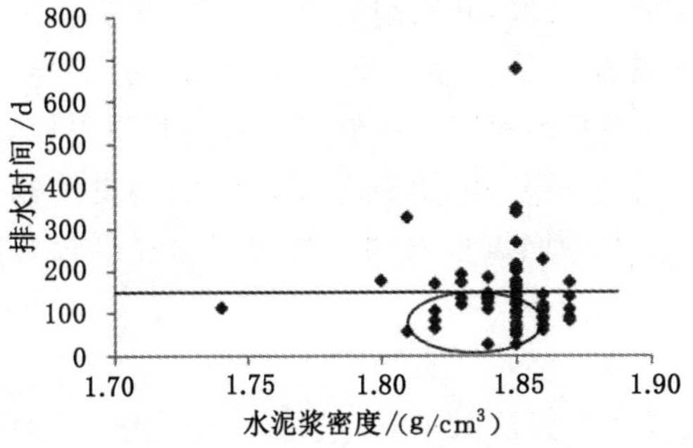


图 2-68 水泥浆密度与排水时间关系图

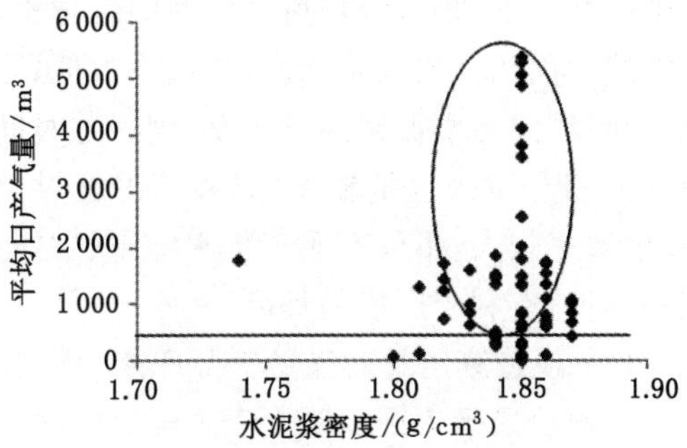


图 2-69 水泥浆密度与平均日产气关系图

固井水泥浆用量往往小于 22.5 $m^3$，特别是平均产气量大于 3 000 $m^3/d$ 的煤层气井，固井水泥浆用量均小于 15.0 $m^3$(图 2-73)。平均日产气量与固井水泥浆用量有一定的负相关性，固井水泥浆用量越大，煤层气井的平均日产气量往往越低。

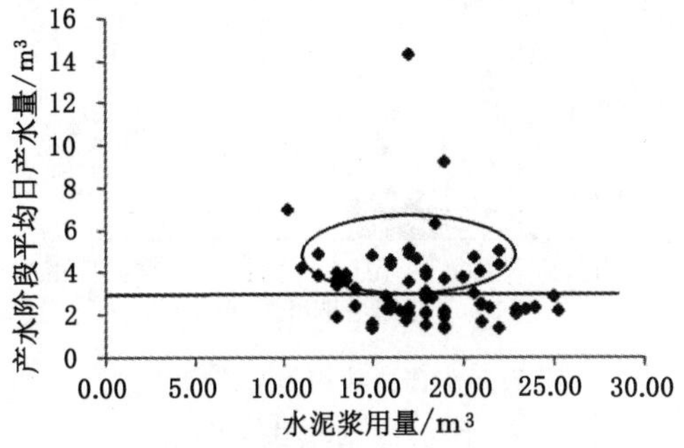


图 2-70 水泥浆用量与产水阶段平均日产水量关系图

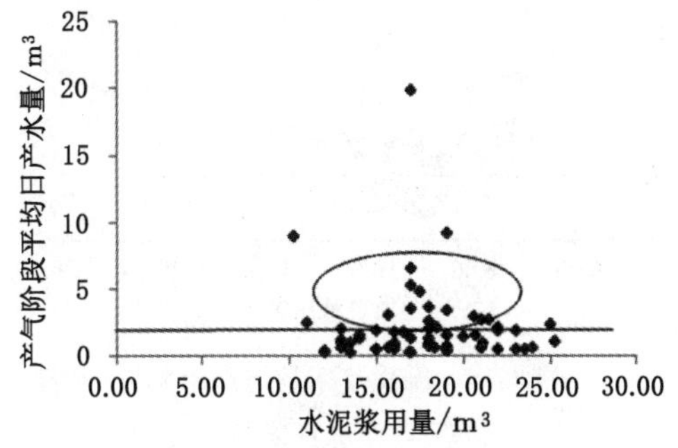


图 2-71 水泥浆用量与产气阶段平均日产水量关系图

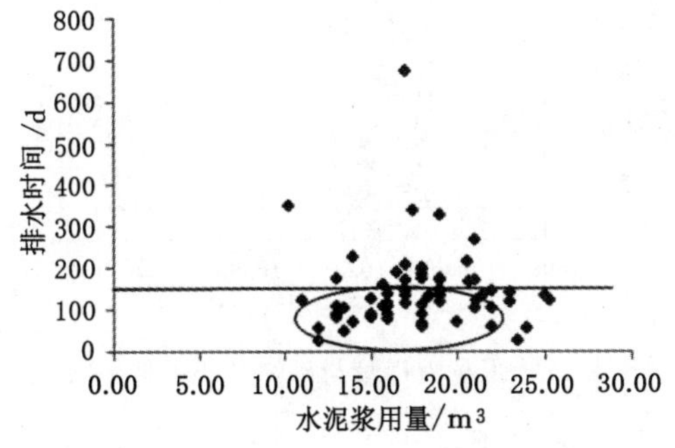


图 2-72 水泥浆用量与排水时间关系图

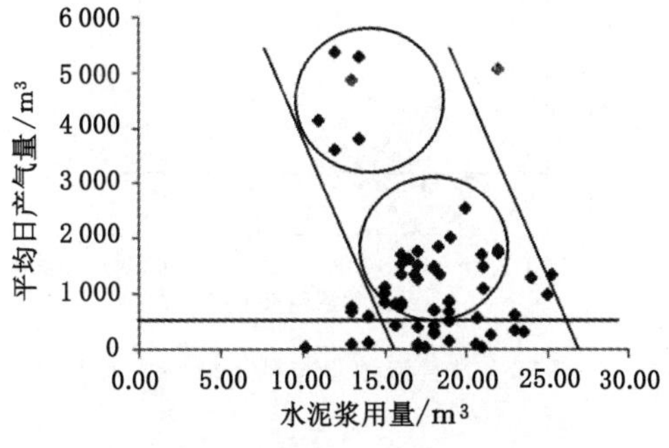


图 2-73 水泥浆用量与平均日产气量关系图

固井水泥浆用量与平均日产水量和排水时间的关系说明，较小的固井水泥浆用量对煤储层的伤害较小，井筒附近煤储层表皮系数较小，渗透率较大，有利于排水降压的进行。结合平均日产气量与固井水泥浆用量的关系，固井水泥浆用量分布范围内，固井水泥浆用量越大，固井时间一般越长，固井水泥浆与煤储层的接触时间就越长，在压力作用下渗入煤储层孔、裂隙的固相介质量也就越多，相应的，固井水泥浆对煤储层的伤害也就越大。产水阶段，较大的表皮系数和较低的渗透率，不利于煤层水的排出和煤储层压力下降，在地下水流体势相近的情况下，排水降压所需的时间就越长；进入产气阶段，井筒附近煤储层孔、裂隙被固井水泥浆中固相介质大量堵塞，渗透率过低，影响了煤层气的运移以及煤储层压力的进一步下降。相反，固井水泥浆用量越小，则固井时间越短，固井水泥浆与煤储层接触的时间也较短，渗入固相介质的含量较少，对井筒附近煤储层污染程度较小，井筒附近煤储层表皮系数较小、渗透率较大，不仅有利于排水降压的进行，同时为后期煤层气的运移和产出提供较好的流动通道，有利于产能的提高。

(3) 顶替液用量对煤层气井产能的影响

产水阶段平均产水量大于 3 $m^3/d$ 的煤层气井和产气阶段平均产水量大于 2 $m^3/d$ 的煤层气井，顶替液用量往往小于 10.0 $m^3$（图 2-74、图 2-75）。排水时间小于 150 d、平均产气量大于 500 $m^3/d$ 的煤层气井顶替液用量往往小于 10.0 $m^3$（图 2-76、图 2-77）。平均日产气量与顶替液用量有一定的负相关性，顶替液用量越大，煤层气井的平均日产气量往往越低。

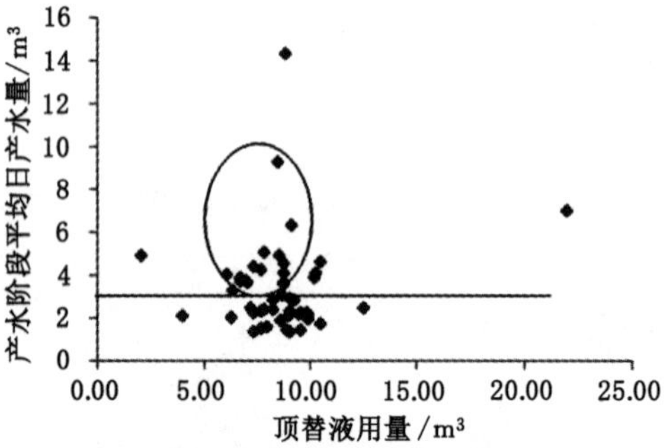


图 2-74　顶替液用量与产水阶段平均日产水量关系图

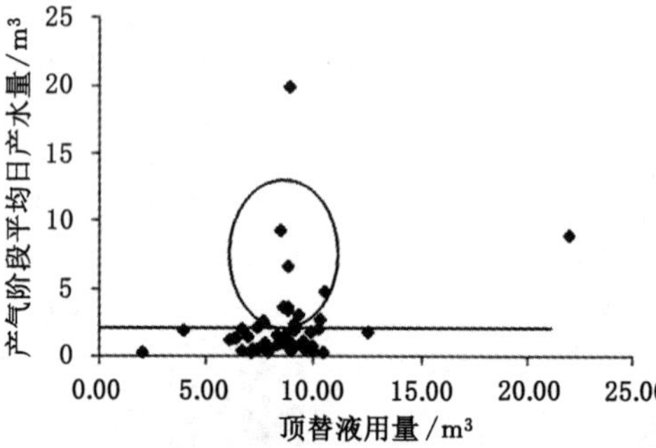


图 2-75　顶替液用量与产气阶段平均日产水量关系图

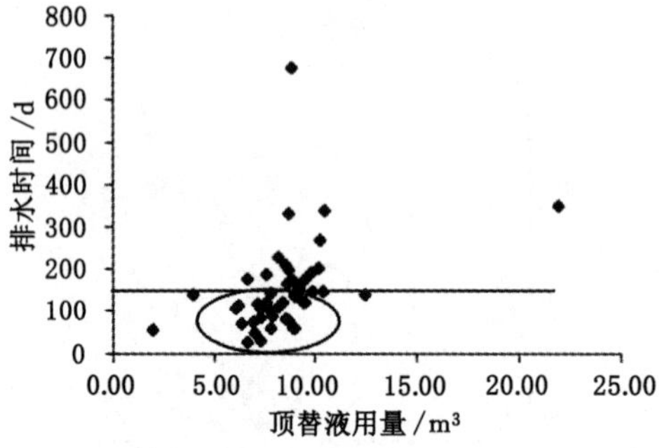


图 2-76　顶替液用量与排水时间关系图

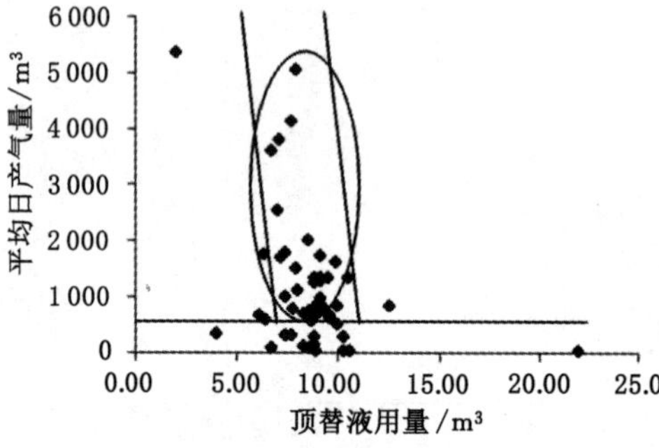


图 2-77　顶替液用量与平均日产气量关系图

顶替液是把管柱、地面管汇中的固井水泥浆全部替入环空并返排的液体[36,42]。顶替液所提供的助力有利于固井水泥浆进入环空并达到预定返高，提高煤层气井固井质量。但是，较大的顶替液用量为固井水泥浆渗入煤储层孔、裂隙提供了较高压力，从而阻塞天然孔、裂隙，造成井筒附近煤储层表皮系数过大，渗透率降低，不利于排水降压的进行和煤层气产出。因此，合理的顶替液用量不仅要保证煤层气井固井质量，同时应尽量减少煤储层污染。

综上所述，煤层气井在固井水泥浆密度小于 1.85 $g/cm^3$、固井水泥浆用量小于 22.5 $m^3$、顶替液用量小于 10.0 $m^3$ 时，能够获得较高的产能，特别是顶替液的用量以小于 10.0 $m^3$ 为宜。

# 第三节　煤层气直井产能的地质与工程协同控制机理

煤层气直井产能是地质与工程因素共同作用的结果，地质因素与工程因素对煤层气直井产能的共同作用即地质与工程因素对煤层气直井产能的协同控制。因此，研究煤储层地质与工程因素对煤层直井产能的协同控制机理和控制过程，对于深入认识煤层气开发的本质，合理开展煤层气开发工程，提高煤层直井产能具有重要的现实意义。

## 一、煤层气直井产能的地质与工程协同控制机理模型

原始煤储层是通过长期的地质演化所形成的动态平衡系统，包括气体的吸附/解吸平衡、流体的动力系统平衡和物质的质量平衡三个方面，煤层气开发的实质即通过人为的干扰（开发工程的实施）打破原始煤储层系统平衡，使煤层气由吸附/解吸平衡向解吸一方偏移、使煤储层流体向人为控制的低能量区域运移、使煤储层物质（主要为流体）排出储层，打破原始物质平衡，从而实现煤层气的解吸、运移和产出。如图 2-78 所示，煤层气开发的过程即在富气煤岩体和生产煤储层孔裂隙系统（包括压裂裂缝和井筒）基础上，通过煤层气开发工程的实施打破原始煤储层系统平衡，促进煤层气解吸、扩散、渗流和产出的连续性过程。由此可见，沁水盆地南部煤层气直井产能是由富气煤岩体、生产煤储层孔裂隙系统、煤层气开发工程和煤层气产出过程共同决定的，四者层层递进、相互影响，构成了煤层气开发的统一整体，而四者之间的相互作用关系则构成了沁水盆地南部煤层气直井产能的地质与工程协同控制机理。沁水盆地南部煤层气直井产能的地质与工程协同控制机理主要表现为以下四个方面。

### （一）富气煤岩体对煤层气直井产能的基础控制作用

富气煤岩体是煤层气开发的基础，一切煤层气开发工作均建立在富气煤岩体基础上，富气煤岩体从根本上决定了煤层气直井产能。富气煤岩体对煤层气直井产能的基础控制作用表现为三个方面：

首先，为煤层气开发提供了物质保证。煤岩体既是煤层气的生成来源又是煤层气的储集空间，决定了煤层气的富集程度和开发价值，只有具有一定含气性的煤储层才可能获得较高的煤层气井产能，具有开发价值，含气性较低的煤储层难以获得理想的煤层气井产能和经济效益。沁水盆地南部富气煤岩体的含气性特征受埋深、构造、水文地质条件和盖层性质等的影响（图 2-78）。再者，为煤层气的产出提供了运移通道。富气煤岩体的天然孔、裂隙系统是煤层气吸附/解吸、扩散、渗流的重要通道，是生产煤储层孔裂隙系统建立的基础，具有一定渗透性的煤储层才可能获得理想的工业气流，渗透性过低的煤储层，开发难度大、投入成本高，不具有开发的可行性。沁水盆地南部富气煤岩体的渗透性受埋深、构造、煤体结构等影响，直接受控于天然孔裂隙的发育程度（图 2-78）。第三，富气煤岩体是开发工程实施的本体。一切煤层气开发工程，均是建立在富气煤岩体基础上的，开发工程的实施必然要考虑其与富气煤岩体的适配性，与富气煤岩体适配性差的开发工程，会破坏煤储层，难以获取理想的煤层气井产能。因此，煤层气开发工程均受限于富气煤岩体，开发工程实施要与富气煤岩体的特征相适应。

### （二）生产煤储层孔裂隙系统的建立

要获得理想的煤层气井产能，需要在富气煤岩体基础上建立一套完整、合理的煤层气运移和产出通道，即生产煤储层孔裂隙系统。对于沁水盆地南部高阶煤储层，生产煤储层孔裂隙系统包括三部分：天然孔裂隙系统、压裂裂缝系统和井筒，其中，天然孔裂隙系统不仅是煤

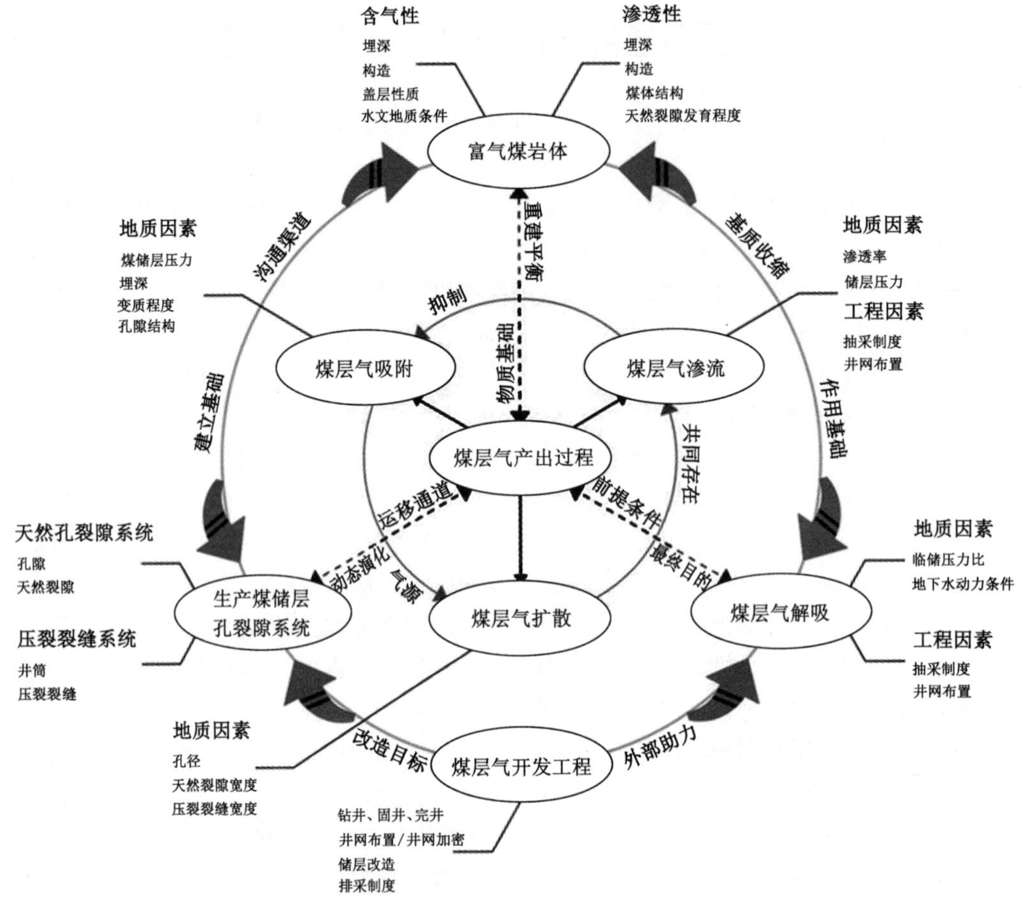


图 2-78　沁水盆地南部煤层气直井产能的地质与工程协同控制机理模型示意图

层气的重要运移通道，同时也是煤层气的富集空间。除天然孔裂隙系统是富气煤岩体本身所具有的，压裂裂缝系统和井筒需要通过煤层气开发工程实现。生产煤储层孔裂隙系统的建立过程就是煤层气开发工程对富气煤岩体的改造过程。天然孔裂隙系统、压裂裂缝系统和井筒相互沟通，组成了煤层气的完整运移和产出通道，煤层气的吸附/解吸、扩散、渗流等产出过程，均建立在三者所组成的生产煤储层孔裂隙系统之上。

（三）富气煤岩体、生产煤储层孔裂隙系统以及煤层气开发工程对煤层气产出的控制作用

煤层气的产出过程是建立在富气煤岩体和生产煤储层孔裂隙系统基础之上的，并受煤层气开发工程的影响。富气煤岩体是煤层气产出的储层基础，生产煤储层孔裂隙系统是煤层气产出的运移通道，煤层气开发工程是煤层气生产的措施，而煤层气产出过程则是煤层气开发的最终目的。煤层气的产出是由煤层气的吸附/解吸、扩散和渗流所组成的连续性过程（图 2-78）。富气煤岩体、生产煤储层孔裂隙系统和煤层气开发工程同时作用于煤层气产出的三个过程。其中，煤层气的吸附/解吸发生在煤储层孔隙中，受地下水动力条件、临储压力比、排采制度和井网布置等共同影响；煤层气扩散主要与天然孔裂隙系统和压裂裂缝系统的发育情况有关；煤层气渗流则与煤储层渗透率、储层压力、排采制度、井网布置等密切相关。总之，富气煤岩体、生产煤储层孔裂隙系统和煤层气开发工程的共同作用决定了煤层气的吸附/解吸、扩散、渗流和产出过程，并最终决定了煤层气井的产能。

（四）煤层气产出对富气煤岩体、生产煤储层孔裂隙系统和煤层气开发工程的反作用

煤储层原有系统平衡的破坏必然造成富气煤岩体和生产煤储层孔裂隙系统在自调节作用下阻碍这种破坏的进行，并向新的系统平衡演化。新的系统平衡重建过程中，富气煤岩体、生产煤储层孔裂隙系统均处于动态变化过程中，例如煤基质收缩效应、有效应力作用、边界水源补给等，这种动态变化过程发生在煤层气开发的全过程，直至煤层气井生产结束，新的系统平衡建立完成。富气煤岩体、生产煤储层孔裂隙系统的动态变化，一方面直接作用于煤层气的产出过程，造成煤层气的产出过程随之而变化；另一方面作用于煤层气开发工程，造成建立在原有富气煤岩体和生产煤储层孔裂隙系统之上的煤层气开发工程不再适用，阻碍煤层气的产出。

## 二、煤层气直井产能的地质与工程协同控制过程

地质与工程因素对煤层气直井产能的协同控制本质是富气煤岩体、生产煤储层孔裂隙系统、煤层气开发工程和煤层气产出过程之间的相互影响和共同作用，即地质条件与工程措施的匹配与作用关系决定了煤层气直井产能。然而，实际煤层气开发过程中，四者之间的作用关系及其对煤层气直井产能的作用过程极为复杂，虽然紧密联系，但又是互为相互独立的复杂系统。根据富气煤岩体、生产煤储层孔裂隙系统、煤层气开发工程和煤层气产出过程之间的作用关系，煤层气直井产能的地质与工程协同控制过程即开发单元类型、开发地质类型、煤层气直井产能的地质与工程协同控制类型及煤层气直井开发模式四部分的相互匹配关系。

（一）沁水盆地南部煤层气开发单元类型

根据沁水盆地南部地质条件对煤层气直井产能的作用机理和作用阶段，可进一步将地质因素分为原位地质因素和开发地质因素。原位地质因素主要指影响煤储层富集高渗的地质因素，对应于富气煤岩体和煤储层天然孔裂隙系统，主要包括煤储层含气性和渗透性，是富气煤岩体的最基本特性和煤层气开发的物质基础，决定了煤层气开发的地质可行性；开发地质因素主要指直接影响煤层气吸附/解吸、扩散、渗流和产出的地质因素，主要包括地下水动力条件、临储压力比、动态渗透率等。其中，含气性和渗透性的综合表现即为煤储层气—渗地质特征，决定了煤层气勘探开发地质选区和开发单元，并制约着煤层气开发工程的实施[1-5]。

1. 煤储层气—渗地质类型

(1) 煤储层富气的主控地质因素

影响煤层气富集的地质因素很多，包括埋深、区域地质构造、煤体结构、盖层和水动力条件等。各影响因素对煤层气富集的控制程度不同，其中区域地质构造是沁水盆地南部煤层气富集的主要影响因素。

$3^{\#}$煤层上覆岩层相对较厚，煤层顶板以泥岩、泥质粉砂岩为主，盖层封盖能力普遍较强，且地下水属于“滞留型”，水力封堵作用明显，则樊庄区块次级褶曲处煤储层含气性相差不大，普遍较高，而樊庄区块由于普遍发育张性正断层，裂隙发育，封闭性差，且张性正断层与下部奥陶水相连通，促进了气体向上的逸散，故开放性正断层附近煤储层含气量一般较低，当然，不排除部分埋深较深、盖层保存较好的正断层附近，煤储层含气性较高。

(2) 煤储层高渗的主控地质因素

沁水盆地南部煤储层渗透率受控于区域地质构造、煤储层埋深、天然裂隙发育程度、煤体结构等因素。同样，各因素对煤储层渗透率的影响程度各不相同。其中，区域地质构造和埋深是研究区煤储层渗透率的主控地质因素，而煤体结构与研究区地质构造特征密切相关，天然裂隙发育程度则受控于区域地质构造和煤储层埋深。

综合区域地质构造、煤体结构和埋深对煤储层渗透率的影响认为：樊庄区块埋深小于 700 m 的复向斜构造的次级背斜核部、复背斜构造的次级背斜核部及次级褶曲翼部，受拉张应力作用，发育大量的张性裂隙或正断层，为高渗区；埋深小于 700 m 的复向斜构造的次级褶曲翼部挤压应力相对较小，产生少量开放性裂隙，渗透率相对发育；埋深小于 700 m 的复背斜构造的次级向斜核部，受压应力作用，但埋深较浅，虽然裂隙相对不发育，仍可保持一定的渗透率；700 m 以深的复向斜构造的次级褶曲翼部以及复背斜构造的次级向斜核部，煤储层裂隙大量闭合，渗透率迅速下降，为低渗区；紧闭向斜核部受强烈构造应力的作用，过渡结构煤发育，煤储层渗透率往往较大，为高渗区；复向斜构造的次级向斜核部，局部挤压应力集中，裂隙不发育，为低渗区；另外，正断层断裂带附近裂隙发育，同样为高渗区。

(3) 煤储层气—渗地质类型划分方案

综上所述，依据煤储层含气性和渗透性特征，结合沁水盆地南部樊庄区块、郑庄区块煤储层含气量与渗透率的关系(图 2-79)，将沁水盆地南部 3# 煤层划分为表 2-4 所示的九种气—渗地质类型。

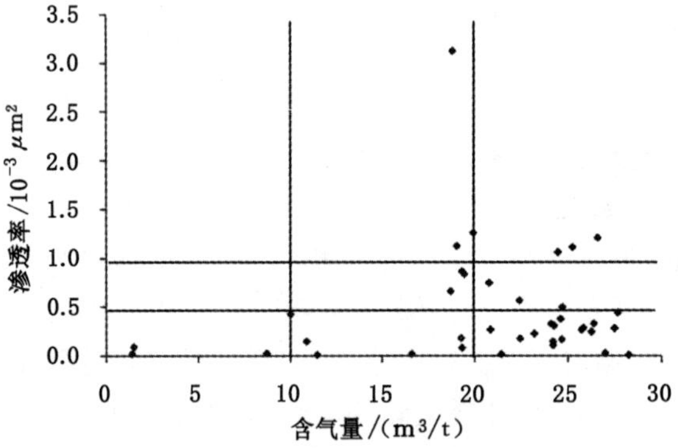


图 2-79 沁水盆地南部煤储层渗透率与含气量关系图

表 2-4 沁水盆地南部气—渗地质类型分类

| 煤储层渗透率/($10^{-3}$μm²) | 煤储层含气量/(m³/t) | | |
|---|---|---|---|
| | >20 | 10～20 | <10 |
| >0.5 | 富气高渗 | 含气高渗 | 贫气高渗 |
| 0.1～0.5 | 富气中渗 | 含气中渗 | 贫气中渗 |
| <0.1 | 富气低渗 | 含气低渗 | 贫气低渗 |

(4) 煤储层气—渗地质类型发育

根据前文关于研究区煤层气富集和煤储层高渗主控地质因素的分析，沁水盆地南部樊庄区块主要发育六种煤储层气—渗地质类型：

① 富气高渗区：煤储层含气量大于 20 m³/t，渗透率大于 $0.5\times10^{-3}$ μm² 的区域(表2-4)。埋深 500 m 以深的紧闭向斜核部过渡结构煤发育，渗透率较高，在埋深、良好的盖层封盖能力和水力封堵作用下，可能出现富气、高渗的情况；埋深 500～700 m 的复向斜构造的次级背斜核部，受拉张应力作用，裂隙大量发育，渗透率较大，在埋深、良好的盖层封盖能力作用下，可能出现高含气量、高渗透率的情况(表 2-5)。

**表 2-5　沁水盆地南部开发单元地质类型**

| 开发单元地质类型 | 煤储层气—渗地质类型 | 埋深 | 区域地质构造 | | 含气特征 | | 孔、裂隙特征 | |
|---|---|---|---|---|---|---|---|---|
| | | | 构造类型 | 次级构造类型 | 含气性 | 控制因素 | 发育特征 | 控制因素 |
| 有利开发单元 | 富气高渗 | 500～700 m | | 紧闭向斜核部 | 高含气 | 埋深、盖层、水力控气 | 裂隙发育 | 构造控制 |
| | | | 复向斜 | 次级背斜核部 | | 构造控气 | | 构造控制 |
| | | 700 m 以深 | | 紧闭向斜核部 | | 埋深、构造控气 | | 构造控制 |
| | 含气高渗 | 500 m 以浅 | | 紧闭向斜核部 | 较含气 | 盖层、水力控气 | 孔、裂隙发育 | 埋深、构造控制 |
| | | | 复向斜 | 次级背斜核部 | | 埋深、盖层控气 | 裂隙发育 | 构造控制 |
| | | 500～700 m | 复背斜 | 次级褶曲翼部 | | 构造控气 | | 构造控制 |
| | | | 正断层断裂带 | | | 埋深、水力控气 | | 构造控制 |
| | | 700 m 以深 | 正断层断裂带 | | | 埋深控气 | | 构造控制 |
| 较有利开发单元 | 富气中渗 | 500～700 m | 复向斜 | 次级褶曲翼部 | 高含气 | 构造控气 | 裂隙较发育 | 构造控制 |
| | | | 复背斜 | 次级向斜核部 | | 构造控气 | | 构造控制 |
| | | 700 m 以深 | 复背斜 | 次级褶曲翼部 | | 埋深、构造控气 | | 埋深控制 |
| | 含气中渗 | 500 m 以浅 | 复向斜 | 次级褶曲翼部 | 较含气 | 构造、盖层控气 | 孔隙发育、裂隙较发育 | 埋深、构造控制 |
| | | | 复背斜 | 次级向斜核部 | | 构造、盖层控气 | | 埋深、构造控制 |
| | | 700 m 以深 | | 次级背斜核部 | | 埋深控制 | 裂隙较发育 | 埋深、构造控制 |
| 较不利开发单元 | 富气低渗 | | 复向斜 | 次级向斜核部 | 高含气 | 构造控制 | 孔、隙不发育 | 构造控制 |
| | | 700 m 以深 | 复向斜 | 次级褶曲翼部 | | 构造、埋深控气 | | 埋深、构造控制 |
| | | | 复背斜 | 次级向斜核部 | | 埋深、盖层控气 | | 埋深控制 |
| 不利开发单元 | 贫气高渗 | 700 m 以浅 | 复背斜 | 次级背斜核部 | 贫气 | 构造控气 | 孔、裂隙发育 | 构造控制 |
| | | 500 m 以浅 | 复背斜 | 次级褶曲翼部 | | 构造、埋深控气 | | 埋深、构造控制 |
| | | | 正断层断裂带 | | | 构造、埋深控气 | 裂隙发育 | 埋深、构造控制 |
| | | 500～700 m | 正断层断裂带 | | | 构造、水力控气 | | 埋深控制 |

② 富气中渗区：煤储层含气量大于 20 $m^3/t$，渗透率介于$(0.1\sim0.5)\times10^{-3}$ $\mu m^2$ 的区域(表2-4)。埋深 500～700 m 的复向斜构造的次级褶曲翼部、复背斜构造的次级向斜核部裂隙不甚发育，但仍可保持一定的渗透率，同时裂隙的不甚发育有利于气体的富集，可能出现高含气量、较高渗透率的情况；埋深 700 m 以深的复背斜构造的次级褶曲翼部，受埋深的影响，部分裂隙闭合，煤储层渗透率降低，同时，较大的埋深有利于气体的保存，形成了高含气、较高渗透率的情况(表 2-5)。

③ 富气低渗区：煤储层含气量大于 20 $m^3/t$，渗透率小于 $0.1\times10^{-3}$ $\mu m^2$ 的区域(表 2-4)。复向斜构造的次级向斜核部以及埋深 700 m 以深的复向斜构造的次级褶曲翼部、复背斜构造的次级向斜核部受应力影响强烈，裂隙不发育，渗透率较低，同时较小的渗透率有利于气体的赋存，成为高含气量、低渗透率的区域(表 2-5)。

④ 含气高渗区：煤储层含气量介于 10～20 $m^3/t$，渗透率大于 $0.5\times10^{-3}$ $\mu m^2$ 的区域(表 2-4)。埋深 500 m 以浅的紧闭向斜核部受构造应力作用，裂隙发育，且埋深较浅，裂隙开启程度较高，渗透率较大，在良好的盖层封盖能力和水力封堵作用下，可能具有较高的含气量；埋深 500～700 m 的复背斜构造的次级褶曲翼部以及复向斜构造的次级背斜核部，裂隙大量发育，渗透率较大，在埋深、良好的盖层封盖能力作用下，可能具有较高的含气量；正断层断裂带附近裂隙发育，往往具有较大的渗透率，在埋深较大的情况下(500 m 以深)，受埋深和盖层封盖能力的影响，阻止了气体向上的逸散，也可能具有较高的含气量(表 2-5)。

⑤ 含气中渗区：煤储层含气量介于 10～20 $m^3/t$，渗透率介于$(0.1\sim0.5)\times10^{-3}$ $\mu m^2$ 的区域(表 2-4)。埋深较浅(500 m 以浅)的复向斜构造的次级褶曲翼部、复背斜构造的次级向斜核部，由于地应力较小，裂隙开启程度较高，可能具有较高的渗透性，在盖层封盖能力较强的情况下，也可能具有较高含气性，成为含气中渗区；埋深 700 m 以深的复背斜构造的次级背斜核部，由于埋深较大，地应力作用下，裂隙大量闭合，可能成为含气中渗区(表 2-5)。

⑥ 贫气高渗区：煤储层含气量小于 10 $m^3/t$，渗透率大于 $0.5\times10^{-3}$ $\mu m^2$ 的区域(表 2-4)。埋深 700 m 以浅的正断层断裂带附近，在盖层封盖能力和水力封堵作用较弱的情况下，由于本身开放性裂隙发育，成为贫气高渗区；700 m 以浅的复背斜构造的次级背斜核部，在拉张应力作用下，裂隙大量发育，渗透率较高，同时不利于气体的保存，成为贫气高渗区；500 m 以浅的复背斜构造的次级褶曲翼部，由于埋深较浅，应力作用较小，裂隙开启程度较高，同时不利于煤层气的赋存，可能形成贫气高渗区(表 2-5)。

2. 沁水盆地南部开发单元类型的划分

煤储层开发单元类型表征了煤层气开发的可行性，主要由两方面所决定："必要性"和"适宜性"。"必要性"主要由煤储层含气性所决定，具有较高含气性的煤储层才可能获得较高的煤层气井产能，得到理想的工业气流和经济价值，而含气性过低的煤储层经济价值过低，现阶段没有开发的必要；"适宜性"则主要由煤储层渗透率所决定，渗透率过低的煤储层，即使含气性较高，由于其对开发工程的要求过高，与现阶段开发工程的匹配性和适应性较差，同样难以获得较高的经济价值，不具备现阶段开发的可行性。因此，在沁水盆地南部 3# 煤层富集高渗地质类型基础上，从煤层气开发的"必要性"和"适宜性"出发，结合研究区煤层气开发工程的实际，进一步分析煤储层气—渗地质类型与煤层气井开发特征的关系，得到表 2-5 所示的表征煤层气开发单元优劣的四种类型。通过气—渗地质类型的判别，结合煤储层开发地质类型，可进行开发工程的优化匹配，以获得理想的煤层气井产能。

① 有利开发单元，包括富气高渗区和含气高渗区。该地质类型同时具有较高的含气性

和较大的渗透率，具有较高的开采价值，能够获得理想的煤层气井产能，是煤层气开发的理想地质类型。樊庄区块有利开发单元零星分布于中部和南部地区。

② 较有利开发单元，包括富气中渗区和含气中渗区。该地质类型具有较高的含气性和易于改造的煤储层渗透性，在合理的工程措施下，同样可获得理想的煤层气井产能，是樊庄区块煤层气开发的较有利地质类型。樊庄区块较有利开发单元集中分布于中部地区，并在南部和西南部地区有少量分布。

③ 较不利开发单元，指富气低渗区。该地质类型虽然具有较高的含气性，但煤储层渗透率过低，对开发工程的要求较高，现阶段开发的可行性较低，但不排除部分地质条件较为简单的区域，通过欠平衡钻井、低密度固井、储层改造技术等工程措施的实施，获得较高的煤层气井产能。该地质类型是樊庄区块可改造地质类型或待开发、选择性开发的地质类型。较不利开发单元在樊庄区块的分布范围最广，占据绝大部分区域。

④ 不利开发单元，指贫气高渗区。该地质类型尽管煤储层渗透率较大，但含气量过低，无法获得具有经济价值的工业气流，不具有开发的经济价值，为樊庄区块的不可开发区块。不利开发单元分布于樊庄区块西北部和南部的小部分地区。

综上所述，樊庄区块以较不利开发单元为主，其次为较有利开发单元，而有利开发单元和不利开发单元面积较小。樊庄区块煤储层的这种发育特征，说明樊庄区块是煤层气开发的较有利区域，但是煤储层渗透率普遍不高，导致煤层气井产能会受到煤层气开发工程的严重制约，合理的工程措施的实施对该地区煤层气井产能的提高至关重要。

### （二）沁水盆地南部开发地质类型

#### 1. 沁水盆地南部煤储层地下水补给类型

沁水盆地南部地下水补给类型一方面受控于地下水动力条件，另一方面与煤储层动态渗透率密切相关。地下水动力条件决定了煤层水的补给量和补给方式，动态渗透率则为煤层气水的补给提供了流动通道。在气—渗地质类型基础上，结合地下水动力条件和煤储层动态渗透率可将沁水盆地南部 3# 煤层划分为表 2-6 所示四种地下水补给类型。

表 2-6　　沁水盆地南部地下水补给类型

<table>
<tr><th rowspan="2">地下水补给类型</th><th rowspan="2">开发单元地质类型</th><th colspan="2">水文地质特征</th><th rowspan="2">主控因素</th></tr>
<tr><th>有无越流补给</th><th>地下水流体势</th></tr>
<tr><td>供给型</td><td>有利开发单元</td><td>越流补给</td><td></td><td>地下水动力条件</td></tr>
<tr><td>补给型</td><td>有利开发单元</td><td>无越流补给</td><td>低流体势</td><td>地下水动力条件</td></tr>
<tr><td rowspan="2">半封闭型</td><td rowspan="2">较有利开发单元</td><td>越流补给</td><td></td><td rowspan="2">渗透率</td></tr>
<tr><td>无越流补给</td><td>低流体势</td></tr>
<tr><td rowspan="5">封闭型</td><td>有利开发单元</td><td rowspan="2">无越流补给</td><td rowspan="2">高流体势</td><td rowspan="2">地下水动力条件</td></tr>
<tr><td>较有利开发单元</td></tr>
<tr><td rowspan="3">较不利开发单元</td><td>越流补给</td><td></td><td rowspan="3">渗透率</td></tr>
<tr><td rowspan="2">无越流补给</td><td>低流体势</td></tr>
<tr><td>高流体势</td></tr>
</table>

① 供给型，指具有越流补给的有利开发单元。该类储层自身天然裂隙发育程度较高，煤层气井生产过程中，在有越流补给的情况下，补给水极易沿导水裂隙或断层涌入煤储层，

造成煤层水淹。由于补给水来自煤层外部含水层，且补给水量一般较大，故将此类地下水补给类型称为供给型。

② 补给型，指无越流补给但地下水流体势较低的有利开发单元。由前文的分析可知，虽然沁水盆地南部地下水流体势属于“滞流型”，但在小井网范围内，随着煤层气井投入生产，原有的地下水流体势平衡被打破，在区域性叠加压降漏斗未形成前，地下水趋向于流体势较低的区域，特别是在渗透率较高的低流体势区域，水源补给充分，同样可能造成煤层水淹。有别于供给型，补给水以煤层水为主，虽然补给水量也较大，但一般小于供给型。

③ 半封闭型，指具有越流补给或无越流补给但地下水流体势较低的较有利开发单元。较有利开发单元煤储层天然裂隙发育程度远低于高渗有利开发储层，虽有导水裂隙或断层与外部导水层相贯通或煤层自身的水源补给充分，但与有利开发单元相比，补给水不易沿煤储层裂隙进入井控范围内或涌入井底。有别于供给型和补给型，煤储层渗透率成为井控范围内煤储层含水量的关键控制因素，故将此类地下水补给类型称为半封闭型。

④ 封闭型，指较不利开发单元和无越流补给且地下水流体势较高的有利、较有利开发单元。无越流补给且地下水流体势较高的有利、较有利开发单元在区域性叠加压降漏斗未形成前，处于地下水流体势的“源”，煤层水流失严重，水源补给量小；而较不利开发单元由于天然孔、裂隙发育程度过低，不论有无越流补给或煤层水补给，井控范围外的补给水均难以沿煤储层天然孔、裂隙进入井控范围内或涌入井底。总之，此类地下水补给类型中，少有补给水进入井控范围内或涌入井底，故称为封闭型。

2. 沁水盆地南部煤储层开发地质类型的划分

影响煤层气产出过程的地质因素较多，包括地下水动力条件、临储压力比、动态渗透率等。其中，地下水动力条件主要通过控制水源补给影响煤层气的产出过程；动态渗透率一方面通过控制水源补给，另一方面通过控制井控范围内疏水降压效果影响煤层气的产出过程；而临储压力比主要通过影响煤层气解吸的难易程度影响煤层气的产出过程。

基于沁水盆地南部 3# 煤层开发单元类型和地下水补给类型，结合动态渗透率和临储压力比，可将 3# 煤层划分为表 2-7 所示的六种开发地质类型。

**表 2-7　　沁水盆地南部开发地质类型分类**

<table>
<tr><th colspan="2">开发地质类型划分</th><th rowspan="2">开发单元类型</th><th rowspan="2" colspan="2">地下水补给类型</th></tr>
<tr><th>开发地质类型</th><th>主控因素</th></tr>
<tr><td>供给型难解吸储层</td><td>水源补给</td><td>有利开发单元</td><td colspan="2">供给型</td></tr>
<tr><td>补给型难解吸储层</td><td>水源补给</td><td>有利开发单元</td><td colspan="2">补给型</td></tr>
<tr><td>半封闭型难解吸储层</td><td>临储压力比、水源补给</td><td rowspan="2">较有利开发单元</td><td rowspan="2">半封闭型</td><td>越流补给</td></tr>
<tr><td>半封闭型易解吸储层</td><td>水源补给</td><td>无越流补给</td></tr>
<tr><td rowspan="2">封闭型易解吸储层</td><td rowspan="2">渗透率、临储压力比</td><td>有利开发单元</td><td rowspan="4" colspan="2">封闭型</td></tr>
<tr><td>较有利开发单元</td></tr>
<tr><td rowspan="2">封闭型难解吸储层</td><td>渗透率</td><td rowspan="2">较不利开发单元</td></tr>
<tr><td>渗透率、临储压力比</td></tr>
</table>

① 供给型难解吸储层，即具有供给型地下水动力条件的储层。由于补给水量较大，补给水量持久，且煤储层天然裂隙发育，大量补给水涌入煤储层，造成疏水降压困难，煤层气难

以大面积解吸。

② 补给型难解吸储层，即具有补给型地下水动力条件的储层。同供给型难解吸储层类似，由于补给水量较大，天然裂隙发育，造成区域性叠加压降漏斗形成前疏水降压困难，煤层气难以大面积解吸。与供给型难解吸储层所不同的是，由于煤储层含水量较低，在无越流补给的情况下，随着区域性叠加压降漏斗的形成和煤层水的排出，可能出现较大范围内煤储层压力下降至临界解吸压力之下煤层气大量解吸的情况。

③ 半封闭型难解吸储层，指有越流补给的半封闭型地下水动力条件储层。该类储层虽然受限于孔裂隙发育程度，地下水补给量相对较小，但井控范围外待补给水量巨大，随着排采的进行，补给水以较为平缓的方式不断补给至井控范围内，在较大程度上限制了煤储层疏水降压效果和煤层气的解吸，特别是临储压力比较低的情况下，煤储层解吸困难。

④ 半封闭型易解吸储层，指无越流补给的半封闭型地下水动力条件储层。该类储层补给水来自煤层本身，受限于煤储层孔裂隙发育程度，相对于半封闭型难解吸储层，井控范围外待补给水量较小且持续性差，一定程度上促进了煤储层疏水降压效果和煤层气的解吸。该类煤储层的煤层气解吸难易程度受临储压力比的影响较为明显。

⑤ 封闭型易解吸储层，指封闭型中、高渗有利开发储层。该类煤储层补给水量较小，天然裂隙发育程度较高，易于疏水降压和煤层气解吸。煤层气的解吸效果对煤储层渗透率和临储压力比较为敏感，渗透率越大、临储压力比越高，煤层气的解吸范围、解吸量也越大。

⑥ 封闭型难解吸储层，指封闭型低渗可改造储层。由于煤储层渗透率过低、孔裂隙系统不发育，煤层水难以排出，压降漏斗扩散较慢，极大地限制了煤储层的疏水降压效果和煤层气的解吸效果。

### （三）煤层气直井产能的地质与工程协同控制类型及开发技术模式

#### 1. 沁水盆地南部煤层气直井产能的优化配置类型

煤层气开发工程的效果受限于煤储层地质条件，不同的开发工程对地质条件的适应性不同，不同的地质条件下相同的开发工程所取得的效果也不尽相同；开发工程与地质条件具有良好的匹配关系时，能够获得理想的开发效果，甚至在一定程度上改善煤储层地质条件，反之，开发工程与地质条件匹配效果较差时，不仅难以取得较好的煤层气生产效果，还可能破坏煤储层地质条件，影响后续增产措施的实施。开发地质类型表征了煤储层的疏水降压和煤层气的解吸难易程度，对煤层气井开发工程的实施具有重要的指导作用。不同开发地质类型的煤储层，由于煤储层渗透性、地下水补给类型和煤层气解吸难易程度不同，应采取不同的开发技术模式，以适应煤储层地质特征；而煤层气开发过程中，为获取理想的煤层气井产能，应首先判别煤层气井所在煤储层的开发单元类型和开发地质类型，在此基础上判断最有效的煤层气开发技术模式。

沁水盆地南部煤层气直井产能的地质与工程协同控制方式主要有三种。首先，地质因素与工程因素对煤层气直井产能的联合控制作用。这是该区煤层气直井产能协同控制最直接最显著的表现。地质因素与工程因素对煤层气直井产能的联合控制作用主要表现为抽采制度、煤储层渗透率以及地下水流体势对煤层气井产能的共同影响，三者的共同作用是煤层气井产能的关键影响因素，决定了煤层气直井产能的大小。再者，地质因素对工程实施效果的影响。最明显的表现是地质条件对煤层气井压裂效果的影响和对排采制度、井网布置的限制。第三，工程实施对煤储层物性的影响。最明显的表现是钻井、固井对煤储层表皮系数和渗透率的影响、水力压裂和排采制度对煤储层渗透性的影响。

基于煤层气直井产能的地质与工程协同控制方式、沁水盆地南部煤层气开发工程实际和开发单元类型，结合开发地质类型与钻井工艺、固井工艺、井网布置、储层改造技术、排采制度的匹配关系，得到表 2-8 所示的沁水盆地南部煤层气直井产能的十种优化配置类型，即协同控制类型，为不同类型煤储层煤层气的开发技术模式选择提供依据。

(1) 水淹型低产气高产水井

水淹型低产气高产水主要出现在供给型难解吸储层、半封闭型难解吸储层和具有越流补给的封闭型难解吸储层中，是由于压裂裂缝连通导水裂隙或断层以及压裂裂缝压穿导水层所致，为压裂裂缝导水型产能控制类型。在有越流补给的情况下，若压裂裂缝与导水裂隙或断层相连通，或者压裂裂缝延伸至导水层直接与含水层相连通，则含水层中的地层水沿压裂裂缝不断涌向井筒，造成煤储层天然裂隙、压裂裂缝中含水饱和度居高不下，压力难以释放，煤层气难以解吸，煤层气井以产水为主，且所产水以含水层地层水为主。

(2) 供给型低产气高产水井

供给型低产气高产水井主要出现在供给型难解吸储层中，其产能由煤储层渗透率所控制，同时受越流补给的影响，为气—渗地质控制供给型。在有越流补给的高渗煤储层中，含水层中的地层水沿煤储层天然裂隙进入煤储层，造成煤层中含水饱和度居高不下，严重时甚至造成水淹，煤储层压力难以释放，煤层气难以解吸，煤层气井以产水为主，且所产水多为含水层中地层水。

(3) 补给型低产气高产水井

补给型低产气高产水井主要出现在补给型难解吸储层中，煤层气井产能受煤储层渗透率、地下水流体势和抽采制度的联合控制，为地质控制工程辅助型。该类煤层气井是地质与工程因素对煤层气直井产能联合控制作用的典型代表，其产能是抽采制度、煤储层渗透率和地下水流体势共同影响的结果。在较强的抽油机抽采能力、较大的煤储层渗透率和较多的水源补给作用下，煤储层中易形成稳定的水相流动，不利于煤储层压力下降和煤层气井产能的提高，多为低产气高产水井。其中，较高的抽油机冲次为煤层水的流动提供了动力条件，较高的煤储层渗透率为煤储层水的流动提供必要的储层物性条件，而较低的地下水流体势则为煤层气井提供了较多的水源补给。

(4) 补给型高产气高产水井

补给型高产气高产水井主要出现在半封闭型难解吸储层和半封闭型易解吸储层中。对于半封闭型难解吸储层，煤层气井产能受控于煤储层渗透率和抽采制度，并受越流补给的影响，为气—渗地质工程协同控制型；对于半封闭型易解吸储层，煤层气井产能受控于抽采制度，并与渗透率、地下水流体势密切相关，为工程控制开发地质辅助型。半封闭型难解吸储层存在越流补给，虽然受限于煤储层渗透率，地下水补给量相对较小，但仍以较为平缓的方式不断补给至煤层，造成煤层气井产水量相对较高；尽管有外来水源补给，限制了煤储层疏水降压效果和煤层气解吸，但是在不破坏煤储层的前提下，排水量大于补给量时，煤储层压力能够得到有效释放，可以获得较高产气量。半封闭型易解吸储层的补给水来自煤层本身，受限于煤储层孔裂隙发育程度，补给水量相对较小，但仍有一定量煤层水不断补给至井筒，煤层气井产水量相对较高；煤层气井的疏水降压效果与抽油机冲次直接相关，在合理的抽采制度下，该类储层有利于含水饱和度和煤储层压力下降，能够获得较高的产气量。

(5) 封闭型高产气低产水井

**表 2-8　沁水盆地南部产能优化匹配类型及开发技术模式**

| 煤层气井产能优化配置类型 | 开发地质类型 | 煤层气井产能控制类型划分 | | 煤层气井开发技术模式 | |
|---|---|---|---|---|---|
| | | 产能控制类型 | 主控因素 | | |
| 水淹型低产气高产水井 | 供给型难解吸储层 | 压裂裂缝导水型 | 压裂裂缝主控，天然裂隙、越流补给辅控 | 高抽油机冲次 | |
| | 半封闭型难解吸储层 | | | | |
| | 封闭型难解吸储层 | | | | |
| 供给型低产气高产水井 | 供给型难解吸储层 | 气—渗地质控制供给型 | 渗透率主控、越流补给辅控 | 增大井网间距 | |
| | | | | 小规模压裂 | |
| | | | | 高抽油机冲次 | |
| 补给型低产气高产水井 | 补给型难解吸储层 | 地质控制工程辅助型 | 渗透率、流体势主控，抽采制度辅控 | 增大井网间距 | |
| | | | | 大规模压裂 | |
| | | | | 高抽油机冲次 | |
| 补给型高产气高产水井 | 半封闭型难解吸储层 | 气—渗地质工程协同控制型 | 渗透率、抽采制度主控，越流补给辅控 | 小规模压裂 | |
| | | | | 高抽油机冲次 | |
| | 半封闭型易解吸储层 | 工程控制开发地质辅助型 | 抽采制度主控，渗透率、流体势辅控 | 大规模压裂 | |
| | | | | 高抽油机冲次 | |
| 封闭型高产气低产水井 | 封闭型易解吸储层 | 开发地质工程协同控制型 | 抽油机冲次、流体势主控，渗透率辅控 | 大规模压裂 | |
| | | | | 低抽油机冲次 | |
| 污染型低产气低产水井 | 供给型难解吸储层 | 采前工程污染型 | 钻井、固井、完井污染 | 二次压裂 | 小规模压裂 |
| | 半封闭型难解吸储层 | | | | |
| | 补给型难解吸储层 | | | | |
| | 半封闭型易解吸储层 | | | | 大规模压裂 |
| | 封闭型易解吸储层 | | | | |
| 动力型低产气低产水井 | 半封闭型易解吸储层 | 排采控制降压型 | 抽采制度主控 | 高抽油机冲次 | |

**续表 2-8**

<table>
<tr><th rowspan="2">煤层气井产能优化配置类型</th><th rowspan="2">开发地质类型</th><th colspan="2">煤层气井产能控制类型划分</th><th rowspan="2">煤层气井开发技术模式</th></tr>
<tr><th>产能控制类型</th><th>主控因素</th></tr>
<tr><td rowspan="2">运移型低产气低产水井</td><td>半封闭型易解吸储层</td><td rowspan="2">压裂裂缝控制降压型</td><td rowspan="2">压裂裂缝主控</td><td>二次压裂</td></tr>
<tr><td>封闭型易解吸储层</td><td>大规模压裂</td></tr>
<tr><td rowspan="6">渗透型低产气低产水井</td><td>封闭型易解吸储层</td><td rowspan="2">排采污染型</td><td rowspan="2">抽采制度、有效应力协同控制</td><td>二次压裂</td></tr>
<tr><td rowspan="5">封闭型难解吸储层</td><td>低抽油机冲次</td></tr>
<tr><td rowspan="4">气—渗地质控制运移型</td><td rowspan="4">渗透率控制</td><td>井网加密</td></tr>
<tr><td>大规模压裂</td></tr>
<tr><td>欠平衡钻井技术</td></tr>
<tr><td>低密度固井</td></tr>
<tr><td rowspan="2">降压型低产气低产水井</td><td>封闭型易解吸储层</td><td rowspan="2">井网控制降压型</td><td rowspan="2">渗透率、井网间距协同控制</td><td rowspan="2">井网加密</td></tr>
<tr><td>封闭型难解吸储层</td></tr>
</table>

封闭型高产气低产水井主要出现在封闭型易解吸储层中，煤层气井产能受抽油机冲次、地下水流体势和煤储层渗透率的联合控制，为开发地质工程协同控制型。封闭型易解吸储层的渗透率相对较高、水源补给不足，有利于煤储层疏水降压和煤层气的产出，在合理的抽采制度下，能够获得较高的产能。

(6) 污染型低产气低产水井

污染型低产气低产水井出现在所有开发地质类型中，但是由于封闭难解吸储层自身渗透率已极低，采前工程污染对其渗透率的影响不明显。采前工程污染主要由钻井、固井、完井施工造成。由前文的分析可知，钻井液、固井水泥浆均会对井筒附近煤储层造成一定程度的污染，增大井筒附近煤储层的表皮系数，降低其渗透率，从而造成煤层水、煤层气难以产出，煤层气井产气量较低。

(7) 动力型低产气低产水井

动力型低产气低产水井主要出现在半封闭型易解吸储层中。由于抽采制度过低，煤层气井产水过低，造成煤层水的排出速度远小于井控范围外煤层水的补给速度，煤储层含水饱和度居高不下，煤储层压力难以下降至临界解吸压力，煤层气井产气量较低。

(8) 运移型低产气低产水井

运移型低产气低产水井主要出现在半封闭型易解吸储层和封闭型易解吸储层中，由水力压裂失败所造成。水力压裂过程中，工程设计不合理、储层漏失系数较大等原因，可能造成压裂裂缝延伸较短或闭合，压裂裂缝难以有效沟通井筒与煤储层，无法形成有效的流体运移通道，极大地降低了流体的运移效率，造成煤层气井产气量、产水量均较低。

(9) 渗透型低产气低产水井

渗透型低产气低产水井主要出现在封闭型易解吸储层和封闭型难解吸储层中。根据产能的控制类型，该类煤层气井又可分为两类：排采污染型和气—渗地质控制运移型。

排采污染型主要出现在封闭型易解吸储层中，在部分可改造封闭型难解吸储层中也可能出现，主要由抽采制度过快造成。煤层气井排采过程中，煤储层渗透率在有效应力负效应和煤基质收缩正效应的作用下动态变化。有效应力作用强度大于煤基质收缩时，煤储层渗透率减小，不利于煤层气井生产；有效应力作用强度小于煤基质收缩时，煤储层渗透率增大，有利于煤储层流体运移和煤层气井产能的提高。产水阶段，抽油机冲次过高、日排水量过大，可能造成煤储层压力特别是井筒附近煤储层压力下降迅速，有效应力增加较快，煤储层渗透率迅速降低，影响了煤储层压力的进一步下降和后期煤层气的产出，煤层气井产气量较低，严重时甚至出现部分天然裂隙闭合，对煤储层产生不可逆的伤害。

气—渗地质控制运移型主要出现在封闭型难解吸储层中，是由于煤储层自身渗透率过小、储层改造效果不明显所致。

(10) 降压型低产气低产水井

降压型低产气低产水井主要出现在封闭型易解吸储层和部分可改造封闭型难解吸储层中，由井网间距过大所造成。由前文的分析可知，井网部署、煤层气井有效井控面积以及压降漏斗扩展均受限于煤储层渗透率。煤储层渗透率较低的情况下，煤层气单井的有效控制面积较小，过大的井网间距难以形成有效的叠加压降漏斗，限制了煤储层压力的下降和煤层气的解吸，煤层气井产气量较低。

2. 沁水盆地南部煤层气直井的开发技术模式

由前文的论述可知，不同产能配置类型的煤层气井，其产能控制类型和主控因素不同，煤层气井产水量、产气量亦不相同。为获取理想的煤层气井产能，应首先判别煤层气井所在煤储层的气—渗地质类型和开发地质类型，在此基础上判断煤层气井的产能配置类型和控制类型，从而采取最有效的煤层气开发技术模式。结合前文所述的十种煤层直井产能的配置类型及其产能控制类型，提出如表 2-8 所示的产能开发技术模式。

(1) 水淹型低产气高产水井

煤层气直井布井时，应尽量避免布置在导水裂隙或断层附近，以免造成水淹。一旦压裂裂缝贯穿导水层，可加大抽油机抽采力度，通过地下水的大量排出，造成有效应力迅速增加，压裂裂缝快速闭合，关闭补给通道，避免煤层水淹。

(2) 供给型低产气高产水井

供给型低产气高产水井渗透率较高，可适当增大井网间距，尽量避免在导水裂隙或断层附近布井；压裂过程中可采取小规模压裂，以免压穿导水层、贯通导水裂隙或断层，造成水淹；排采过程中可适当提高抽油机冲次，在不损伤煤储层的前提下，加快排水速度，加速煤储层压力释放。

(3) 补给型低产气高产水井

针对补给型低产气高产水井渗透率较高的特点，可适当增大井网间距；由于该类煤层气井所在煤储层不存在越流补给，可适当加大压裂规模，增大压裂裂缝的开启和延伸程度，为煤层水的排出提供更有利通道；排采过程中，基于地下水流体势较低、水源补给相对充分的特点，可适当提高抽油机冲次。

(4) 补给型高产气高产水井

处于半封闭型难解吸储层的补给型高产气高产水井，应避免在导水裂隙或断层附近布井；采用小规模压裂，避免压裂裂缝压穿含水层、沟通导水裂隙或断层；由于存在越流补给，排采过程中可适当提高抽油机冲次，加快疏水降压。

处于半封闭型易解吸储层的补给型高产气高产水井，由于无越流补给，可采用大规模压裂，增大压裂裂缝延伸长度和开启程度；同时，基于地下水流体势较低的特点，提高抽油机冲次，加快煤层水的排出。

(5) 封闭型高产气低产水井

封闭型高产气低产水井无越流补给，可采用大规模压裂，改善煤储层渗透性；由于该类煤层气井地下水流体势较高，水源补给不足，应避免大排量抽采，以防止有效应力增加过快所造成的裂隙闭合。

(6) 污染型低产气低产水井

对于污染型低产气低产水井，首要问题是解除近井地带的煤储层污染，常用的方法是二次压裂。二次压裂过程中，不同开发地质类型应采取不同的压裂施工方法。例如，供给型难解吸储层和半封闭型难解吸储层应采用小规模压裂，避免沟通含水层；半封闭型易解吸储层、封闭型易解吸储层可采用大规模压裂，最大程度改善煤储层渗透性。

(7) 动力型低产气低产水井

基于动力型低产气低产水井的产能控制机理，应适当提高煤层气井抽采速度，加快煤层水的排出。

(8) 运移型低产气低产水井

运移型低产气低产水井可采用二次压裂，并提高压裂规模，改善煤储层渗透性、解除压裂失败造成的污染。

(9) 渗透型低产气低产水井

排采污染所造成的渗透型低产气低产水井可进行二次压裂，改善煤储层渗透性，同时降低抽油机冲次，采用低排量稳定下降的抽采制度，缓解储层污染。

气—渗地质控制的渗透型低产气低产水井，煤储层本身渗透率较低，应尽量避免工程实施所造成的储层污染，可采用欠平衡钻井技术、低密度固井等低污染工程措施，采用大规模压裂，改善煤储层渗透性。对于已投产的该类煤层气井，可进行井网加密，确保压降漏斗的充分、有效叠加，促进煤储层压力释放，另外还可进行二次压裂，进一步改善煤储层渗透性。

(10) 降压型低产气低产水井

降压型低产气低产水井的最有效开发模式为井网加密。适当减小井网密度，促进压降漏斗的充分、有效叠加和煤储层压力释放。在井网排采条件下，应注意区域性叠加压降漏斗的形成，促使整个井网范围煤层气井的压降漏斗能够有效、均衡地叠加。

# 第三章　沁水盆地南部典型煤层气开发地质—工程模型

根据煤层气直井产能的地质与工程协同控制机理，生产煤储层孔裂隙系统不仅是煤层气的储集场所，同时也是煤层气解吸、扩散、渗流的介质[2]。生产煤储层孔、裂隙系统的大小、形态、结构等特征一定程度上决定了煤层气的解吸、扩散、渗流特征，而煤层气解吸、扩散、渗流特征又决定了煤层气的运移和产出，对煤层气开发至关重要[43,44]。不同区域、不同煤级的煤储层，由于煤体发育程度和成煤条件的差异，具有不同的天然孔、裂隙结构和压裂裂缝发育特征，煤储层流体也表现出不同的运移和产出规律[1,2]。特别是随着储层强化改造的实施和排采的进行，煤储层结构、压力、渗透率等参数处于动态变化过程中，势必对煤储层流体的运移和产出造成影响。因此，沁水盆地南部高阶煤储层开发—工程地质模型的建立对于深入认识我国高阶煤层气藏、探究高阶煤储层流体流动机理和渗流规律、指导煤层气井增产措施实施和排采制度优化、丰富我国煤层气开发机理具有关键意义。

沁水盆地南部高阶煤储层的典型开发地质—工程模型主要包括沁水盆地南部高阶煤储层原位地质模型、强化改造的煤储层地质模型以及排采动态地质模型。

## 第一节　沁水盆地南部煤储层原位地质模型

煤储层是由宏观裂隙、微观裂隙和孔隙组成的三元孔、裂隙系统[27,30,45]。孔隙是煤层气的富集场所，宏观裂隙是煤层气和煤层水的运移通道，而微观裂隙则是沟通孔隙与宏观裂隙的桥梁[27,30]。煤层气解吸出来后，经微观裂隙扩散—窜流至宏观裂隙，并与煤层水一起参与运移。宏观裂隙是指直接利用肉眼或普通放大镜可观察到的线性空间，包括外生裂隙和内生裂隙(割理)；微观裂隙是指肉眼难以辨认，必须借助光学显微镜或扫描电镜才能观察的线形空间，包括显微裂隙和超显微裂隙。

### 一、煤岩煤质特征及变质程度

#### (一) 煤岩特征

根据井下煤岩及钻井煤芯观察资料可知，沁水盆地南部 3# 煤层宏观煤岩类型以半亮煤为主，其次为光亮煤，局部有暗淡煤分层。光亮煤、半亮煤中见层状构造；而暗淡煤、半暗煤中见块状构造。煤岩成分以亮煤为主，镜煤主要为细—中—宽条带状结构；煤体质地较坚硬，常见贝壳状断口，以原生结构煤为主，局部发育碎裂结构煤。

沁水盆地南部 3# 煤层显微组分以镜质组为主，其含量介于 53.9%～92.7%，平均约为 73.0%；其次为惰质组，含量介于 7.0%～46.1%，平均约为 27.0%；壳质组含量非常少。镜质组组分主要以基质镜质体为主，其次为结构镜质体、均质镜质体及少量团块镜质体；镜质体异向光性明显，结构镜质体具有网状消光现象。惰质组组分以半丝质体为主，含少量微粒体、丝质体及碎屑惰质体。此外，3# 煤层煤岩中的无机组分以细分散状黏土类矿物为主，微量方解石充填于组分孔隙中，偶见斑点状分布的黄铁矿。

(二) 煤质特征

根据樊庄区块120口煤层气井的煤岩煤质统计资料，3# 煤层的原煤灰分($A_d$)介于9.00%～21.63%，平均约为9.51%，以低灰煤为主，其次为低中灰煤，中灰分煤仅在局部区域零星分布，基本无特低灰煤和高灰煤。

根据120口煤层气井的煤岩煤质统计资料，3# 煤层的原煤挥发分($V_{daf}$)含量较低，介于4.89%～8.41%，平均约为6.07%，为特低挥发分煤。3# 煤层的原煤水分($M_{ad}$)也较低，介于0.71%～1.91%，平均约为1.19%。

(三) 煤的变质程度

根据44口煤层气井的煤岩煤质统计资料，沁水盆地南部3# 煤镜质组最大反射率值介于3.24%～3.98%，平均约为3.67%，煤的变质程度较高，属于无烟煤。

综合煤岩煤质特征及变质程度，沁水盆地南部3# 煤层的变质程度属于无烟煤三号阶段。

## 二、煤储层孔隙特征

煤中孔隙是指煤体未被固体物(有机质和矿物质)充填的空间[31]。煤的孔隙性质(包括孔隙大小、形态、连通性、孔容、比表面积等)是研究煤层气赋存状态、煤中气体(主要是甲烷)吸附/解吸性能及其在煤层中运移的基础。文中采用B.B.Xодот提出的十进制孔径结构分类系统[1]：孔径小于10 nm为微孔；10～100 nm为小孔；100～1 000 nm为中孔；大于1 000 nm为大孔。利用压汞法和液氮吸附法研究煤岩样品的结构物性。压汞实验按照国家标准GB/T 21650.1—2008/ISO 15901—1：2005进行，仪器采用美国Micromeritics Instrument公司生产的9310型压汞微孔测定仪；低温液氮吸附试验按照国家标准GB/T 21650.2—2008/ISO 15901-2：2006和GB/T 21650.3—2011/ISO 15901—3：2007进行，仪器采用美国MIC仪器公司生产的ASAP—2000型快速表面积和微孔测定仪。

(一) 孔隙率与孔隙结构

煤的孔隙率大小可说明煤储层储集气体能力的大小。沁水盆地南部3# 煤层20块样品的压汞孔隙率较小，分布范围变化不大(3.91%～5.26%)(表3-1)，说明该区3# 煤层储气能力相差不大。

孔容的孔径分布方面，沁水盆地南部3# 煤层微、小孔明显占优，大孔其次，中孔含量最少，平均仅占6.29%(表3-1)。比表面积的孔径分布方面，微、小孔占绝对优势，中孔其次，大孔的贡献微乎其微(表3-1)。同时，3# 煤层的压汞中值孔径(孔容中值孔径与比表面积中值孔径)均位于小孔径段内，且靠近微孔段。由此可见，3# 煤层孔隙分布特征显示出两极分布，微、小孔隙占绝对优势，其他孔径段不发育。说明沁水盆地南部3# 煤层以凝聚—吸附孔隙为主，同时含有相当比例的吸附孔隙和吸收孔隙，虽然渗流孔隙所占比例也较大(13.22%～33.44%)，但是中孔含量过低，严重影响了孔隙的连通性和煤层的渗透性。而体积中值孔径和比表面积中值孔径均向微、小孔隙偏移，表明煤层的吸附—固气能力较强。孔隙的这种分布特征说明沁水盆地南部无烟煤的孔隙结构差异性明显，煤层解吸—扩散能力较强而渗流能力相对较弱。另外，煤层比表面积主要集中在微孔和小孔段，导致煤层具有很强的吸附气体能力，但是孔径的两极分布以及中孔含量的相对较少，造成孔隙率较小。

**表 3-1　　沁水盆地南部 3# 煤层压汞孔隙率数据**

| 样品 | 孔容百分比/% | | | | 孔比表面积百分比/% | | | | 中值孔径/nm | | 孔隙率/% | 退汞效率/% |
|---|---|---|---|---|---|---|---|---|---|---|---|---|
| | 大孔 | 中孔 | 小孔 | 微孔 | 大孔 | 中孔 | 小孔 | 微孔 | 体积中值 | 比表面积 | | |
| TA-1 | 8.41 | 7.44 | 56.31 | 27.83 | 0.029 0 | 0.60 | 46.01 | 53.36 | 16.80 | 10.30 | 4.24 | 76.7 |
| TA-2 | 13.93 | 4.64 | 50.36 | 31.07 | 0.026 4 | 0.39 | 40.49 | 59.09 | 16.80 | 10.00 | 3.91 | 77.5 |
| TA-3 | 12.94 | 6.29 | 50.70 | 30.07 | 0.009 9 | 0.50 | 42.64 | 56.85 | 16.80 | 10.00 | 3.99 | 77.27 |
| TA-4 | 10.03 | 6.02 | 54.52 | 29.43 | 0.014 6 | 0.53 | 44.96 | 54.49 | 16.20 | 10.20 | 4.02 | 79.93 |
| TA-6 | 27.19 | 6.25 | 42.50 | 24.06 | 0.077 4 | 0.49 | 42.46 | 56.97 | 23.50 | 10.20 | 4.60 | 61.25 |
| TA-7 | 14.90 | 10.03 | 51.00 | 24.07 | 0.052 4 | 0.77 | 46.97 | 52.21 | 20.90 | 10.50 | 4.76 | 67.62 |
| TA-8 | 21.23 | 8.44 | 45.27 | 25.06 | 0.055 8 | 0.63 | 42.58 | 56.73 | 23.30 | 10.10 | 5.26 | 61.64 |
| TA-9 | 16.07 | 5.25 | 44.26 | 34.43 | 0.013 5 | 0.42 | 39.42 | 60.15 | 14.50 | 9.60 | 4.02 | 73.77 |
| CZ-1 | 7.46 | 5.76 | 56.61 | 30.17 | 0.007 9 | 0.41 | 44.73 | 54.85 | 15.80 | 10.10 | 4.08 | 78.31 |
| CZ-2 | 18.87 | 6.60 | 48.11 | 26.42 | 0.037 0 | 0.47 | 43.85 | 55.64 | 19.80 | 10.20 | 4.38 | 67.92 |
| CZ-3 | 12.32 | 7.04 | 51.06 | 29.58 | 0.026 2 | 0.54 | 42.75 | 56.68 | 17.10 | 10.20 | 4.02 | 71.48 |
| CZ-4 | 17.37 | 6.59 | 48.20 | 27.84 | 0.042 7 | 0.46 | 41.54 | 57.95 | 19.00 | 10.00 | 4.63 | 67.37 |
| CZ-5 | 15.77 | 6.48 | 49.86 | 27.89 | 0.012 3 | 0.55 | 43.55 | 55.89 | 18.50 | 10.30 | 4.88 | 69.58 |
| CZ-6 | 25.22 | 3.86 | 43.62 | 27.30 | 0.015 0 | 0.40 | 41.41 | 58.18 | 20.10 | 10.00 | 5.05 | 62.01 |
| CZ-7 | 23.38 | 4.68 | 42.08 | 29.87 | 0.011 5 | 0.47 | 37.73 | 61.78 | 19.20 | 9.70 | 5.07 | 68.31 |
| SH-1 | 15.96 | 2.93 | 51.79 | 29.32 | 0.006 6 | 0.31 | 43.65 | 56.03 | 16.00 | 9.90 | 4.20 | 74.59 |
| SH-3 | 22.83 | 5.20 | 45.66 | 26.30 | 0.008 1 | 0.33 | 42.37 | 57.29 | 20.80 | 10.00 | 4.86 | 67.05 |
| SH-4 | 16.62 | 6.46 | 49.54 | 27.38 | 0.028 9 | 0.56 | 44.30 | 55.11 | 17.70 | 10.10 | 4.41 | 69.54 |
| SH-5 | 7.51 | 8.53 | 54.95 | 29.01 | 0.020 6 | 0.59 | 45.03 | 54.36 | 16.40 | 10.10 | 4.13 | 75.43 |
| SH-7 | 20.35 | 7.37 | 46.31 | 25.96 | 0.029 7 | 0.60 | 43.60 | 55.76 | 19.60 | 10.10 | 4.72 | 66.67 |
| 平均 | 16.42 | 6.29 | 49.14 | 28.15 | 0.026 3 | 0.50 | 43.00 | 56.47 | 18.44 | 10.08 | 4.46 | 70.70 |

（二）孔型特征

沁水盆地南部 3# 煤层煤样的进汞/退汞曲线具有一定的进汞、退汞体积差，滞后环窄小，以开放孔隙为主，但退汞曲线均呈下凹状，表明煤样中具有相当数量的半封闭孔，孔隙的连通性受到限制(图 3-1)。

低温液氮等温吸附曲线在低压段($P/P_0$:0～0.1)偏 Y 轴(图 3-2)，说明存在较多的微孔，且由于微孔的强吸附势，煤对氮气有较强的作用力[46]；中压段($P/P_0$:0.3～0.8)是单层覆盖完成而多层吸附进行的阶段，与毛细凝聚和限制性吸收密切有关，吸附曲线的这一阶段近于平行，并有一定的下凸(图 3-2)，说明毛细凝聚和限制性吸收强烈[46]，表现出一定的无孔性[46]，限制性吸收和无孔性与中孔含量较少有关，而毛细凝聚则是中孔缺失、孔径变化较大造成的；高压段($P/P_0$:0.8～1.0)明显上扬(图 3-2)，表明煤基质粒子不均匀，明显堆积。

吸附/解吸滞后环在高压段变化(图 3-2，TA-1 样品在 $P/P_0$ = 1.0 左右)，说明在较高 $P/P_0$ 时没有限制性吸附，具有一定数量片状粒子堆积形成的狭缝孔[46]。高压阶段解吸曲线急剧下降，并出现急剧下降的拐点，而在中压和低压阶段解吸曲线与吸附曲线基本平行(图

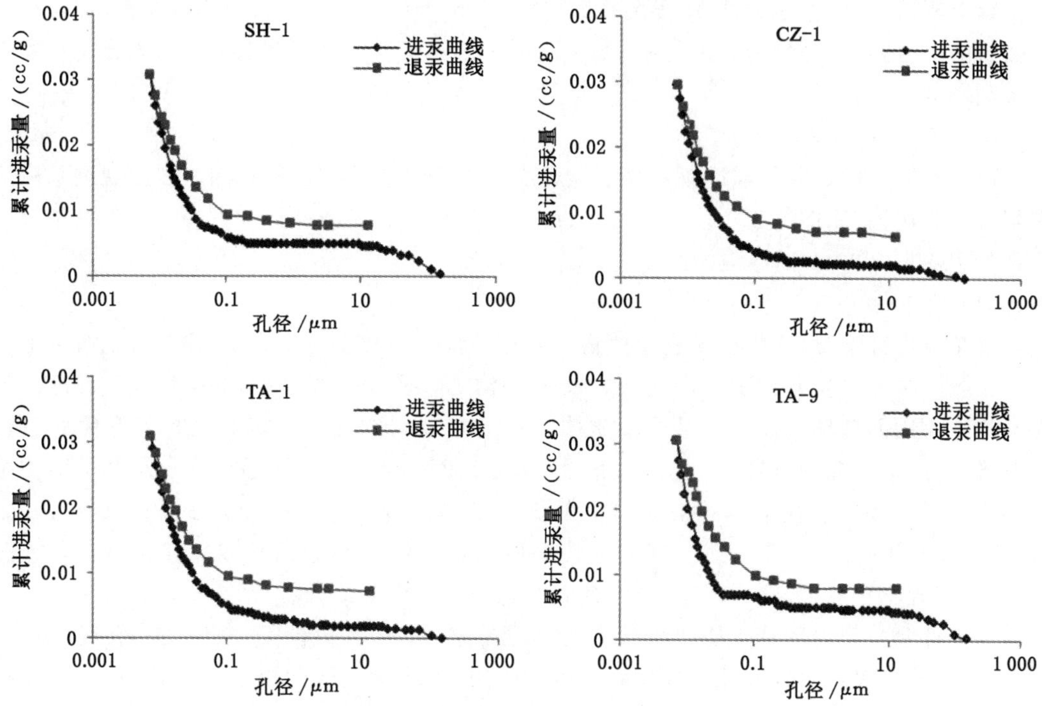


图 3-1　沁水盆地南部 3[#] 煤层煤样进汞、退汞曲线

3-2)，表现出微孔性的指示和裂隙状孔隙，同时说明煤样粒子被压实，甚至闭合，煤岩中孔隙由开放性孔向封闭、半封闭型过渡；而急剧下降的拐点则与中孔缺失所造成的毛细凝聚有关。

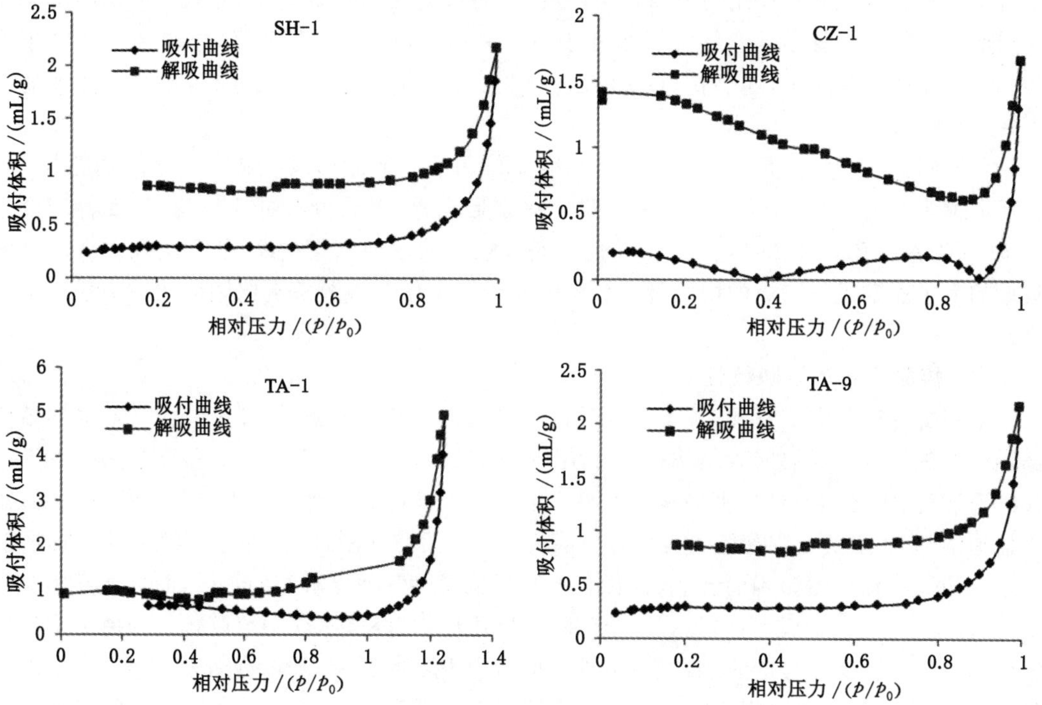


图 3-2　沁水盆地南部 3[#] 煤层煤样低温液氮吸附曲线

综上所述，沁水盆地南部 3# 煤层孔隙以微、小孔为主，大孔次之，中孔不发育，且含有相当数量的半封闭孔。因此，3# 煤层孔隙的发育特征不利于煤储层渗透性，对煤层气开发带来不利影响。

（三）煤中孔隙成因

应用显微光度计和扫描电镜对煤层显微裂隙和超显微裂隙进行观测。裂隙观测采用的仪器分别为德国 ZEISS 公司生产的 Imager.Mim 型显微分光光度计和日本 JEOL 电子公司生产的 JSM—6490 扫描电镜。

(1) 原生孔

显微光度计下，煤样中原生孔以植物组织孔（胞腔孔）和粒间孔为主，均在大孔级以上。

植物组织孔主要发育于结构镜质体和丝质体中，偶见于菌类体中，并随煤变质程度的加深或构造作用而破坏。发育于结构镜质体-1 中的植物组织孔一般细胞结构保存完好且排列整齐，胞腔呈扁椭圆形，孔径（长轴，下同）以大于 22 μm 为主[图 3-3(a)]；发育于结构镜质体-2 中的植物组织孔细胞腔被压扁呈短线状，排列不甚规则，孔径介于 10～145 μm 之间，变化比较大[图 3-3(b)]；发育于丝质体中的植物组织孔细胞结构或保存相对较好或遭到破坏，呈现出星状、弧状等形态，导致其间的胞腔呈现出不规则状[图 3-3(c)、(d)]。

粒间孔是指煤中各种碎屑状显微体之间的孔隙[47]，碎屑颗粒无一定形态，孔径大小不一，形态各异。煤样中粒间孔主要发育于粗粒体间、团块镜质体间以及基质镜质体中，孔径介于 2～30 μm 之间，形态以不规则状为主[图 3-3(e)、(f)、(g)、(h)]。

(2) 变质孔

扫描电镜下，煤样中广泛发育有群集形式出现的气孔和无定形分子间孔。

气孔又分为变质气孔和残余气孔[47]。残余气孔呈短线状，主要是先期形成的气孔受上覆岩层较大静岩压力的作用而变形甚至闭合所形成的；变质气孔为后期形成的气孔，形态呈现圆形、椭圆形、圆管形等。气孔大小介于 0.1～1 μm，属中孔范围，部分残余气孔由于变形、闭合，孔径相对较小，属小孔至中孔孔段；气孔大多以孤立的形式存在，相互之间连通性不好[图 3-3(i)]。

分子间孔（链间孔）是指凝胶化物质在变质作用下缩聚而形成的链与链之间的孔隙[47]。孔径大致为 0.01～0.1 μm，属微、小孔段，无固定形态，大小及分布都比较均匀，发育密度远大于气孔、原生孔等[图 3-3(j)]。分子间孔是煤层气的主要储集空间，分子间孔中煤层气解吸量的大小决定了高阶煤的解吸量。分子间孔可能是低温液氮等温吸附曲线中表现出的狭缝孔。

**三、煤储层宏观裂隙特征**

采用野外矿井露头观测、井下煤壁观察和室内岩芯描述相结合的方法研究沁水盆地南部煤层宏观结构。煤层宏观结构描述遵从国家标准 GB/T 18023—2000 和行业标准 MT/T 968—2005。宏观裂隙是指直接利用肉眼或普通放大镜可观察到的线形空间。根据成因，沁水盆地南部 3# 煤层宏观裂隙可分为外生裂隙和内生裂隙（割理）。外生裂隙为煤层形成后受地质构造运动应力影响而形成的裂隙，不但穿越煤层各种煤岩类型界面，而且能穿透煤层夹矸，甚至穿越顶、底板[1]；内生裂隙（割理）指煤化作用过程中，煤中凝胶化组分由于多种压实作用、脱水、脱挥发分的收缩作用（不排除构造应力场的影响）等综合因素作用下形成的裂隙，常见于光亮煤和半亮煤中[1]。研究区煤储层渗透率很大程度上取决于煤储层宏观裂隙（图 3-4）。沁水盆地南部 3# 煤层宏观裂隙总体不发育。

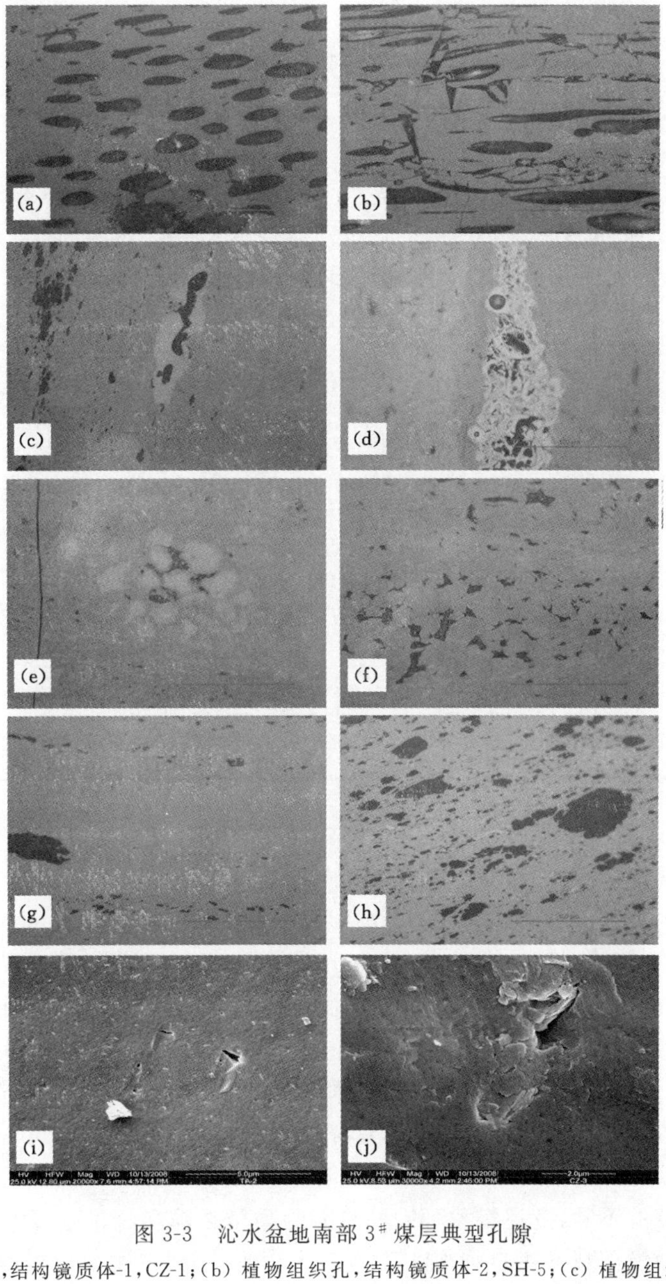

图 3-3　沁水盆地南部 3# 煤层典型孔隙

(a) 植物组织孔，结构镜质体-1，CZ-1；(b) 植物组织孔，结构镜质体-2，SH-5；(c) 植物组织孔，丝质体，CZ-6；(d) 植物组织孔，丝质体，SH-3；(e) 粒间孔，粗粒体间，TA-3；(f) 粒间孔，团块镜质体间，SH-1；(g) 粒间孔，镜质体中，SH-5；(h) 粒间孔，镜质体中，TA-6；(i) 气孔，TA-2；(j) 分子间孔，CZ-3

## (一) 外生裂隙

通过对寺河矿、唐安矿、成庄矿井下煤壁观察得知，外生裂隙不发育，且不同观测点，发育程度不同(表 3-2)。外生裂隙沿层理面的延伸长度变化较大，介于几米至数百米，宽度介于几百微米至几毫米之间；通过钻井煤岩芯观察，其面平直或呈锯齿状，其中常有煤粉、方解石等充填物充填[图 3-5(a)]。主要发育走向为 NE 向和 NW 向的两组外生裂隙，相互交切成为网状，分别对应于燕山期 NW-SE 向挤压和喜马拉雅造山期 NE-SW 向挤压。按其力学

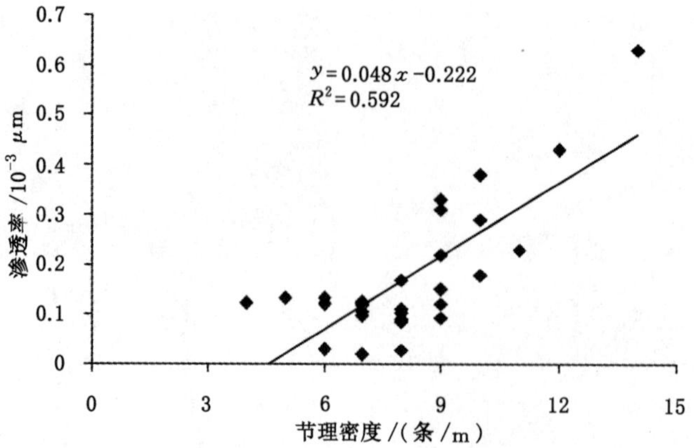


图 3-4　宏观裂隙密度与渗透率的关系

性质，可进一步划分为张性裂隙、压性裂隙、剪性裂隙、松弛裂隙等。

**表 3-2　外生裂隙发育情况**

| 观测点 | 外生裂隙发育情况 |
|---|---|
| 寺河矿 | 密度为 4～5 条/m，切穿整个煤层 |
| 唐安矿 | 不发育 |
| 成庄矿 | 密度为 1～3 条/5～10 m，切穿整个煤层 |

（二）内生裂隙

通过钻井煤岩芯观察，内生裂隙发育于光亮煤和半亮煤中，高度变化于几毫米至几米之间，宽度介于几微米至几百微米之间，大多处于紧闭状态或者被煤粉、方解石所充填，连通性不好，不利于煤储层的渗透性[图 3-5(b)]。主要存在两组优势发育方向，且近于正交。第一组的走向大致在 N33°～66°E，密度为 27～120 条/m，属面割理；第二组割理的走向大致在 N42°～54°W，发育相对较弱，密度为 24～60 条/m，属端割理，发育长度受控于面割理。

总之，沁水盆地南部 3# 煤层宏观裂隙总体不发育，特别是内生裂隙渗流能力差，煤层渗流能力的强弱与否主要取决于外生裂隙的发育密度。

**四、煤储层微观裂隙特征**

根据发育尺度的不同，微观裂隙可进一步分为显微裂隙和超显微裂隙[1,48]。显微裂隙是可以在光学显微镜下观测到的微观裂隙，高度大于 10 μm，宽度大于 0.1 μm；超显微裂隙是仅能在扫描电镜下观察到的微观裂隙，高度小于 10 μm，宽度小于 0.1 μm。沁水盆地南部 3# 煤层微观裂隙多发育于镜煤和亮煤中。

（一）显微裂隙

基岩块中普遍发育有显微裂隙，主要以收缩显微裂隙、静压显微裂隙和构造显微裂隙为主。收缩显微裂隙是在煤的变质过程中因脱水、脱挥发分而收缩形成的裂隙[1,48]。主要发育于镜质组中，受显微组分的显著制约，高度介于 86.93～1 636 μm，变化较大，宽度介于 0.53～43.65 μm，以大于 1 μm 为主，密度介于 44～640 条/$cm^2$；具有短、直且定向，与层理大体垂直，常间距排列，宽度、密度较大等特点，属于大孔范围[图 3-5(c)]。构造显微裂隙是定向构造应力作用于相对致密组分（均质镜质体和半丝质体）而形成的[1,48]。与煤层层理斜

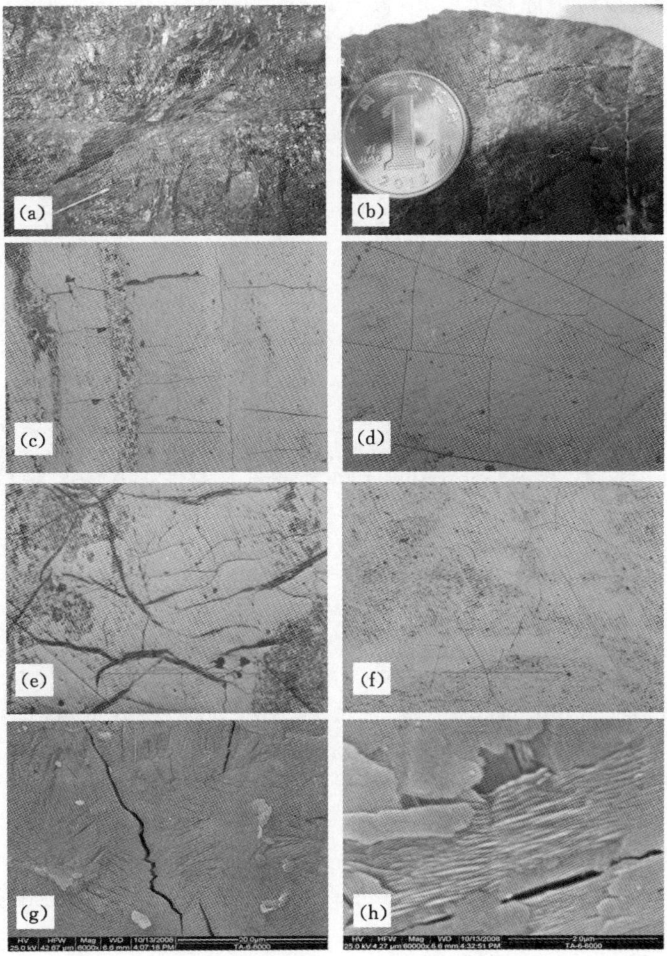


图 3-5　宏观裂隙密度与渗透率的关系

(a) 外生裂隙，成庄矿；(b) 内生裂隙，成庄矿；(c) 显微裂隙，收缩裂隙，SH-3；(d) 显微裂隙，构造裂隙，TA-3；(e) 显微裂隙，静压裂隙，CZ-6；(f) 显微裂隙，静压裂隙，TA-6；(g) 超显微裂隙，TA-6；(h) 超显微裂隙，TA-6

交，延伸较长，不受限于特定煤岩组分，多穿越组分，宽度大于 1 μm[图 3-5(d)]。静压显微裂隙主要发育于均质镜质体和半丝质体中，高度介于 567.9～1 636 μm，宽度为 0.1～2 μm 或者更小，密度介于 57～81 条/$cm^2$，受上覆岩层静压作用的影响，主要表现出短小、弯曲、密集、无定向性，发育受组分制约，宽度相对较小等特点，属于中孔范围[图 3-5(e)、(f)]。

沁水盆地南部 3# 煤层显微裂隙的广泛发育，弥补了大、中孔隙不甚发育的情况，一定程度上改善了煤层渗透性和连通性。

（二）超显微裂隙

超显微裂隙是在一定静岩压力下随着煤演化程度提高，缩合环显著增大，侧链和官能团减少，到无烟煤阶段，煤分子发生拼叠作用并产生定向排列而形成的[1,48]。超显微裂隙比较发育，长度一般小于 10 μm，宽度一般小于 0.1 μm 甚至更小，属于中孔以下范围，具有方向性、成组出现的特点[图 3-5(g)、(h)]；部分超显微裂隙与显微裂隙相贯通并切穿部分气孔，且无矿物充填，有利于 $CH_4$ 的运移[图 3-5(g)、(h)]。超显微裂隙也可能是低温液氮等温吸附曲线中表现出的狭缝孔。

## 五、高阶煤储层原位地质模型

由沁水盆地南部高阶煤的孔隙、裂隙发育特征可以看出，孔隙与裂隙之间、不同级别的孔隙之间和裂隙之间，均有一定的连续性和关联性，它们之间的连续性和关联性为煤层流体的流动提供了连续性通道，是 $CH_4$ 产出的保证。基于沁水盆地南部 3# 煤层孔隙、天然裂隙发育特征的研究，提出沁水盆地南部高阶煤储层原位地质模型，包括高阶煤储层结构发育模型（包括高阶煤储层宏观结构发育模型、微观结构发育模型）、高阶煤储层结构关系模型以及高阶煤储层中生产流体的运移模型。

### （一）高阶煤储层宏观结构发育模型

高阶煤储层的宏观结构发育模型（图 3-6）描述了沁水盆地南部 3# 煤层宏观煤岩类型和宏观裂隙的基本特征。

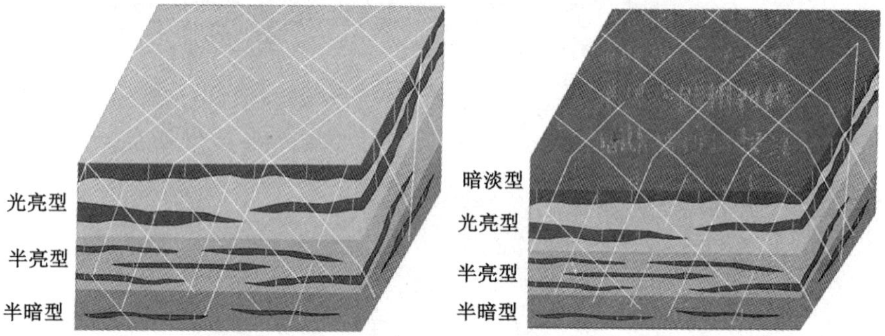


图 3-6　沁水盆地南部 3# 煤层宏观结构发育模型

① 沁水盆地南部 3# 煤层宏观煤岩成分以亮煤为主，镜煤主要为细—中—宽条带状结构；宏观煤岩类型以半亮煤为主，其次为光亮煤，局部有暗淡煤分层，光亮煤、半亮煤以层状构造为主，暗淡煤以块状构造为主（图 3-6）。

② 沁水盆地南部 3# 煤层发育有两组外生裂隙，大体走向为 NE 向和 NW 向；外生裂隙在层理面上延伸很远，在垂直层理面的剖面上切穿整个煤层，甚至切穿顶、底板，不受限于任何煤岩组分（图 3-6）。

③ 沁水盆地南部 3# 煤层发育有两组内生裂隙（割理），大体走向为 N33°～66°E 和 N42°～54°W；其中前者较发育，密度为 27～120 条/m，后者发育相对较弱，且其发育长度受限于前者，密度为 24～60 条/m；内生裂隙（割理）发育严格受组分控制，主要见于光亮煤、半亮煤或半暗煤的镜质条带中，暗淡煤中不发育。

④ 沁水盆地南部 3# 煤层的外生裂隙和内生裂隙（割理）发育走向具有明显的一致性，内生裂隙（割理）形成过程中除受内在原因（凝胶化组分收缩变形的影响）外，明显受控于古构造应力场。

综上所述，沁水盆地南部高阶煤储层宏观结构表现为：首先，煤岩主要发育两组外生裂隙、两组割理，且两者方向显示出一致性，为 NE 向和 NW 向，形成过程受古构造应力场的控制作用；再者，高阶煤储层的割理密度远较中阶煤小，且常为方解石等矿物充填，不利于提高煤储层渗透性。

### （二）高阶煤储层微观结构发育模型

根据孔隙、微观裂隙的大小、形态和发育特征，微观结构发育模型（图 3-7）可分为显微结构发育模型和超显微结构发育模型。显微结构发育模型描述了研究区高阶煤储层显微级别孔、裂隙的基本发育特征，而超显微结构发育模型则描述了研究区高阶煤储层超显微级别孔、裂隙的基本发育特征。

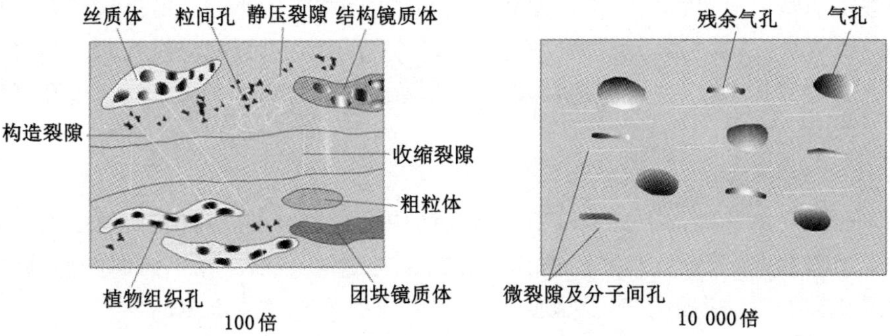


图 3-7　沁水盆地南部 3# 煤层微观结构发育模式

1. 高阶煤储层显微结构发育模型

① 沁水盆地南部 3# 煤层发育有以植物组织孔和粒间孔为主的原生孔隙，植物组织孔主要发育于结构镜质体和丝质体中，偶见于菌类体中，粒间孔无一定的分布规律(图 3-7)；由于变质程度的加深或构造作用的破坏，植物组织孔大部分发生了变形、缩小乃至闭合，残存的细胞腔常呈被压扁呈短线状，其孔径(长轴)介于几至几百微米，变化较大，排列不规则；粒间孔孔径与中、低阶煤相比，也整体变小(表 3-3)。

**表 3-3　　沁水盆地南部 3# 煤层孔隙基本特征**

<table>
<tr><td>孔隙类型</td><td>微孔</td><td colspan="2">小孔</td><td colspan="2">中孔</td><td colspan="2">大孔</td></tr>
<tr><td rowspan="2">孔径</td><td rowspan="2"><10 nm</td><td colspan="2" rowspan="2">10～100 nm</td><td colspan="2" rowspan="2">100～1 000 nm</td><td colspan="2">>1 000 nm</td></tr>
<tr><td>2 000～30 000 nm</td><td>2 000～145 000 nm</td></tr>
<tr><td rowspan="2">孔隙成因</td><td colspan="2" rowspan="2">分子间孔</td><td colspan="3">气孔</td><td colspan="2">原生孔</td></tr>
<tr><td colspan="2">残余气孔</td><td>变质气孔</td><td>粒间孔</td><td>植物组织孔</td></tr>
<tr><td>运移方式</td><td>吸附、扩散</td><td colspan="2">扩散</td><td colspan="2">渗流＋扩散</td><td colspan="2">渗流＋扩散</td></tr>
</table>

② 沁水盆地南部 3# 煤层普遍发育有显微裂隙，主要为收缩裂隙、静压裂隙和构造裂隙三种类型；收缩裂隙、静压裂隙受控于煤层组分，构造显微裂隙常穿越组分；显微裂隙主要为中孔至大孔级别；收缩显微裂隙受构造应力影响而体现出一定的方向性，且垂直于层理，构造显微裂隙受定向应力的影响与煤层层理斜交，而静压显微裂隙无定向性(图 3-7)。

③ 沁水盆地南部 3# 煤层显微裂隙部分切穿了孔隙或与煤层割理相切，成为沟通孔隙与割理裂隙网络的重要通道(图 3-7)。

2. 高阶煤储层超显微结构发育模型

① 沁水盆地南部 3# 煤层普遍发育有气孔和分子间孔等次生孔隙(图 3-7)；气孔主要为短线状残余气孔和后期形成的椭圆形变质气孔，孔径介于 10～1 000 nm 之间，无矿物充填；分子间孔无固定形态，大小和分布相对较均匀，孔径小于 10 nm(表 3-3)。

② 沁水盆地南部 3# 煤层普遍发育有超显微裂隙，与分子间孔的形成原因相似，由无烟煤阶段分子的定向排列所致；超显微裂隙长度一般小于 10 μm，宽度小于 0.1 μm，与分子间孔相贯通并切穿部分气孔(图 3-7)。

综上所述，沁水盆地南部高阶煤储层微观结构表现为：首先，3#煤层发育有收缩显微裂隙、静压显微裂隙和构造显微裂隙三类显微裂隙，无矿物充填，发育密度相对广泛，是沟通孔隙与割理裂隙的重要通道；再者，广泛发育有超显微裂隙，宽度小于 0.1 μm，且无矿物充填，贯通并切穿部分气孔；最后，孔隙以分子间孔和残余气孔为主，植物组织孔和变质气孔次之，另外还发育有粒间孔，其中分子间孔和残余气孔属于微、小孔隙，变质气孔为中孔，粒间孔和植物组织孔属于大孔范围。

（三）高阶煤储层结构关系模型

由高阶煤储层的宏观结构发育模型和微观结构发育模型可以看出，宏观结构之间、宏观结构与微观结构之间、微观结构之间均有一定的连续性和关联性，它们之间的连续性和关联性为煤储层流体的流动提供了连续性通道，确保了煤储层流体能够流向井筒。

1. 高阶煤储层宏观结构关系

基于上述高阶煤储层宏观结构发育模型，得出高阶煤储层宏观结构（外生裂隙与内生裂隙）关系模型[图 3-8(a)]。

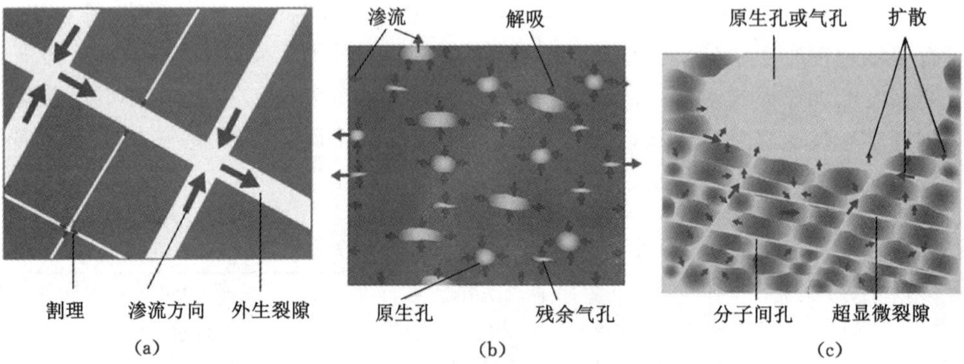


图 3-8　孔裂隙连通关系

(a) 宏观结构之间；(b) 宏观结构与显微结构；(c) 显微结构与超显微结构

沁水盆地南部 3#煤层普遍发育有两组外生裂隙和内生裂隙，且两者方向显示出一致性，外生裂隙和内生裂隙将煤储层切割成一系列小的基质块。由于外生裂隙和内生裂隙宽度均在 10 μm 以上（表 3-4），煤层气在其中主要以渗流的方式运移，并辅以扩散形式。煤层水同样以渗流的方式在外生裂隙和内生裂隙中流动。由于研究区 3#煤层内生裂隙的宽度一般小于外生裂隙，且大多处于紧闭状态或者被方解石所充填，连通性不好，故内生裂隙渗流能力较差，煤储层流体一般首先由内生裂隙运移至外生裂隙，再由外生裂隙运移至井筒[图 3-8(a)]，研究区煤储层渗流能力的强弱与否主要取决于外生裂隙的发育密度。

**表 3-4　　沁水盆地南部 3#煤层天然裂隙及压裂裂缝基本特征**

| 裂隙类型 | 微观裂隙 | | | | 宏观裂隙 | | 压裂裂缝 |
|---|---|---|---|---|---|---|---|
| | 超显微裂隙 | 显微裂隙 | | | | | |
| 裂隙宽度 | <0.1 μm | 0.1～2 μm | 0.53～43.65 μm | >1 μm | 10～1 000 μm | 100～1 000 μm | 9 000～36 000 μm |
| 裂隙成因 | | 静压显微裂隙 | 收缩显微裂隙 | 构造显微裂隙 | 内生裂隙 | 外生裂隙 | 人造裂缝 |
| 运移类型 | 扩散 | 渗流+扩散 | 渗流+扩散 | 渗流+扩散 | 渗流+扩散 | 渗流+扩散 | 渗流+扩散 |

2. 高阶煤储层宏观结构与显微结构关系

对比高阶煤储层宏观与显微结构发育模型，提出高阶煤储层宏观结构与显微结构关系模型[图 3-8(b)]。

根据高阶煤储层显微结构模型，沁水盆地南部 3# 煤层普遍发育有显微裂隙，显微裂隙发育密度远大于内生裂隙且不受煤岩组分限制，显微裂隙部分切穿孔隙或与煤层割理相切，成为沟通孔隙与内生裂隙网络的重要通道。3# 煤层显微裂隙宽度一般大于 0.1 μm，属中孔至大孔范围。3# 煤层发育有以植物组织孔和粒间孔为主的原生孔隙，其孔径(长轴)一般大于 0.1 μm，属中孔和大孔。结合桑树勋等学者划分的煤孔隙固气作用分类系统[44,49-51]，沁水盆地南部高阶煤储层显微裂隙及原生孔隙的大小和发育特征表明，煤层气在其中的运移以渗流方式为主，并辅以扩散形式。

由于显微裂隙沟通了孔隙与内生裂隙网络，且部分原生孔隙直接与宏观裂隙相连通，因此，游离态的煤层气一方面主要以渗流的方式由原生孔隙运移至显微裂隙，再以渗流的方式由显微裂隙运移至内生裂隙；另一方面主要以渗流的方式直接由原生孔隙扩散至宏观裂隙。对于研究区 3# 煤层，第一种方式最为重要。

3. 高阶煤储层显微结构与超显微结构关系

对比高阶煤储层显微结构与超显微结构发育模型，提出高阶煤储层显微结构与超显微结构关系模型[图 3-8(c)]。

沁水盆地南部 3# 煤层普遍发育有超显微裂隙，宽度小于 0.1 μm，属于中孔以下孔段，超显微裂隙与分子间孔相贯通并切穿部分气孔。3# 煤层普遍发育有气孔和分子间孔等次生孔隙，其中主要以分子间孔为主，其发育密度远大于原生孔及气孔，孔径一般小于 100 nm，属于微、小孔径段。根据压汞实验结果分析可知，研究区高阶煤储层微、小孔是煤层气的主要储集空间，故煤储层分子间孔是煤层气的主要储集空间，分子间孔中煤层气解吸量的大小决定了高阶煤储层的解吸量。

由于超显微裂隙与分子间孔相贯通并切穿部分气孔，因此，随着煤储层压力的降低，分子间孔解吸出的煤层气主要以两种途径向大、中孔隙运移。其一，中孔、大孔与分子间孔相连通，煤层气由分子间孔直接扩散进入中孔、大孔；其二，由于超显微裂隙与分子间孔相贯通并切穿部分气孔，煤层气先由分子间孔向超显微裂隙扩散，然后由超微裂隙向中孔、大孔扩散。由于研究区高阶煤储层中孔、大孔不发育，导致分子间孔(微、小孔隙)与外生裂隙或内生裂隙的沟通较差。

综上所述，高阶煤孔、裂隙连通关系表现为三级沟通：分子间孔(微、小孔)、超显微裂隙等超显微结构与显微裂隙、原生孔(大孔)、气孔(中孔)等显微结构沟通；显微结构与内生裂隙系统沟通；内生裂隙与外生裂隙沟通。显微裂隙、超显微裂隙在高阶煤孔、裂隙网络中发挥着重要作用，是流体运移的重要介质和沟通孔隙与孔隙、孔隙与裂隙、裂隙与裂隙的重要桥梁，对煤层渗透性和连通性的改善以及煤层流体流动形态的转变和流动级别的划分至关重要，决定了流体在煤层中的运移路径和方式。

(四) 高阶煤储层中生产流体的运移模型

根据高阶煤储层宏观结构发育模型和微观结构发育模型，结合高阶煤储层结构关系模型，提出高阶煤储层孔、裂隙中生产流体的运移模型。

1. 高阶煤储层中气相的运移模型

图 3-9 为高阶煤储层中气相的一般性运移模型。

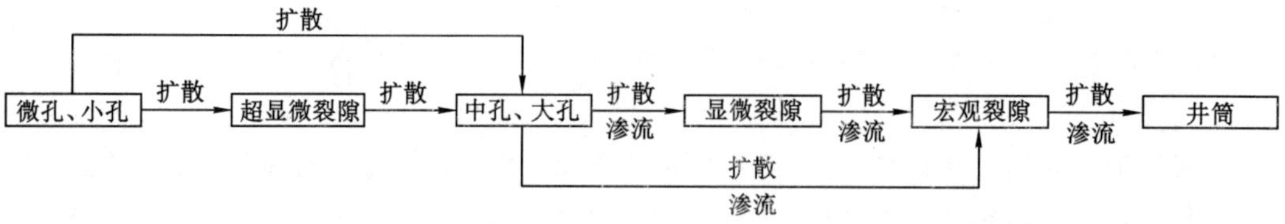


图 3-9　沁水盆地南部 3# 煤层孔、裂隙系统中气体的运移模型

① 孔裂隙级别上，气体的运移过程经历了微、小孔隙（分子间孔）—超显微裂隙—中孔（气孔）、大孔（原生孔）—显微裂隙—宏观裂隙（图 3-9）。

② 宏观方面，气体流向井筒的过程经历了双重介质形态，即两级流动：孔隙—天然裂隙（微观裂隙—宏观裂隙）—井筒（图 3-9）。

③ 微观方面，气体的运移方式经历了扩散—渗流（扩散）过程（图 3-9）。

气体的运移主要包括两个阶段，第一个阶段以扩散的方式运移，不存在渗流；第二个阶段包含扩散、渗流两种流动形式，其中渗流起主要作用（图 3-9）。具体情况如下：

由于超显微裂隙与分子间孔相贯通并切穿部分气孔，微、小孔隙（分子间孔）中解吸出的甲烷气体，以扩散的方式直接运移至中孔、大孔，或先以扩散的方式运移至超显微裂隙，再通过超显微裂隙以扩散的方式运移至中孔、大孔；由于显微裂隙沟通了孔隙与割理裂隙网络，中孔、大孔中游离的甲烷气体以渗流为主、扩散为辅的方式直接运移至宏观裂隙，或先以渗流为主、扩散为辅的方式运移至显微裂隙，再通过显微裂隙以渗流为主、扩散为辅的方式运移至宏观裂隙（图 3-9）。

综上所述，超显微裂隙、显微裂隙不仅是高阶煤储层流体流动的重要介质形态，而且是沟通孔隙与孔隙、孔隙与裂隙、裂隙与裂隙的重要桥梁，对高阶煤储层流体运移方式的转变和流动级别的划分至关重要。

煤储层甲烷的存在形式有三种：吸附态、游离态和溶解态[30,52]。除上述甲烷气体的运移模式和方式外，还有一部分煤层甲烷在较高的储层压力下溶解于煤层水中，随煤层水的流动运移至井筒，在井底处随压力降低，又从煤层水中分离出来。溶解态甲烷的流动模式与煤层水的流动模式相同（图 3-10）。已有学者对沁水盆地南部 3# 煤层中煤层水溶解甲烷的能力做了相应实验，实验结果显示，在温度为 20 ℃、压力为 5 MPa 时，甲烷在地层水中的最大平均溶解度约为 1.694 75 $m^3/m^3$[52]。相对于煤层气井的日产气量，煤层气井产出的溶解态甲烷量非常小，常常忽略。

2. 高阶煤储层中水相的运移模型

图 3-10 为高阶煤储层中煤层水的一般性运移模型。

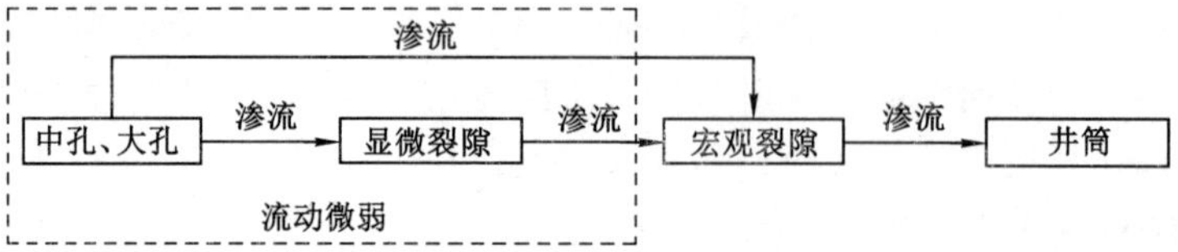


图 3-10　沁水盆地南部 3# 煤层孔、裂隙系统中水相的运移模型

① 孔裂隙级别上，煤层水的流动经历了中孔、大孔—显微裂隙—宏观裂隙（图 3-10）。

② 宏观方面，煤层水主要经历了一级流动：天然裂隙（孔隙—微观裂隙—宏观裂隙）—井筒（图 3-10）。

③ 微观方面，水相的运移方式始终为渗流（图 3-10）。

相对于甲烷气体的运移模型，煤层水的流动模式相对简单，煤层水的流动级别为一级，整个运移过程均为渗流。部分中孔、大孔和显微裂隙中也存在少量煤层水，由于显微裂隙沟通了孔隙与割理裂隙网络，这部分煤层水或直接以渗流的方式流向宏观裂隙，或先以渗流的方式流向显微裂隙，再由显微裂隙以渗流的方式流向宏观裂隙，这部分煤层水含量非常少，往往忽略；由于煤储层天然裂隙与井筒相连通，宏观裂隙中的煤层水以渗流的方式直接流向井筒（图 3-10）。

## 第二节　压裂强化改造的煤储层地质模型

如前所述，沁水盆地南部 3# 煤层宏观裂隙不发育，不利于煤层水和煤层甲烷的产出，显微和超显微裂隙相对发育，有利于煤层气由煤基质孔隙向宏观裂隙的扩散，而煤基质孔隙的发育程度有利于煤层气的吸附，不利于甲烷的产出。

沁水盆地南部 3# 煤层孔、裂隙系统的发育特征造成了区内渗透率不发育。根据区内 26 口煤层气井煤样渗透率测试结果，3# 煤层渗透率变化较大，介于 $(0.01\sim0.63)\times10^{-3}\ \mu m^2$ 之间，平均约为 $0.17\times10^{-3}\ \mu m^2$。渗透率小于 $0.1\times10^{-3}\ \mu m^2$ 的煤层气井数占 25.71%，渗透率在 $(0.1\sim0.2)\times10^{-3}\ \mu m^2$ 的井数占 51.43%，而渗透率在 $(0.2\sim1)\times10^{-3}\ \mu m^2$ 的井数占 22.86%。由此可知，沁水盆地南部 3# 煤层属于低—中渗透率煤储层，低渗透率储层相对发育。

由于沁水盆地南部 3# 煤层宏观裂隙不发育，连通性较差，渗透率较低，不利于排水降压的进行，煤层气藏开发前煤储层普遍采用水力压裂强化改造。

### 一、研究区煤储层压裂裂缝发育特征

煤储层压裂裂缝的发育特征主要包括压裂裂缝的几何形态及压裂裂缝发育的数量级（长、宽、高）。煤储层压裂裂缝的发育特征主要由煤储层地层应力特征和岩石力学性质等客观条件所决定。压裂施工作业参数，如施工规模和施工排量等，也可以在一定程度上改变裂缝形状。

#### （一）煤储层压裂裂缝的形态特征

沁水盆地南部 3# 煤层水平最小主应力分布在 6.23～11.60 MPa，平均为 9.61 MPa；水平最大主应力分布在 11.66～18.95 MPa，平均为 15.79 MPa；垂直主应力分布在 11.80～19.76 MPa，平均为 16.78 MPa。3# 煤层垂直主应力最大，远大于水平最小主应力，且除个别地区外，垂直主应力一般大于水平最大主应力（图 3-11）；水平最大、最小主应力与垂直主应力之比分别分布在 0.87～0.99 和 0.52～0.59 之间，平均为 0.94 和 0.57。因此，压裂裂缝均为垂直裂缝，在水平主应力方向延伸（图 3-12）。

沁水盆地南部现代构造应力场是在喜马拉雅造山期构造应力场基础上演化而来的，应力分布特征与喜马拉雅期构造应力场具有一致性，主压应力轴方位为 NEE 向，主张应力轴方位为 NNW 向，基本以 NEE-SWW 方向近水平挤压和 NNW-SSE 方向拉张应力为特征，同整个华北地区的应力场一致。受现代构造应力场的影响，3# 煤层水平最小主应力主要在 NNW-SSE 方向，因此，压裂主裂缝的延伸方向也主要集中在 NE、NNE、EW、NW 和 NNW 方向。

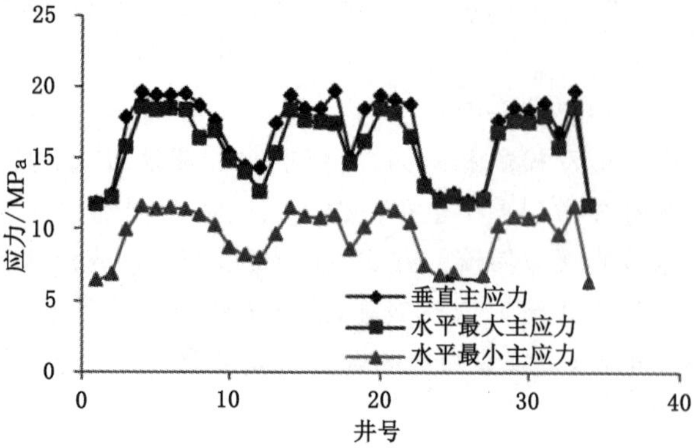


图 3-11　沁水盆地南部 3# 煤层应力分布图

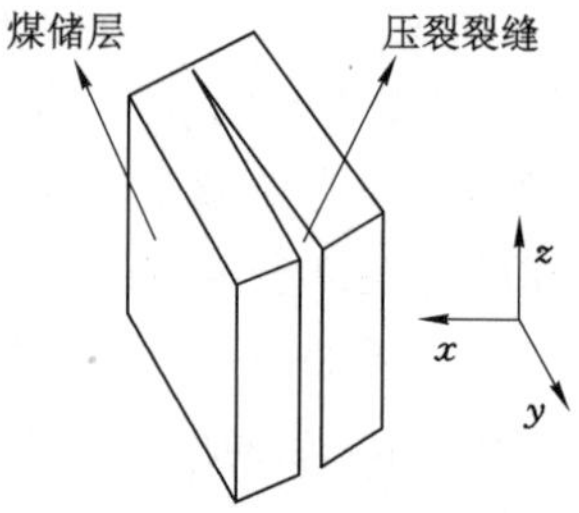


图 3-12　沁水盆地南部 3# 煤层压裂裂缝示意图

煤岩及煤层顶、底板岩性对压裂裂缝的发育影响很大，特别是岩石的弹性模量和泊松比对压裂裂缝的发育影响很大。压裂裂缝的宽度基本上与弹性模量成反比关系，弹性模量越小，裂缝宽度越大；泊松比越高，造成水平应力越大，地层越难以开裂；如果煤层与顶、底板之间存在足够的弹性模量、泊松比差，则压裂裂缝难以向顶、底板扩展。沁水盆地南部 3# 煤层的盖层和底板大多属于泥岩、砂质泥岩，煤层力学参数与煤层顶、底板的力学参数存在一定差异，特别是弹性模量相差较大，从几倍至几十倍不等（表 3-5），说明煤层与煤层顶、底板具有不同的力学性质。3# 煤层杨氏模量远小于煤层顶、底板弹性模量，煤层泊松比也小于煤层顶、底板泊松比（表 3-5）。当煤层弹性模量小于煤层顶、底板弹性模量 5 倍以上时，压裂裂缝很难突破上、下围岩，仅在煤储层中延伸，否则，可能突破上下围岩，压裂裂缝扩展到顶、底板。因此，沁水盆地南部 3# 煤层压裂裂缝可能压开顶、底板。但是，由于 3# 煤层顶、底板泊松比较大，压裂裂缝很难在煤层顶、底板延伸，压裂裂缝主要在煤层中扩展，即使压开顶、底板也很难在其中延伸。

**表 3-5　　沁水盆地南部 3# 煤层岩石力学性质**

| 参数类型 | 煤层力学参数（测井） | | | 煤层顶板力学参数（测井） | | | 煤层底板力学参数（测井） | | |
|---|---|---|---|---|---|---|---|---|---|
| | 最大值 | 最小值 | 平均值 | 最大值 | 最小值 | 平均值 | 最大值 | 最小值 | 平均值 |
| 泊松比 | 0.24 | 0.22 | 0.23 | 0.33 | 0.26 | 0.31 | 0.33 | 0.27 | 0.31 |
| 弹性模量/($10^4$ MPa) | 0.96 | 0.20 | 0.71 | 3.89 | 1.05 | 2.60 | 3.10 | 1.13 | 2.53 |
| 体积模量/($10^4$ MPa) | 3.45 | 0.36 | 0.49 | 3.06 | 0.86 | 2.38 | 2.81 | 0.90 | 2.30 |
| 剪切模量/($10^4$ MPa) | 0.48 | 0.25 | 0.30 | 1.51 | 0.41 | 0.99 | 1.27 | 0.43 | 0.95 |
| 抗剪强度/MPa | 7.44 | 0.26 | 0.54 | 17.72 | 0.35 | 10.11 | 16.23 | 0.46 | 9.73 |

由图 2-6 可以看出，经过两年的排采，煤层气井所产地层水仍以煤层水（Na-$HCO_3$ 型）为主，少有砂岩、砂质泥岩和灰岩水（Na-Cl），说明煤层气井所在煤储层均未发生越流补给。这也从一个侧面说明了压裂裂缝主要在煤储层中扩展。

综上所述，沁水盆地南部煤层气井压裂所形成的裂缝主要为垂直裂缝，裂缝主要在 NE、NNE、EW、NW 和 NNW 方向延伸，由于煤层及煤层顶、底板力学性质的差异，压裂裂缝主要在煤储层中扩展。

（二）煤储层压裂裂缝的数量级

除个别压裂失败井外，沁水盆地南部煤层气井压裂裂缝长度分布在 162.70～218.70 m；压裂裂缝宽度分布在 9.0～36.0 mm（表 3-4）；压裂裂缝高度分布在 5.30～8.60 m。压裂裂缝的长、宽、高数量级均大于宏观裂隙，特别是压裂裂缝的宽度和高度，远远大于煤储层外生裂隙和割理，因此，压裂施工后由于压裂裂缝的高导流能力和高渗透率，提高了煤储层整体的渗透率，压裂裂缝成为煤层水和煤层甲烷流向井筒的主要通道。

压裂后，3# 煤层的水平最大主应力方向渗透率分布在 $3.07\times10^{-3}\sim39.40\times10^{-3}\ \mu m^2$；水平最小主应力方向渗透率介于 $0.39\times10^{-3}\sim10.70\times10^{-3}\ \mu m^2$。煤储层渗透率较压裂前有了很大提高，说明压裂裂缝渗透率远大于原始煤储层渗透率，所以压裂裂缝成为煤层水和煤层甲烷流向井筒的主要通道（表 3-6）。

**表 3-6　　沁水盆地南部 3# 煤层压裂前后渗透率对比**

| | 压裂施工后储层渗透率/（$10^{-3}\ \mu m^2$） | | 压裂施工前储层渗透率/（$10^{-3}\ \mu m^2$） |
|---|---|---|---|
| | 最大主应力方向 | 最小主应力方向 | |
| 最大值 | 39.40 | 10.70 | 0.63 |
| 最小值 | 3.70 | 0.39 | 0.01 |
| 平均值 | 18.87 | 5.35 | 0.17 |

水力压裂提高煤储层渗透率的方式主要有两种：一方面水力压裂可以形成数条连通井筒和煤储层的压裂裂缝，而具有高导流能力的压裂裂缝成为流体流向井筒的主要通道；另一方面，压裂可以增大煤储层中原有裂隙的宽度，沟通煤储层原有裂隙，提高煤储层的导流能力。

## 二、发育压裂裂缝的高阶煤储层地质模型

基于沁水盆地南部 3# 煤层孔隙、天然裂隙、压裂裂缝发育特征，提出发育压裂裂缝的高阶煤储层地质模型，包括发育压裂裂缝的高阶煤储层结构发育模型（发育压裂裂缝的高阶煤储层宏观结构发育模型和微观结构发育模型）、发育压裂裂缝的高阶煤储层结构关系模型以及发育压裂裂缝的高阶煤储层中生产流体的运移模型。

（一）发育压裂裂缝的高阶煤储层宏观结构发育模型

发育压裂裂缝的高阶煤储层宏观结构发育模型（图 3-13）描述了沁水盆地南部 3# 煤层宏观煤岩类型、宏观裂隙、压裂裂缝的基本特征。

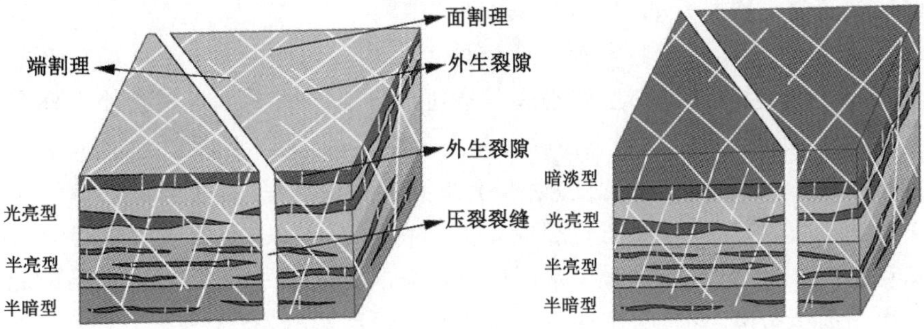


图 3-13　研究区 3# 煤层发育压裂裂缝的宏观结构发育模型

发育压裂裂缝的高阶煤储层宏观结构发育模型中关于宏观煤岩类型、宏观裂隙的描述与高阶煤储层原位地质模型相同，对于压裂裂缝基本特征的描述如下：

① 沁水盆地南部 3# 煤层主要发育有一组压裂裂缝，优势方位为 NE50°左右；压裂裂缝为垂直裂缝，仅在煤层中延伸且对称于井筒，垂向上能够切穿整个煤层，不受限于煤岩组分；长、宽、高一般大于宏观裂隙，特别是压裂裂缝的宽度，远大于外生裂隙和割理，具有较高的导流能力和渗透性；压裂过程中部分天然裂隙被撑开，增大了其渗透率，同时压裂裂缝沟通了部分煤储层天然裂隙，增强了天然裂隙之间的连通性(图 3-13)。

② 沁水盆地南部 3# 煤层的压裂裂缝走向明显受现代构造应力场的影响。

总之，发育压裂裂缝的高阶煤储层宏观结构表现为：首先，主要发育有一组压裂裂缝，优势方位为 NE50°左右，受研究区现代构造应力场的影响；再者，煤岩发育两组主要外生裂隙、两组割理，且两者方向显示出一致性，为 NE 向和 NW 向，形成过程受古构造应力场的控制作用；第三，高阶煤储层的割理密度远较中阶煤小，且常为方解石等矿物充填，不利于煤储层渗透性；最后，压裂裂缝本身具远高于天然裂隙的导流能力和渗透性，压裂过程中部分天然裂隙被撑开，增大了其渗透率，且压裂裂缝沟通了部分煤储层天然裂隙，增强了天然裂隙之间的连通性，增大了煤储层渗透性。

### (二) 发育压裂裂缝的高阶煤储层微观结构发育模型

由于水力压裂一般仅作用于煤储层宏观结构，对煤储层微观结构的影响微弱，因此，发育压裂裂缝的高阶煤储层微观结构发育模型与高阶煤储层原位地质模型(图 3-6)相同。发育压裂裂缝的高阶煤储层微观结构发育模型(显微结构发育模型和超显微结构发育模型)同发育压裂裂缝的高阶煤储层宏观结构发育模型一起，构成了沁水盆地南部发育压裂裂缝的高阶煤储层结构发育模型。

### (三) 发育压裂裂缝的高阶煤储层结构关系模型

由于压裂裂缝的渗透率、发育程度远大于天然裂隙，且压裂裂缝与宏观裂隙的接触面积远大于井筒与宏观裂隙的接触面积，相对于未进行压裂改造的煤储层，发育压裂裂缝的煤储层中压裂裂缝成为流体流向井筒的主要介质形态，气、水主要通过宏观裂隙流向压裂裂缝，再由压裂裂缝流向井筒。因此，压裂裂缝成为沟通煤储层与井筒的主要介质形态，宏观结构之间的连续性和关联性发生变化。又由于水力压裂对煤储层微观结构影响微弱，且压裂裂缝与煤基质的接触面积远小于天然裂隙与煤基质的接触面积，故发育压裂裂缝的高阶煤储层宏观结构与微观结构之间、微观结构之间的连续性和关联性同原位地质模型相同。此时，高阶煤储层的宏观结构关系如图 3-14 所示。

沁水盆地南部 3# 煤层普遍发育有两组外生裂隙和内生裂隙，且两者方向显示出一致性，外生裂隙和内生裂隙将煤储层切割成一系列小的基质块。3# 煤层主要发育有一组压裂裂缝，压裂裂缝为垂直裂缝，垂向上能够切穿整个煤层，不受限于煤岩组分；长、宽、高一般大于宏观裂隙，特别是压裂裂缝的宽度，远大于外生裂隙和割理，具有较高的导流能力和渗透性。由于外生裂隙、内生裂隙及压裂裂缝宽度均在 10 $\mu$m 以上，煤层气在其中主要以渗流的方式运移，并辅以扩散形式。煤层水同样以渗流的方式在外生裂隙、内生裂隙和压裂裂缝中流动。由于内生裂隙、外生裂隙的宽度一般小于压裂裂缝，且大多处于紧闭状态或者被方解石所充填，连通性不好，故煤储层流体一般首先由内生裂隙或外生裂隙运移至压裂裂缝，再由压裂裂缝运移至井筒(图 3-14)。同时，由于研究区 3# 煤层内生裂隙的宽度一般小于外生裂隙，且内生裂隙连通性不好，渗流能力较差，煤储层流体一般首先由内生裂隙运移至外生裂隙,再由外生裂隙运移至压裂裂缝(图 3-14)。

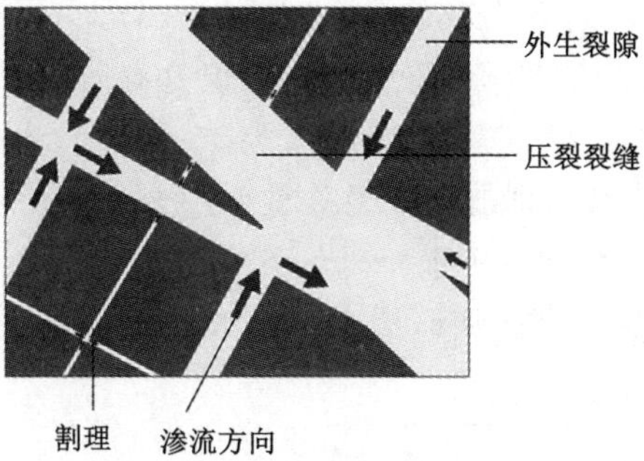


图 3-14　研究区 3# 煤层发育压裂裂缝的宏观结构关系模型

由于水力压裂一般仅作用于煤储层的宏观结构,对煤储层微观结构的影响微弱,因此,发育压裂裂缝的高阶煤储层宏观结构与显微结构关系模型、显微结构与超显微结构关系模型同高阶煤储层原位地质模型相同。

(四) 发育压裂裂缝的高阶煤储层中生产流体的运移模型

根据发育压裂裂缝的高阶煤储层宏观结构发育模型和微观结构发育模型,结合发育压裂裂缝的高阶煤储层结构关系模型,提出发育压裂裂缝的高阶煤储层孔、裂隙中生产流体的运移模型。

1. 发育压裂裂缝的高阶煤储层中气相的运移模型

图 3-15 为发育压裂裂缝的高阶煤储层中气相的一般性运移模型。

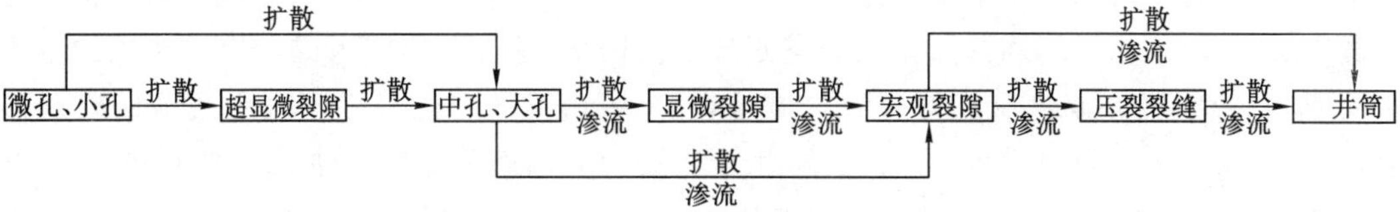


图 3-15　发育压裂裂缝的高阶煤储层孔、裂隙系统中气体的运移模型

① 孔裂隙级别上,气体的运移过程经历了微、小孔隙(分子间孔)—超显微裂隙—中孔(气孔)、大孔(原生孔)—显微裂隙—宏观裂隙—压裂裂缝(图 3-15)。

② 宏观方面,气体流向井筒的过程经历了三重介质形态,即三级流动:孔隙—天然裂隙(微观裂隙—宏观裂隙)—压裂裂缝—井筒(图 3-15)。

③ 气体的运移方式经历了扩散—渗流(扩散)的过程(图 3-15)。

气体的运移模型主要包括三个阶段:第一个阶段以扩散为主要方式运移,不存在渗流;第二个阶段包含扩散、渗流两种流动形式,其中渗流起主要作用;第三个阶段同样包含扩散、渗流两种流动形式,同样以渗流为主(图 3-15)。具体情况如下:

由于超显微裂隙与分子间孔相贯通并切穿部分气孔,微、小孔隙中解吸出的甲烷气体,以扩散的方式直接运移至中孔、大孔,或先以扩散的方式运移至超显微裂隙,再通过超显微裂隙以扩散的方式运移至中孔、大孔;由于显微裂隙沟通了孔隙与割理裂隙网络,中孔、大孔中游离的甲烷气体以渗流为主、扩散为辅的方式直接运移至宏观裂隙,或先以渗流为主、扩散为辅的方式运移至显微裂隙,再通过显微裂隙以渗流为主、扩散为辅的方式运移至宏观裂隙;由于压裂裂缝沟通了部分煤储层天然裂隙,宏观裂隙中的游离态甲烷以渗流为主、扩散为辅的方式直接运移至井筒，或先以渗流为主、扩散为辅的方式运移至压裂裂缝，再通过压裂裂缝以渗流为主、扩散为辅的方式运移至井筒（图 3-15）。

综上所述，超显微裂隙、显微裂隙、压裂裂缝不仅是高阶煤储层流体流动的重要介质形态，而且是沟通孔隙与孔隙、孔隙与裂隙、裂隙与裂隙、裂隙与井筒的重要桥梁，对高阶煤储层流体流动形态的转变和流动级别的划分至关重要。

2. 发育压裂裂缝的高阶煤储层中水相的运移模型

图 3-16 为发育压裂裂缝的高阶煤储层中煤层水的运移模型。

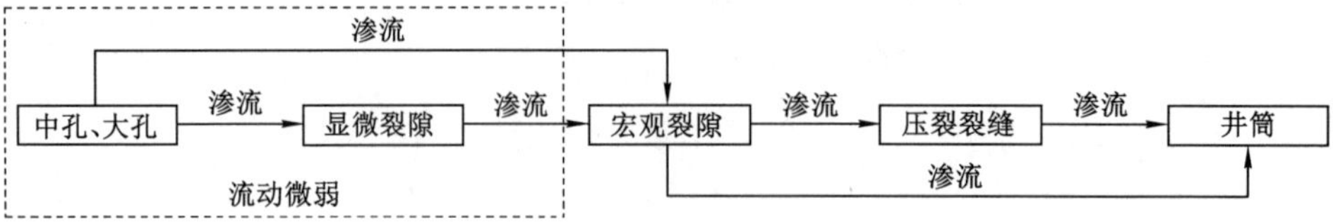


图 3-16　发育压裂裂缝的高阶煤储层孔、裂隙系统中水相的运移模型

① 孔裂隙级别上，煤层水的流动经历了中孔、大孔—显微裂隙—宏观裂隙—压裂裂缝（图 3-16）。

② 宏观方面，煤层水主要经历了两级流动：天然裂隙（孔隙—微观裂隙—宏观裂隙）—压裂裂缝—井筒（图 3-16）。

③ 微观方面，水相的运移方式始终为层流流动（图 3-16）。

相对于甲烷气体的运移模型，煤层水的流动模型相对简单，发育压裂裂缝的条件下，煤层水的流动级别为两级，整个渗流过程均为层流流动。部分中孔、大孔和显微裂隙中也存在少量煤层水，由于显微裂隙沟通了孔隙与割理裂隙网络，这部分煤层水或直接以渗流的方式流向宏观裂隙，或先以渗流的方式流向显微裂隙，再由显微裂隙以渗流的方式流向宏观裂隙，这部分煤层水含量非常少，往往忽略；由于压裂裂缝沟通了部分煤储层天然裂隙，宏观裂隙中的煤层水一方面以渗流的方式直接流向井筒，另一方面先以渗流的方式流向压裂裂缝，再由压裂裂缝以渗流的方式流向井筒（图 3-16）。

由于压裂裂缝的渗透率、发育程度远大于天然裂隙，且压裂裂缝与宏观裂隙的接触面积远大于井筒与宏观裂隙的接触面积，相对于未进行压裂改造的煤储层，发育压裂裂缝的煤储层中压裂裂缝成为流体流向井筒的主要介质形态，气、水主要通过宏观裂隙流向压裂裂缝，再由压裂裂缝流向井筒。发育压裂裂缝的煤储层相对于未进行压裂改造的煤储层，流体的流动模式中多出了一种介质形态（压裂裂缝）和一级流动过程（天然裂隙—压裂裂缝）。

## 第三节　排采动态地质模型

煤层气井的排采过程中，煤储层渗透率不是固定不变的，而是随着排采的进行不断地动态变化。排采过程中，煤储层渗透率的动态变化主要受应力作用和煤基质收缩效应的影响。应力作用使得煤储层渗透率降低，称为渗透率的负效应；煤基质收缩效应使得煤储层渗透率增大，称为渗透率的正效应。煤层气井排采过程中，煤储层渗透率在正、负效应的影响下，不断地动态变化，并发生在煤层气井生产的整个过程中，具体表现在：一方面，随着煤层水、煤层气的排除，煤储层孔、裂隙中流体压力降低，煤岩体的受力状况也在不断变化，在应力的作用下，煤体发生弹性形变，煤储层孔、裂隙的孔径/宽度减小，煤储层渗透率降低；另一方面，煤储层压力下降至临界解吸压力以下后，吸附态的甲烷气体从煤基质微、小孔隙内表面解吸出来，随着煤储层甲烷气体的大量解吸，煤基质发生收缩，煤储层裂隙宽度增加，煤储层渗透率增大。同样，对于发育压裂裂缝的煤储层，煤层气井的排采过程中，随着煤储层流体的排出，压裂裂缝中流体压力逐渐降低，在应力的作用下，压裂裂缝宽度也会出现一定程度的减小，压裂裂缝的渗透率也在动态地变化。

## 一、排采过程中煤储层天然裂隙渗透率的变化

### （一）排采过程中煤储层渗透率的影响因素

有效应力和煤基质收缩对煤储层渗透率的影响主要表现在两个方面：首先，煤层气井排采过程中，有效应力的变化和煤基质收缩效应会引起煤储层裂隙宽度和煤储层孔隙大小发生变化，表现为裂隙孔隙率和煤基质孔隙率是随压力和煤基质收缩而变化的函数；再者，由于煤储层裂隙宽度和孔隙大小变化，引起煤储层渗透率的变化。由于高阶煤储层渗透率很大程度上取决于煤储层宏观裂隙，本书中仅考虑煤储层裂隙宽度变化所引起的渗透率的改变，忽略煤储层孔隙大小的变化对渗透率的影响。

1. 有效应力

有效应力是总应力与煤储层流体压力的差值[30]。煤层气井排采过程中，随着煤层水和煤层气的排出，煤储层裂隙中流体压力迅速降低，有效应力增加。由于煤岩的压缩性，有效应力增加，会使煤体发生弹性形变，煤岩体积发生变化，并反映在煤储层孔、裂隙体积的变化上，导致裂隙宽度减小、孔径变小，甚至闭合，渗透率迅速下降[27,53]。有效应力作用下煤体的弹性形变程度由煤储层裂隙的压缩系数表示，裂隙压缩系数的微分形式为[26]：

$$C_f = \frac{1}{\phi_f}\frac{d\phi_f}{dP_f} \tag{3-1}$$

式中，$C_f$ 为裂隙的压缩系数，$[10^{-1}\ \text{MPa}]^{-1}$；$\phi_f$ 为煤储层裂隙的孔隙率，小数；$P_f$ 为当前煤储层裂隙系统压力，$10^{-1}$ MPa。

将式(3-1)在$[P_{f0},P_f]$、$[C_{f0},C_f]$上进行积分，取 $C_f$ 为常数，则积分得[26]：

$$\phi_f = \phi_{f0}\,e^{C_f(P_f - P_{f0})} \tag{3-2}$$

式中，$\phi_{f0}$为压力为 $P_{f0}$时的裂隙孔隙率，小数；$P_{f0}$为裂隙系统初始压力，$10^{-1}$ MPa。

式(3-2)即描述了煤储层裂隙在符合弹性状态变化范围内孔隙率随压力的变化规律。不同的煤岩类型具有不同的压缩系数。由于煤岩的压缩系数一般较小($10^{-4}$ 1/MPa)，因此，往往将式(3-2)进行泰勒展开，并忽略压力和裂隙压缩系数的平方项及其以上的项目，仅保留前两项，得[26]：

$$\phi_f = \phi_{f0} + C_f(P_f - P_{f0}) \tag{3-3}$$

有效应力是总应力与煤储层流体压力的差值，故有效应力与储层初始应力和流体压力有关[27,53]。原始应力由两部分组成：一部分是由重力效应引起的，即盖层应力；另一部分是侧向应力，由构造应力和盖层应力的水平分量组成[27,53]。

根据 J.R.Levine 提出的煤储层力学模型，煤储层裂隙宽度受上覆地层的水平压应力($\sigma_h$)、构造应力($\sigma_t$)、流体压力($P_f$)以及煤体机械强度的作用(图 3-17)[54,55]。其中，上覆地层的水平压应力造成裂缝闭合，构造应力可以是张性或压性，流体压力使裂缝开启，煤体的机械强度反映了煤体抵抗应力作用的能力[30]。煤储层有效应力即由上覆地层的水平压应力、构造应力、流体压力耦合而得到[30]。

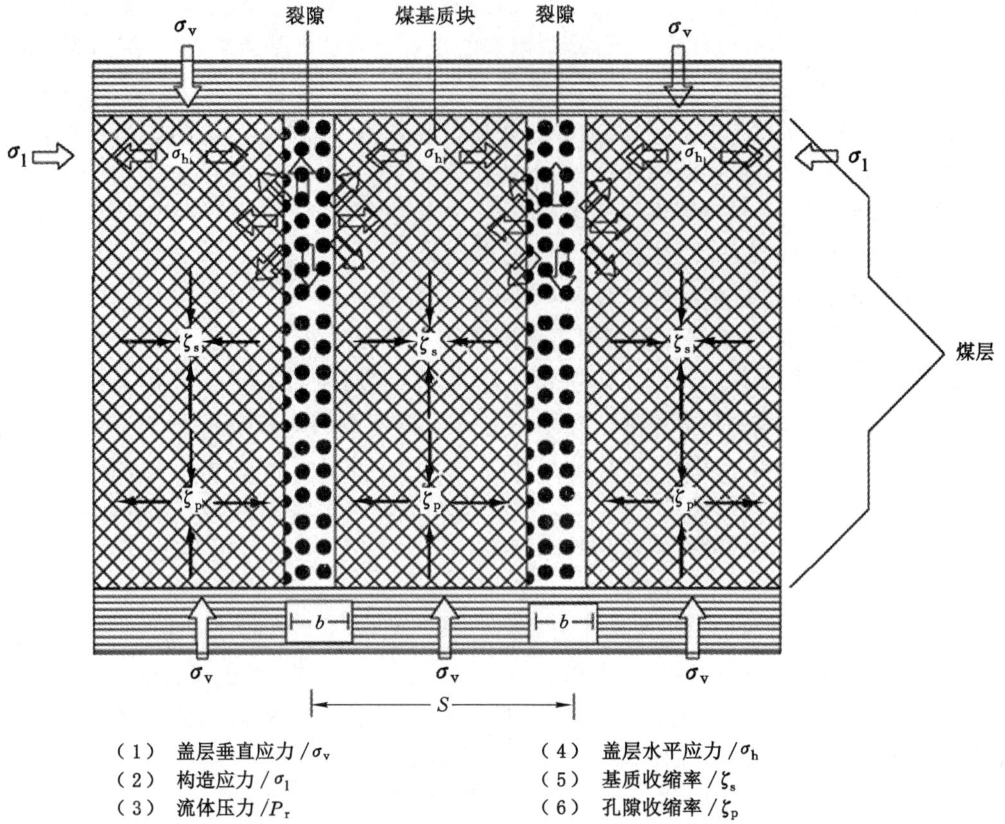


图 3-17 煤储层裂隙受力示意图[54,55]

2. 煤基质收缩

煤储层是由煤基质、气、水三相介质组成的三维地质体。研究表明,煤基质吸附气、水介质时会引起膨胀,气、水介质解吸后发生收缩,这种在有效应力变化后发生的作用称之为煤基质的自调节效应[37,56]。煤层气开发过程中,煤储层压力下降至临界解吸压力以下时,吸附态的煤层气开始解吸,随着解吸量的增加,煤基质出现收缩。由于煤体侧向上受围岩的限制,煤基质收缩不可能引起煤储层的整体水平应变,只能沿裂隙发生局部侧向应变,造成煤储层裂隙宽度增加,储层渗透率增大[37,56]。

煤基质收缩对煤储层裂隙的影响同样可用裂隙孔隙率的变化表示[57]:

$$\phi_{\mathrm{f}} = \phi_{\mathrm{fr}}(1 + 2/\phi_{\mathrm{fr}})\Delta\varepsilon \tag{3-4}$$

式中,$\phi_{\mathrm{fr}}$为裂隙系统的临界孔隙率,定义为煤层气开始解吸时的裂隙孔隙率,小数;$\Delta\varepsilon$ 为煤基质的收缩量,小数。

其中煤基质的收缩量 $\Delta\varepsilon$ 可以表示为[57]:

$$\Delta\varepsilon = \sum_{i=1}^{n} \frac{V_{\mathrm{L}i} b_i y_i \rho_{\mathrm{c}} RT}{EV_0 \sum_{j=1}^{n} b_i y_i} \left[ \ln\left(1 + P_{\mathrm{ads}} \sum_{k=1}^{n} b_k y_k\right) - \ln\left(1 + P_{\mathrm{f}} \sum_{k=1}^{n} b_k y_k\right) \right] \tag{3-5}$$

式中,$V_{\mathrm{L}i}$为 $i$ 组分的 Langmuir 体积,$\mathrm{cm^3/g}$;$b_i = 1/P_{\mathrm{L}i}$;$P_{\mathrm{L}i}$ 为 $i$ 组分的 Langmuir 压力,$10^{-1}$ MPa;$y_i$ 为 $i$ 组分的摩尔分数;$\rho_{\mathrm{c}}$ 为煤体密度,$\mathrm{g/cm^3}$;$E$ 为煤体弹性模量,$10^{-1}$ MPa;$V_0$ 为标准状况下气体摩尔体积,22.4 L/mol;$P_{\mathrm{ads}}$为煤层气临界解吸压力,$10^{-1}$ MPa。

(二) 排采过程中煤储层渗透率的变化

煤层气井生产过程中,有效应力及煤基质收缩效应影响了煤储层孔、裂隙的孔隙率,进而影响煤储层的渗透率。由于有效应力及煤基质收缩效应的作用原理、作用时段各不相同,两者对煤储层渗透率的影响结果、影响时段也不相同。

1. 产水阶段煤储层渗透率的变化

产水阶段,煤基质中的吸附气基本不发生解吸,煤体不受煤基质收缩效应的影响。由于原始煤储层裂隙中以煤层水为主,仅伴随有少量的游离气和溶解气,故一般认为原始煤储层裂隙水饱和,煤储层裂隙中流体压力主要是水相压力。随着煤层水的逐渐排出,煤储层裂隙中水相的压力迅速降低,有效应力随之增加,在有效应力的作用下,煤储层裂隙宽度减小,储层渗透率降低。因此,产水阶段,煤储层渗透率的变化主要受有效应力的影响,并在有效应力的作用下逐渐减小。

如前所述,有效应力对煤储层裂隙的影响可用公式(3-2)或公式(3-3)所示的裂隙孔隙率的变化表征。而煤储层裂隙渗透率的变化同样可由煤储层裂隙孔隙率来表征,如式(3-6)所示[57]:

$$K_f = K_{f0}\left(\frac{\phi_f}{\phi_{f0}}\right)^3 \tag{3-6}$$

式中,$K_f$ 为当前压力下裂隙系统的渗透率,$\mu m^2$;$K_{f0}$ 为初始时刻裂隙系统的渗透率,$\mu m^2$;$\phi_f$、$\phi_{f0}$ 如公式(3-2)或公式(3-3)所示。

由式(3-2)、式(3-3)以及式(3-6)可以看出,煤储层压力下降越快、下降幅度越大,煤储层裂隙的孔隙率越小,煤储层裂隙渗透率也越小。

2. 产气阶段煤储层渗透率的变化

进入产气阶段,较大面积内煤储层压力下降至临界解吸压力之下,开始有大量气体解吸。随着甲烷气体的逐渐解吸,煤基质发生收缩,裂隙宽度增加,煤储层渗透率增大。另外,进入产气阶段后,煤层气井虽然以产气为主,产水量下降至较低的水平,仍然有一定量的水产出,气、水对煤储层裂缝中的渗流作用均产生一定程度的影响,煤储层裂隙中的流体压力为气相压力和液相压力之和。随着煤层气和煤层水的逐渐产出,煤储层裂隙中水相压力、气相压力均有所降低,造成裂隙中流体压力总体下降,有效应力增加,煤储层裂隙宽度减小,储层渗透率降低。

根据煤吸附膨胀实验结果(表 3-7),在较低压力下,煤的各类应变参数值增加很快,随着压力的增大,相应的应变增加量减小,表明煤体变形程度减缓。因此,在煤层气开发过程中,随着排水降压的进行,刚开始产气时,由于煤储层压力较大,煤层气解吸所引起的基质收缩量不大,随着排采的进行,储层压力进一步降低,煤基质收缩造成的应变增大。

**表 3-7　室温条件下煤吸附 $CO_2$ 时的煤体应变参数**　单位:$10^{-4}\%$

| $P_P$ /MPa | ML-0(干燥样) | | | ML-1($S_W=3.25\%$) | | | ML-2($S_W=4.2\%$) | | | ML-3($S_W=4.51\%$) | | |
|---|---|---|---|---|---|---|---|---|---|---|---|---|
| | $\varepsilon_V$ | $\varepsilon_1$ | $\varepsilon_2$ | $\varepsilon_V$ | $\varepsilon_1$ | $\varepsilon_2$ | $\varepsilon_V$ | $\varepsilon_1$ | $\varepsilon_2$ | $\varepsilon_V$ | $\varepsilon_1$ | $\varepsilon_2$ |
| 1.0 | 36.53 | 5.20 | 12.17 | 10.10 | 4.61 | 2.03 | 14.01 | 6.00 | 4.04 | 5.87 | 5.68 | 1.60 |
| 2.0 | 68.24 | 20.75 | 17.15 | 20.50 | 7.10 | 4.84 | 24.68 | 10.68 | 6.76 | 11.49 | 8.71 | 1.95 |
| 3.0 | 98.34 | 34.45 | 25.21 | 28.97 | 11.50 | 7.07 | 30.56 | 14.12 | 7.94 | 14.61 | 11.25 | 5.25 |
| 4.0 | 125.04 | 46.75 | 32.39 | 37.57 | 16.55 | 9.86 | 33.89 | 15.62 | 8.89 | 16.59 | 12.73 | 7.31 |

注:$P_P$ 为煤体孔隙压力,MPa;$S_W$ 为注水后的含水率,%;$\varepsilon_V$、$\varepsilon_1$、$\varepsilon_2$ 分别为体积应变、轴向应变、平均径向应变,$10^{-4}\%$。

根据前文的论述，有效应力对煤储层裂隙的影响可用公式(3-2)或公式(3-3)所示的裂隙孔隙率的变化表征，煤基质收缩效应对煤储层裂隙的影响可用公式(3-4)所示的裂隙孔隙率的变化表征，有效应力与煤基质收缩效应的叠加，决定了煤储层裂隙的开合变化，从而影响煤储层裂隙渗透率的变化。此时，煤储层裂隙渗透率的变化同样可由式(3-6)表示，但是，式(3-6)中的孔隙率 $\phi_f$ 则由式(3-7)所示：

$$\phi_f = \phi_{f0} e^{C_f(P_f - P_{f0})} + \phi_{fr}(1 + 2/\phi_{fr})\Delta\varepsilon = \phi_{f0} + C_f(P_f - P_{f0}) + \phi_{fr}(1 + 2/\phi_{fr})\Delta\varepsilon \quad (3\text{-}7)$$

综上所述，产气阶段，煤储层渗透率的变化同时受煤基质收缩效应和有效应力的影响，具体表现在两个方面：首先，随着气体的大量解吸，在煤基质收缩效应的作用下，煤储层渗透率有所增大，并在排采的后期，煤基质收缩造成的影响较大；再者，随着流体的产出，有效应力增加，煤储层渗透率降低。

煤基质收缩和有效应力对煤储层渗透率的影响程度，因煤体自身性质的不同而不同。对于低收缩率或不收缩的煤储层，主要受有效应力影响，排采过程中渗透率持续下降；而对于高收缩率煤储层，煤基质收缩占主导地位，随着气体的大量解吸，渗透率有一定程度的增大。因此，产气阶段，煤储层渗透率的变化理论上可分为三种情况：

① $\Delta\phi_{fp} > \Delta\phi_{fs}$时，则有效应力引起的煤储层裂隙的闭合程度大于煤基质收缩引起的煤储层裂隙的开启程度，煤储层渗透率减小。

② $\Delta\phi_{fp} = \Delta\phi_{fs}$时，则有效应力引起的煤储层裂隙的闭合程度等于煤基质收缩引起的煤储层裂隙的开启程度，煤储层渗透率保持不变。

③ $\Delta\phi_{fp} < \Delta\phi_{fs}$时，则有效应力引起的煤储层裂隙的闭合程度小于煤基质收缩引起的煤储层裂隙的开启程度，煤储层渗透率增大。

其中，$\Delta\phi_{fp}$为有效应力引起的煤储层裂隙孔隙率的变化量，小数；煤基质收缩引起的煤储层裂隙孔隙率的变化量，小数。

### （三）排采过程中煤储层渗透率动态变化模型

基于排采过程中煤储层渗透率的影响因素及其变化规律的研究，提出排采过程中煤储层渗透率的动态变化模型。产气阶段，煤储层渗透率的变化理论上可分为三种情况，结合煤储层的收缩性、排采制度，可得到排采过程中煤储层渗透率动态变化的两种模型。

#### 1. 排采过程中煤储层渗透率的恢复型动态变化模型

假设煤基质与煤储层裂隙系统的压力瞬间达到平衡，则排采过程中煤储层渗透率的恢复型动态变化模型主要表现为以下四个方面(图 3-18)：

① 排采过程中，渗透率的动态变化过程可分为三个阶段：渗透率迅速下降阶段($P_{f0}$至$P_{ads}$阶段)、渗透率缓慢下降阶段($P_{ads}$至 $P_{f最小值/平衡}$阶段)和渗透率恢复阶段($P_{f最小值/平衡}$至$P_{fcd}$阶段)。渗透率迅速下降阶段，有效应力占据主导地位，煤储层裂隙渗透率下降幅度较大、下降迅速；渗透率缓慢下降阶段，有效应力仍占据主导地位，同时伴随有煤基质收缩效应，裂隙渗透率的下降速度有所减缓；渗透率恢复阶段，在煤基质收缩效应的影响下，煤储层裂隙渗透率有所上升，此时煤基质收缩效应占据主导地位，同时伴随有效应力作用。表现在图3-18上，即随着煤储层压力的降低，煤储层渗透率先是迅速下降，煤储层压力下降至临界解吸压力后，煤储层渗透率的下降幅度明显降低，并逐渐趋于平缓；煤储层渗透率达到最小值后，随着煤储层压力的降低，渗透率有所增大，且增幅逐渐升高。

② 渗透率迅速下降阶段，即煤层气井的产水阶段。此阶段，有效应力作用占据主导地位，基本无煤层气的解吸，煤基质收缩效应不发生；煤储层裂隙中流体压力的下降主要由液

相压力的降低所引起；随着煤层水的大量排出，煤储层裂隙中液相流体压力迅速下降，有效应力增加较快，造成裂隙宽度的迅速减小甚至闭合，煤储层裂隙渗透率下降幅度较大，下降迅速。表现图 3-18 上，即随压力的降低，曲线呈下降趋势，且曲率较大。

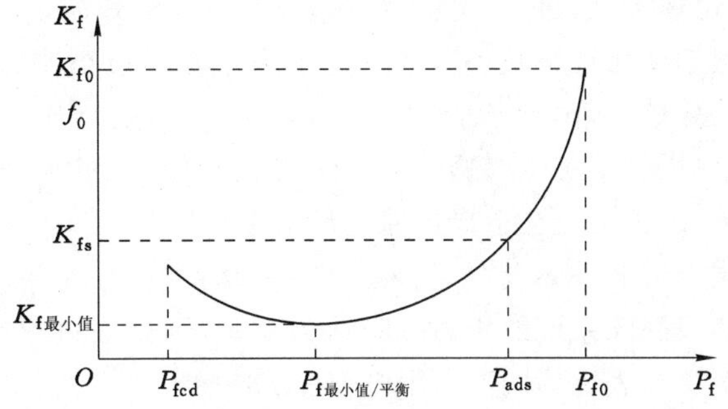


图 3-18　排采过程中煤储层渗透率的恢复型动态变化模型

图中横坐标 $P_f$ 为煤储层裂隙压力；纵坐标 $K_f$ 为煤储层裂隙渗透率；$P_{f0}$ 为煤储层裂隙初始压力，一般认为等于煤储层初始压力；$P_{ads}$ 为煤层气临界解吸压力；$P_{f最小值/平衡}$ 为煤储层裂隙渗透率达到最小值时的压力或有效应力作用和煤基质收缩效应达到平衡时的压力；$P_{fcd}$ 为煤储层裂隙的枯竭压力；$K_{f0}$ 为煤储层裂隙的初始渗透率；$K_{fs}$ 为煤基质收缩效应刚发生时煤储层裂隙渗透率；$K_{f最小值}$ 为煤储层裂隙的最小渗透率

③ 渗透率缓慢下降阶段，即从进入产气阶段到煤储层裂隙渗透率下降至最小值的这一阶段。此阶段，有效应力作用仍然占据主导地位，煤层气开始解吸，煤基质收缩效应开始产生作用；煤储层裂隙中流体压力的下降由液相流体压力和气相流体压力的变化共同决定。进入产气阶段，煤层气井迅速进入产气高峰，随着煤层气大量产出和煤层水的进一步排出，煤储层裂隙中流体压力下降速度仍然较快，有效应力作用仍然较为明显，由于此时煤储层压力仍处于相对较高的范围，煤层气的解吸量和解吸率并不高，煤基质收缩效应表现不明显，裂隙宽度进一步减小，煤储层裂隙渗透率继续下降；虽然此阶段仍以有效应力作用为主，但煤基质收缩效应的出现减缓了煤储层裂隙的进一步闭合以及裂隙渗透率的下降幅度和速度，并随着煤储层压力的降低和煤层气的进一步解吸，煤基质收缩效应逐渐加强，煤储层裂隙渗透率下降速度进一步变缓，同时，随着排采的进行，煤储层压力的下降幅度逐渐减小，也造成了有效应力的增加幅度变小，减缓了煤储层裂隙渗透率的下降速度，直至煤基质收缩效应与有效应力作用持平（$P_{f最小值/平衡}$），煤储层裂隙渗透率也达到排采过程中的最小值（$K_{f最小值}$）。表现在图 3-18 上，即随储层压力的降低，曲线仍为下降趋势，但曲率逐渐减小，曲线趋于平缓。

④ 渗透率恢复阶段，即产气阶段煤基质收缩占据主导地位的阶段。此阶段，煤基质收缩效应占据主导地位，同时伴随有效应力作用；随着煤储层压力的进一步下降，煤层气大量解吸，煤基质收缩效应逐渐加强并占据主导地位，进入产气中后期，煤储层压力的下降幅度逐渐减小，有效应力作用逐渐减弱，在煤基质收缩效应和有效应力作用下，煤储层裂隙宽度有所增大，致使煤储层裂隙渗透率有所恢复。表现在图 3-18 上，即随煤储层压力的下降，曲线呈上升趋势，且曲线曲率逐渐增大。

综上所述，排采过程中煤储层渗透率的恢复型动态变化模型中，煤储层裂隙渗透率经历了迅速下降—缓慢下降—上升的总体过程，这一过程的出现与有效应力和煤基质收缩效应两者之间的作用关系密切相关，同时也与有效应力增加幅度的减小有关。当有效应力作用占据主导地位时，煤储层渗透率下降，反之，煤储层渗透率有所上升。

对于高收缩率煤储层或前期排采制度较为平缓的煤储层，排采过程中其渗透率的动态变化模型属于渗透率的恢复型变化模型。对于高收缩率煤储层，产水阶段有效应力占据主导地位，煤储层渗透率迅速降低，进入产气阶段后，煤基质收缩效应逐渐占据主导地位，有效应力作用所引起的渗透率变化逐渐减小直至达到排采过程的最小值后，有所恢复。对于前期排采制度较为平缓的煤储层，由于产水阶段排水量较小，煤储层压力下降缓慢，有效应力增加幅度并不迅速，其对煤储层裂隙渗透率的影响也相对较小，进入产气阶段后，煤基质收缩效应引起的渗透率增大，也可能会造成煤储层渗透率的恢复。

2. 排采过程中煤储层渗透率的持续下降型动态变化模型

假设煤基质与煤储层裂隙系统的压力瞬间达到平衡，则排采过程中煤储层渗透率的持续下降型动态变化模型主要表现为以下三个方面(图 3-19)：

① 排采过程中，渗透率的动态变化过程可分为两个阶段：渗透率迅速下降阶段($P_{f0}$至$P_{ads}$阶段)和渗透率缓慢下降阶段($P_{ads}$至$P_{fcd}$阶段)。渗透率迅速下降阶段，煤储层裂隙渗透率下降幅度较大、下降迅速，有效应力占据主导地位；渗透率缓慢下降阶段，煤储层裂隙渗透率的下降速度有所减缓，有效应力仍占据主导地位，同时伴随有煤基质收缩效应。表现在图 3-19 上，即随着煤储层压力的降低，煤储层渗透率先迅速下降，煤储层压力下降至临界解吸压力后，煤储层渗透率的下降幅度明显降低，并逐渐趋于平缓。

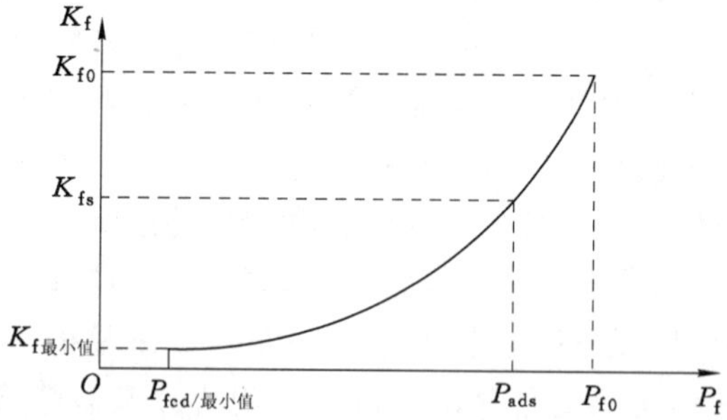


图 3-19　排采过程中煤储层渗透率的持续下降型动态变化模型

$P_{fcd/最小值}$为煤储层裂隙渗透率达到最小值时的压力或煤储层裂隙的枯竭压力

② 渗透率迅速下降阶段，即煤层气井的产水阶段，此阶段与排采过程中煤储层渗透率的恢复型动态变化模型相同。

③ 渗透率缓慢下降阶段，即从进入产气阶段到煤储层裂隙渗透率下降至最小值的这一阶段。与排采过程中煤储层渗透率的恢复型动态变化模型类似，此阶段有效应力作用仍然占据主导地位，煤层气开始解吸，煤基质收缩效应开始产生作用；煤储层裂隙中流体压力的下降由液相流体压力和气相流体压力的变化共同决定。进入产气阶段，随着煤层气大量产出和煤层水的进一步排出，煤储层裂隙中流体压力持续下降，有效应力作用仍然较为明显，同时，由于此时煤储层压力仍处于相对较高的范围，煤层气的解吸量和解吸率并不高，或由于煤储层的收缩率较小，煤基质收缩效应表现不明显，有效应力作用仍占据主导，裂隙宽度进一步减小，煤储层裂隙渗透率继续下降。与排采过程中煤储层渗透率的恢复型动态变化模型类似，煤基质收缩效应的出现减缓了煤储层裂隙的进一步闭合以及煤储层裂隙渗透率的下降幅度和速度，并随着煤储层压力的降低和煤层气的进一步解吸，煤基质收缩效应也逐

渐加强，煤储层裂隙渗透率下降速度进一步变缓。与此同时，随着排采的进行，煤储层压力的下降幅度逐渐减小，也造成了有效应力的增加幅度变小，减缓了煤储层裂隙渗透率的下降速度。与排采过程中煤储层渗透率的恢复型动态变化模型所不同的是，由于煤储层较小的收缩率，煤基质收缩效应对煤储层裂隙渗透率下降速度的影响相对较小，煤基质收缩效应很难与有效应力作用持平，整个排采过程有效应力作用均占据主导地位，煤储层渗透率持续下降，不存在渗透率的恢复阶段。表现在图 3-19 上，即随储层压力的降低，曲线仍为下降趋势，但曲率逐渐减小，曲线趋于平缓。

综上所述，排采过程中煤储层渗透率的持续下降型动态变化模型中，煤储层裂隙渗透率经历了迅速下降—缓慢下降的总体过程，这一过程的出现与有效应力的主导作用和煤基质收缩效应的辅助作用有关，也受有效应力增加幅度的影响。整个排采过程中，在有效应力的主导作用下，煤储层渗透率持续下降，并在煤基质收缩效应的辅助作用下，在产气阶段下降速度有所减缓。

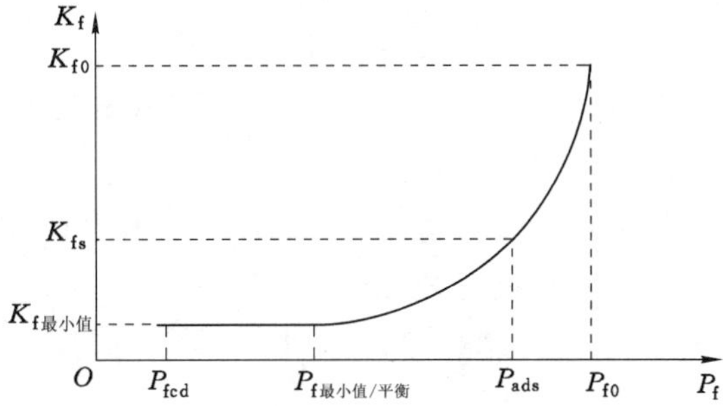


图 3-20　排采过程中煤储层渗透率的趋于稳定型动态变化模型

对于低收缩率煤储层或前期排采较为迅速的煤储层，排采过程中其渗透率的动态变化模型属于渗透率的持续下降型变化模型。对于低收缩率或不收缩煤储层，整个排采阶段有效应力均占据主导地位，煤储层渗透率迅速降低，进入产气阶段后，煤基质收缩效应难以与有效应力作用持平，仅起到了减缓煤储层裂隙渗透率下降速度的作用。对于前期排采较为迅速的煤储层，由于产水阶段排水量较大，煤储层压力下降迅速，有效应力增加也较为迅速，其对煤储层裂隙渗透率的影响也较大，进入产气阶段后，煤基质收缩效应引起的渗透率增大，难以弥补煤储层渗透率的下降，造成渗透率的持续下降；更严重者，前期的排采造成煤储层裂隙闭合，堵塞了煤储层流体的流动通道，造成煤层水、煤层气难以排出。

另外，煤层气开发过程中，煤储层压力不断变化，进入产气阶段，煤层气不断解吸，造成有效应力作用和煤基质收缩效应不断地动态变化，有效应力作用和煤基质收缩效应很难长时期达到平衡。对于高收缩率煤储层，若排采制度不变，则随着煤层气的进一步解吸和煤储层压力的进一步下降，煤基质收缩效应逐渐加强，随着排采后期煤储层压力下降幅度的不断减小，有效应力作用逐渐减弱，煤基质收缩效应终究会占据主导地位；而对于低收缩率或不收缩煤储层，若排采制度不变，则或有效应力作用始终占据主导地位，或类似于高收缩率煤储层，在排采后期煤基质收缩效应占据主导地位，同样很难长时间保持两种效应之间的平衡。对于排采制度突然改变的情况，一般造成有效应力的迅速增加，进一步破坏有效应力作用和煤基质收缩效应之间的脆弱平衡关系。因此，煤层气井排采过程中一般不会出现图 3-20所示的煤储层渗透率趋于稳定型的动态变化模型。

## 二、排采过程中煤储层压裂裂缝渗透率的变化

### (一) 排采过程中压裂裂缝渗透率的影响因素

煤层气井排采过程中,压裂裂缝渗透率的主要控制因素是有效应力。由于压裂裂缝与煤基质的接触面积相对于天然裂隙与煤基质的接触面积较小,煤基质收缩的影响也相对较小,煤基质收缩对压裂裂缝宽度的影响有限,压裂裂缝渗透率的主要影响因素体现在有效应力上。

有效应力对压裂裂缝渗透率的影响与对煤储层裂隙渗透率的影响类似。主要表现为:煤层气井排采过程中,随着煤层水和煤层气的排出,煤储层压裂裂缝中流体压力迅速降低,有效应力增加,由于煤岩的压缩性,有效应力增加,会使煤体发生弹性形变,并反映在煤储层压裂裂缝体积的变化上,导致压裂裂缝宽度减小,甚至闭合,渗透率迅速下降。有效应力作用下煤体的弹性形变程度同样由压裂裂缝的压缩系数表示,压裂裂缝压缩系数的微分形式为:

$$C_F = \frac{1}{\phi_F}\frac{d\phi_F}{dP_F} \tag{3-8}$$

式中,$C_F$ 为压裂裂缝的压缩系数,$[10^{-1}\ \text{MPa}]^{-1}$;$\phi_F$ 为压裂裂缝的孔隙率,小数;$P_F$ 为当前煤储层压裂裂缝系统压力,$10^{-1}$ MPa。

将式(3-8)在$[P_{F0},P_F]$、$[C_{F0},C_F]$上进行积分,取 $C_F$ 为常数,则积分得:

$$\phi_F = \phi_{F0}e^{C_F(P_F-P_{F0})} \tag{3-9}$$

式中,$\phi_{F0}$ 为压力为 $P_{F0}$ 时的压裂裂缝孔隙率,小数;$P_{F0}$ 为压裂裂缝系统初始压力,$10^{-1}$ MPa。

式(3-9)即描述了煤储层压裂裂缝在符合弹性状态变化范围内孔隙率随压力的变化规律。煤储层压裂裂缝的压缩系数一般受煤岩类型、压裂砂充填的影响,其压缩系数一般也较小,因此,同样可将式(3-9)进行泰勒展开,并忽略压力和压裂裂缝压缩系数的平方项及其以上的项目,仅保留前两项,得:

$$\phi_F = \phi_{F0} + C_F(P_F - P_{F0}) \tag{3-10}$$

### (二) 排采过程中压裂裂缝渗透率的变化

煤层气井生产过程中,有效应力通过影响压裂裂缝的孔隙率,进而影响压裂裂缝的渗透率。由于煤基质收缩效应对煤储层压裂裂缝的影响微弱,整个排采阶段压裂裂缝渗透率的变化仅受有效应的作用。产水阶段,随着煤层水的逐渐排出,压裂裂缝中水相压力迅速降低,有效应力随之增加,在有效应力作用下,压裂裂缝宽度减小,渗透率降低;产气阶段,同时有煤层水和煤层气的产出,随着两种流体逐渐流向井筒,压裂裂缝中水相压力、气相压力均有所下降,即流体压力仍然不断降低,有效应力增加,压裂裂缝渗透率随之降低。

根据前文的论述,有效应力对压裂裂缝的影响可用公式(3-9)或公式(3-10)所示的压裂裂缝孔隙率的变化表征。而压裂裂缝渗透率的变化同样可由其孔隙率来表征,如式(3-11)所示:

$$K_F = K_{F0}\left(\frac{\phi_F}{\phi_{F0}}\right)^3 \tag{3-11}$$

式中,$K_F$ 为当前压力下压裂裂缝系统的渗透率,$\mu m^2$;$K_{F0}$ 为初始时刻压裂裂缝系统的渗透率,$\mu m^2$;$\phi_F$、$\phi_{F0}$ 如公式(3-9)或公式(3-10)所示。

由式(3-9)、式(3-10)以及式(3-11)可以看出,煤储层压力下降越快、下降幅度越大,煤

储层压裂裂缝的孔隙率越小，煤储层压裂裂缝的渗透率也越小。

（三）排采过程中压裂裂缝渗透率动态变化模型

基于排采过程中压裂裂缝渗透率的影响因素及其变化规律的研究，提出排采过程中压裂裂缝渗透率的动态变化模型。由于整个排采阶段，煤储层压裂裂缝均仅受有效应力的影响，因此煤储层压裂裂缝渗透率的动态变化模型为渗透率的持续下降型动态变化模型。假设煤基质、煤储层裂隙系统与煤储层压裂裂缝系统的压力瞬间达到平衡，则排采过程中压裂裂缝的持续下降型动态变化模型主要表现为以下两个方面：

① 排采过程中，压裂裂缝渗透率的动态变化过程仅有一个阶段：渗透率下降阶段（$P_{F0}$至$F_{Fcd/最小值}$阶段）。整个阶段，压裂裂缝渗透率下降幅度较大、下降迅速，仅有有效应力的作用，煤基质收缩效应对压裂裂缝基本无影响；进入生产后期，压裂裂缝渗透率的下降幅度有所减小。表现在图 3-21 上，即随着压裂裂缝中流体压力的降低，压裂裂缝渗透率迅速下降，且下降幅度逐渐减小。

② 整个阶段，有效应力作用占据主导地位，煤层气解吸造成的煤基质收缩效应对压裂裂缝渗透率的影响可以忽略。产水阶段，煤储层压裂裂缝中流体压力的下降主要由液相压力的降低所引起；随着煤层水的大量排出，压裂裂缝中液相流体压力迅速下降，有效应力增加较快，造成压裂裂缝宽度迅速减小甚至闭合，压裂裂缝渗透率下降幅度较大，下降迅速。表现在图 3-21 上，即曲线呈下降趋势，且曲率较大。产气阶段，煤储层压裂裂缝中流体压力的下降由液相压力和气相压力的变化共同引起；随着煤储层流体的进一步排出，压裂裂缝中流体压力进一步降低，有效应力继续增大，造成压裂裂缝渗透率进一步下降；进入产气阶段，煤储层压力的下降幅度逐渐减缓，有效应力的增加幅度相应地减小，因而，压裂裂缝渗透率的下降幅度有所降低。表现在图 3-21 上，即曲线仍为下降趋势，但曲率减小，曲线趋于为平缓。另外，进入生产后期，压裂砂的支撑作用也进一步阻碍了压裂裂缝的闭合或宽度的减小，减缓了煤储层渗透率的下降。

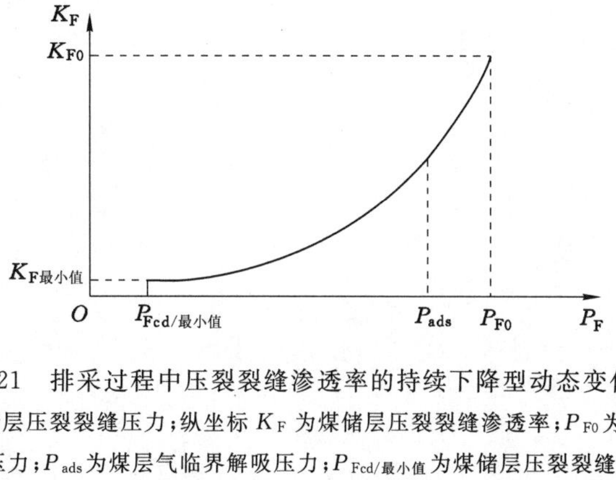


图 3-21　排采过程中压裂裂缝渗透率的持续下降型动态变化模型

图中横坐标 $P_F$ 为煤储层压裂裂缝压力；纵坐标 $K_F$ 为煤储层压裂裂缝渗透率；$P_{F0}$为煤储层压裂裂缝初始压力，一般认为等于煤储层初始压力；$P_{ads}$为煤层气临界解吸压力；$P_{Fcd/最小值}$为煤储层压裂裂缝渗透率达到最小值时的压力或煤储层压裂裂缝的枯竭压力；$K_{F0}$为煤储层压裂裂缝的初始渗透率；$K_{F最小值}$为煤储层压裂裂缝的最小渗透率

综上所述，排采过程中压裂裂缝渗透率的持续下降型动态变化模型中，煤储层压裂裂缝渗透率同样经历了迅速下降—缓慢下降的总体过程。整个排采过程仅有有效应力的作用，不存在煤基质收缩效应的影响。缓慢下降过程出现的原因与煤储层裂隙渗透率的持续下降型动态变化模型有所不同，主要由有效应力增加幅度的减小和压裂砂的支撑作用引起。

与煤储层裂隙系统类似，对于前期排采较为迅速的煤储层，由于产水阶段排水量较大，煤储层压力下降迅速，有效应力增加也较为迅速，其对煤储层压裂裂缝渗透率的影响也较大，可能造成压裂砂嵌入煤基质或煤基质破碎，煤储层压裂裂缝闭合，堵塞煤储层流体的流动通道，造成煤层水、煤层气难以排出。

# 第四章　煤储层与煤层气生产动态过程数学模型

煤层气藏数值模拟技术指根据煤储层的地质特征和煤层气产出机理，建立能描述煤层气运动过程基本物理现象和边界条件、初始条件的数学模型，并离散化成数值模型，最后应用计算机编程求解[58]。其实现过程一般为：地质模型—物理模型—数学模型—数值模型—计算机模型—模型应用研究。第三章所建立的煤层气地质模型是煤层气藏内部结构、外部形态、流体分布特征等的高度凝练和概括，为煤层气藏数学模型的建立和煤层气藏数值模拟的开展提供准确、可靠的依据。本章将在煤层气地质模型基础上，建立煤储层物理模型和煤层气生产动态数学模型。

## 第一节　基于压裂强化改造的典型煤储层物理模型

煤储层物理模型多用于机理的研究，并为数学模拟提供必要的参数，验证数学模拟的结果，提出新的数学模型。煤储层建模前，首先要对煤储层地质模型进行理想化，建立可用数学公式描述的物理模型，煤储层物理模型可对煤储层孔、裂隙系统流动机理做出解释。基于沁水盆地南部高阶煤储层典型煤层气开发地质—工程模型，对高阶煤储层孔隙、天然裂隙、压裂裂缝特征及流体流动形态进行适当理想化，建立煤储层物理模型。物理模型包括储层模型与渗流模型，分别描述了流体流动的主要介质形态特征，即生产煤储层孔裂隙系统和介质形态中煤储层流体的流动特征[59]，即煤层气的产出过程，是建立煤储层与煤层气生产动态过程数学模型的基础。

### 一、Warren-Root 模型

目前，煤储层建模主要采用 Warren-Root 模型。该模型是将双重介质（煤基质、天然裂隙）简化为由相互正交的宏观裂隙分割而成的长方体所构成的理想化系统[60,61]（图 4-1）。其中，宏观裂隙的方向与主渗透率方向一致，并假设宏观裂隙的宽度为常数[60,61]。宏观裂隙网络可以是均匀分布的，也可以是非均匀分布的，采用非均匀分布的宏观裂隙网络可用于研究宏观裂隙网络的各向异性，或在某一方向上的变化情况[35,62]。基质块是煤层气的主要储集场所，煤层气以吸附态赋存于基质内的微、小孔隙中，宏观裂隙一方面是煤层水的主要储集场所，另一方面是煤层水和煤层气的主要渗流通道[9]。只有宏观裂隙向井筒中提供流体，而基质不向井筒提供流体，基质只向宏观裂隙提供煤层气[35,62]（图 4-2）。

Warren-Root 模型考虑了双重介质形态：煤基质（孔隙、微观裂隙）和宏观裂隙；甲烷气体的两级流动过程：基质系统（孔隙、微观裂隙）—宏观裂隙—井筒；水相的单级流动过程：宏观裂隙—井筒；考虑了气体的解吸、扩散与渗流，煤层水的渗流。一般在建立数学模型的过程中，认为解吸出的甲烷气体以 Fick 型扩散的方式运移至宏观裂隙，再由宏观裂隙运移至井筒，气体在宏观裂隙中同样为 Fick 型扩散，遵循 Fick 第一扩散定律；气相与水相均以层流流动的方式由宏观裂隙流向井筒，渗流符合达西渗流定律。Fick 型扩散与达西渗流定律分别由公式（4-1）和公式（4-2）表示[30,63]：

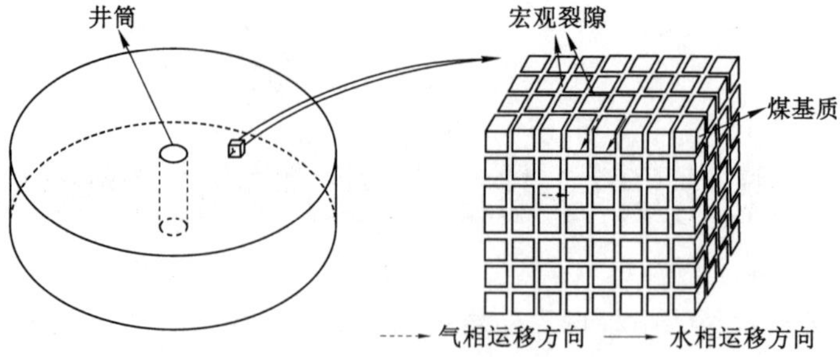


图 4-1 Warren-Root 模型下的煤储层结构

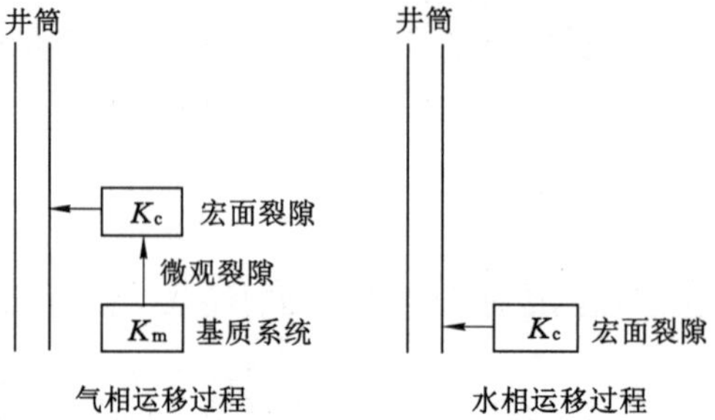


图 4-2 Warren-Root 模型下流体的运移过程

$$J = -D_f \frac{\partial C}{\partial x} \tag{4-1}$$

式中，$J$ 为扩散速度；$D_f$ 为 Fick 扩散系数；$\partial C/\partial x$ 为沿扩散方向的浓度梯度；$C$ 为甲烷气体的浓度。

$$v = -\frac{K}{\mu}\text{grad } P \tag{4-2}$$

式中，$v$ 为流体的渗流速度；$K$ 为介质的渗透率；$\mu$ 为流体黏度；grad $P$ 为渗流压力梯度。

在煤储层三元孔、裂隙系统下，不考虑基质内部甲烷气体的扩散作用时，Warren-Root 模型能够很好地描述未进行压裂改造的高阶煤储层基本特征。但是，对于发育压裂裂缝的高阶煤储层，首先，压裂裂缝成为流体流向井筒的主要介质形态，气、水主要通过宏观裂隙流向压裂裂缝，再由压裂裂缝流向井筒；再者，压裂裂缝的发育使得流体的流动级别发生改变，流体的流动模式中多出了一种介质形态（压裂裂缝）和一级流动过程（天然裂隙—压裂裂缝）。因此，Warren-Root 模型不能很好地解释发育压裂裂缝的高阶煤储层渗流机理。

**二、改进的 Warren-Root 模型**

为满足强化改造的高阶煤储层建模技术的需要，在沁水盆地南部高阶煤储层原位地质模型、强化改造的煤储层地质模型基础上，对 Warren-Root 模型进行改进，建立适用于沁水盆地南部高阶煤储层及其开发工程条件的物理模型。

（一）储层模型

考虑压裂主裂缝的情况下，煤储层可简化为由双翼、垂直、对称于井眼的压裂裂缝所分割，并进一步由相互正交的宏观裂隙分割而成的长方体所构成的理想化系统（图 4-3）。其中，压裂裂缝对称于井筒并指向井筒，方向与主渗透率方向一致，假设压裂裂缝宽度为常数；

宏观裂隙的方向也与主渗透率方向一致，并假设宏观裂隙的宽度为常数，宏观裂隙网络可以是均匀分布的，也可以是非均匀分布的。基质块是煤层气的主要储集场所，煤层气以吸附态赋存于煤基质内的微、小孔隙中；宏观裂隙一方面是煤层水的主要储集场所，另一方面是煤层水和煤层气的主要渗流通道；压裂裂缝是煤层水和煤层甲烷流向井筒的主要通道。

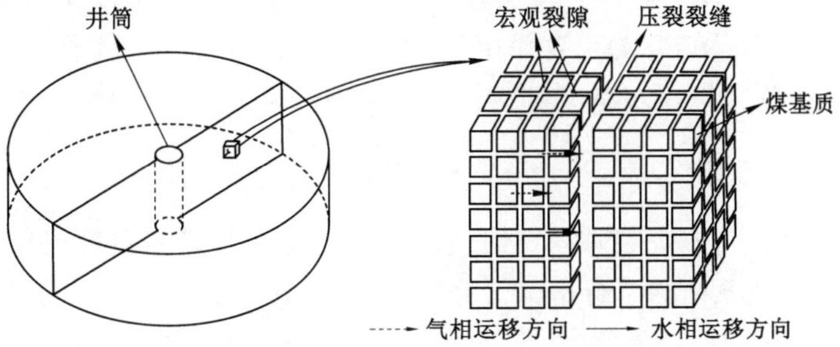


图 4-3　改进后的 Warren-Root 模型下的煤储层结构

（二）流动模型

在改进的储层模型基础上，以沁水盆地南部高阶煤储层原位地质模型、强化改造的煤储层地质模型中生产流体的运移模型为依据，建立相应的流动模型。

不考虑基质内部气体的运移，则发育压裂裂缝的高阶煤储层中甲烷气体流向井筒经历了三重介质形态，即三级流动，对应于储层模型为：基质（孔隙、显微裂隙）—宏观裂隙—压裂裂缝—井筒；煤层水流向井筒主要经历了两重介质形态，为两级流动：宏观裂隙—压裂裂缝—井筒。假定只有压裂裂缝向井筒提供流体，煤基质和宏观裂隙不向井筒提供流体；基质只向宏观裂隙提供煤层甲烷（图 4-4）。

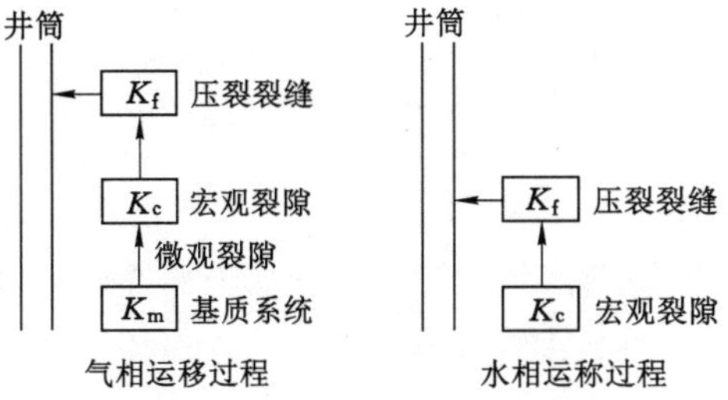


图 4-4　煤储层流体运移过程示意图

根据发育压裂裂缝的高阶煤储层中生产流体的运移模型，煤基质系统内部，微、小孔隙和超显微裂隙中甲烷气体以扩散为主，中孔、大孔和显微裂隙中则以扩散和渗流为主，且研究区 3# 煤层微、小孔隙发育，中孔、大孔相对不发育，超显微裂隙、显微裂隙发育，可以认为煤基质内部甲烷气体以过渡型扩散方式为主，即煤基质微、小孔隙中解吸的甲烷气体以过渡型扩散的方式在煤基质内部运移，过渡型扩散的扩散系数可由公式（4-3）表示[63]：

$$\frac{1}{D_P}=\frac{1}{D_f}+\frac{1}{D_k} \tag{4-3}$$

式中，$D_P$ 为过渡型扩散的扩散系数；$D_k$ 为 Knudsen 型扩散系数，$D_k=1/3\cdot r\sqrt{8RT/(\pi M)}$，$r$ 为孔径或裂隙宽度，$R$ 为通用气体常数，$T$ 为绝对温度，$M$ 为甲烷气体的摩尔质量。

若不考虑煤基质内部甲烷气体的扩散作用，则煤基质中解吸的甲烷气体主要通过显微裂隙扩散、渗流至宏观裂隙。甲烷气体在煤储层显微裂隙中扩散形式一般认为是 Fick 型扩散，符合 Fick 第一扩散定律[公式(4-1)]；渗流方式一般认为是层流流动，遵循达西渗流定律[公式(4-2)]。因此，煤基质与宏观裂隙之间气体的交换方式可以认为是 Fick 型扩散和层流流动，且渗流对气体运移起主要作用，而层流流动又属于稳态流动，所以煤基质与宏观裂隙之间的气体交换为拟稳态窜流，拟稳态窜流可由 Barenblatt 窜流公式表示[35,62]：

$$q = \frac{\alpha K_m}{\mu}(P_m - P_f) \tag{4-4}$$

式中，$q$ 为煤基质系统与宏观裂隙间甲烷气体的窜流量；$\alpha$ 为煤基质系统与宏观裂隙之间的形状因子；$K_m$ 为基质系统的渗透率；$P_m$ 为基质系统的压力；$P_f$ 为宏观裂隙的压力。

气体在宏观裂隙中以渗流为主、扩散为辅的方式流向压裂裂缝，在压裂裂缝中同样以渗流为主、扩散为辅的方式流向井筒(图 4-4)。大多数情况下，渗流是服从达西渗流定律的，特别是在两相流的条件下，由于流体流速较低，黏滞力占据主导地位，惯性力很小，甚至可以忽略，为线性流动，符合达西定律(图 4-5)。因此，甲烷气体流向井筒的过程，扩散作用符合 Fick 第一扩散定律，由公式(4-1)表达；渗流过程则遵循达西渗流定律，由公式(4-2)表达。

煤储层孔隙、显微裂隙中的煤层水含量非常少，将之忽略，则煤层水主要赋存于煤储层宏观裂隙中，由宏观裂隙流向压裂裂缝，再由压裂裂缝流向井筒，煤层水在宏观裂隙和压裂裂缝中的流动均为层流流动，符合达西渗流定律，可由公式(4-2)表示(图 4-5)。

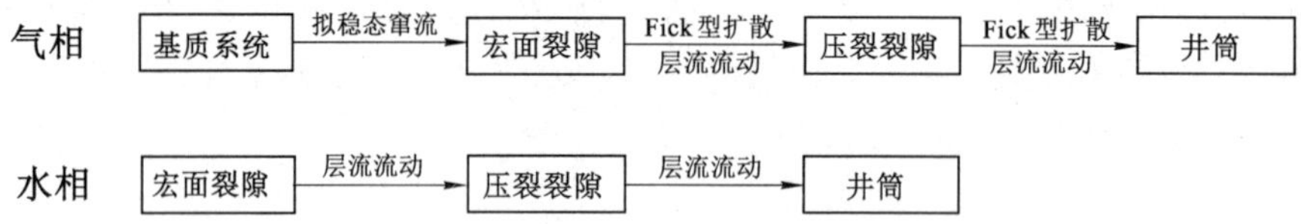


图 4-5　煤储层流动模型示意图

根据以上分析，建立如下的流动模型：

① 煤基质中解吸出的甲烷气体经过了三重介质流向井筒：基质系统与宏观裂隙以拟稳态窜流的方式进行甲烷气体交换，拟稳态窜流符合 Barenblatt 窜流公式；甲烷气体在宏观裂隙内部以 Fick 型扩散和层流流动的方式运移，并流向压裂裂缝，Fick 型扩散遵循 Fick 第一扩散定律，层流流动遵循达西渗流定律；压裂裂缝中，甲烷以 Fick 型扩散及层流流动的方式运移至井筒，同样由 Fick 第一扩散定律及达西渗流定律描述(图 4-5)。

② 宏观裂隙中赋存的煤层水经过了两重介质流向井筒，在宏观裂隙中以层流流动的方式运移，并流向压裂裂缝，再由压裂裂缝中的层流流动运移至井筒，流动过程均符合达西渗流定律(图 4-5)。

综上所述，在 Warren-Root 模型的基础上，考虑沁水盆地南部煤储层发育特征和开发实际，将压裂裂缝作为一种单独的介质形态加以研究。压裂裂缝的加入，很好地解释了气体由宏观裂隙流向压裂裂缝后渗流方式的转变，同时解释了水力压裂前后，煤层气井产水量、产气量之间的巨大差异。所以改进的 Warren-Root 模型更适用于发育压裂裂缝的高阶煤储层。根据改进的 Warren-Root 模型，可建立基于压裂改造的高阶煤储层数学模型，用于沁水盆地高阶煤储层模拟研究。

# 第二节　地质与工程参数的选择

煤储层与煤层气生产动态过程数学模型是建立在典型煤层气开发地质—工程模型和基于强化改造的典型煤储层物理模型基础上的，是煤层气直井产能地质与工程协同控制机理的数学阐述。煤储层与煤层气生产动态过程数学模型用数学方程的形式描述理想化的生产煤储层孔裂隙系统和煤层气产出过程，因此，建立数学模型前，需根据煤层气直井产能地质与工程协同控制机理，筛选数学模型建立过程中所需的主要地质与工程参数，并对参数进行归类，从而提高数学模型的科学性。

考虑煤层气直井产能的主要地质与工程控制因素以及地质与工程协同控制机理，结合各因素对煤层气直井产能的控制作用，将数学模型建立所需的主要地质与工程参数分为三类。

## 一、基础地质参数

基础地质参数指直接参与基本微分方程建立的参数，以地质参数为主，并包含工程因素所影响的储层物性参数，是描述富气煤岩体和生产煤储层孔裂隙系统的基础参数。

考虑富气煤岩体和生产煤储层孔裂隙系统，基础地质参数主要包括：煤储层渗透率、煤储层压力（包括原始储层压力）、临界解吸压力、煤储层含气量、煤储层孔隙率、煤储层埋深、煤厚、表皮系数、压裂裂缝长度和宽度、压裂裂缝渗透率等。基础地质参数或是研究区煤层气直井产能重要的地质影响因素，或是间接地对研究区煤层气直井产能产生影响，同时在基本微分方程中有明确而具体的体现，是数学模型建立过程中不可或缺的基础参数。

考虑富气煤岩体和生产煤储层孔裂隙系统与煤层气产出过程的作用关系，基础地质参数又可细分为两类：煤层气井排采过程中固定不变的基础地质参数和排采过程中动态变化的基础地质参数。

排采过程中固定不变的基础地质参数主要有煤层埋深、煤厚、表皮系数、临界解吸压力、原始储层压力等。这类参数不随煤储层压力、有效应力等的变化而改变。其中，煤储层埋深、煤厚、原始储层压力、临界解吸压力是描述富气煤岩体的基本地质特征，而表皮系数则是钻井、固井等工程实施对煤储层污染的量化表征，是描述生产煤储层孔裂隙系统的重要参数。

排采过程中动态变化的基础地质参数主要包含煤储层渗透率、孔隙率、含气量、压裂裂缝渗透率和压裂裂缝孔隙率等。这类参数在煤层气井排采过程中受排采制度等的影响，随煤储层压力、有效应力、煤层气解吸等的变化而变化。建立数学模型过程中不仅要考虑这些参数的应用，同时要考虑这些参数的动态变化情况，以保证数学模型的准确性。其中，煤储层含气量是富气煤岩体的基本特征参数，而煤储层渗透率、孔隙率不仅是富气煤岩体的基本特征参数，同时与压裂裂缝渗透率、孔隙率一起作为天然孔裂隙系统的基本特征参数。

## 二、边界参数

边界参数是确定数学模型边界条件所需的参数。边界条件是煤储层与生产动态过程数学模型的重要组成部分，包括内边界条件和外边界条件。内边界条件由排采制度所确定，外边界条件由构造特征和水文地质条件等地质条件所限定。

内边界条件主要有两种：定井底流压内边界条件和定产量内边界条件。两种内边界条件的选择由排采制度所确定，根据排采制度下井底流压和日产水量的动态变化情况进行选择。

外边界条件主要包含定压边界和定流量边界(封闭边界),不同的地质构造特征和水文地质特征所确定的外边界条件类型不同。外边界条件对应于地质与工程协同控制机理中的开发地质类型,需根据煤层气井所在煤储层的实际构造特征和水文地质特征确定。例如,供给型难解吸储层和补给型难解吸储层对应于定压外边界条件;半封闭型难解吸储层和半封闭型易解吸储层对应于定流量外边界(非封闭外边界)条件;而封闭型难解吸储层和封闭型易解吸储层则对应于封闭外边界条件。

**三、网格参数**

网格参数是模型求解时网格划分所必需的参数。井网排采条件下,网格的确定一般由井网布置决定,因为井网布置一定程度上决定了煤层气井的井控面积。但是,对于高阶煤储层,渗透率较低,煤层气井的实际井控面积为压裂主裂缝所延伸的范围,因此,网格的确定要综合考虑井网布置和压裂主裂缝的延伸情况。另外,处于特殊地质构造附近的煤层气井还需考虑地质构造的影响,例如断层附近的煤层气井,实际泄流半径仅能延伸至断层处。

## 第三节　数学模型的建立

在改进的 Warren-Root 物理模型基础上,建立煤储层流体的渗流数学模型。渗流数学模型描述了煤储层流体在不同介质中的流动状态和流动过程,并考虑排采过程中煤储层渗透率的动态变化过程。在建立数学模型前,首先作如下假设:

① 煤储层为基质、宏观裂隙和压裂裂缝组成的三重介质。

② 压裂裂缝为双翼垂直裂缝,对称于井眼,且裂缝宽度不随距井筒的距离而变化。

③ 基质中不含水,宏观裂隙与压裂裂缝中水饱和。

④ 考虑单渗的情况,即宏观裂隙不向井筒提供流体,煤层水和游离态的煤层气由宏观裂隙流向压裂裂缝,经压裂裂缝流向井筒。

⑤ 煤储层微可压缩,水为微可压缩流体。

⑥ 煤层气的解吸、扩散、窜流、渗流等均为等温过程。

⑦ 不考虑煤层气在煤基质内部的流动,煤层水和煤层气在宏观裂隙和压裂裂缝中的流动分别为连续流动。

三重介质实质上是由三个连续介质系统组成的,三个介质系统不是孤立的,而是相互交织在一起的,且两个连续介质系统间存在着流体交换,这两种介质组成了一个复杂的连续介质系统。在假设条件下,煤基质系统与宏观裂隙系统为两个连续介质,之间存在着气体交换,甲烷气体由煤基质系统运移至宏观裂隙系统;宏观裂隙系统与压裂裂缝系统为两个连续介质,之间存在着流体交换,即甲烷气体和煤层水由宏观裂隙系统运移至压裂裂缝系统(图 4-6)。不考虑煤基质内部的流体运移,则一个物理点上对应着两组参数,一组描述宏观裂隙的性质和流动,另一组描述压裂裂缝的性质和流动。

建立三重介质煤层气藏数学模型时,不考虑气体在煤基质内部的流动;仅考虑煤层气和煤层水在宏观裂隙和压裂裂缝中流动,两种介质分别满足各自的运动方程、状态方程和连续性方程;且煤基质作为煤层气的储集场所,向宏观裂隙提供游离态的气体,煤基质与宏观裂隙这两种连续介质之间的流体交换通过连续性方程中的一个源和汇函数来表示,而宏观裂隙与压裂裂缝这两种连续性介质之间的流体交换则通过质量守恒定律表示,即宏观裂隙系统流向压裂裂缝面的流量与经过压裂裂缝面流向压裂裂缝的流量相等。

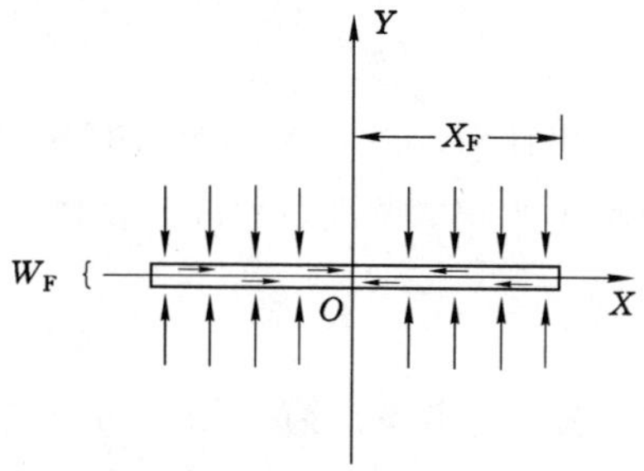


图 4-6　发育压裂裂缝的煤储层中流体流动的平面示意图

根据物理模型及假设条件，可建立基于压裂裂缝的煤层气藏数学模型。数学模型主要由偏微分方程（基本渗流微分方程）、辅助方程和初、边界条件组成。

## 一、宏观裂隙系统基本微分方程

### （一）运动方程

宏观裂隙的渗透率较低，根据物理模型及假设条件，宏观裂隙不向井筒提供流体，流体由宏观裂隙流向压裂裂缝。煤层水在宏观裂隙中为层流流动，符合达西定律，同时流体在宏观裂隙中的渗流运动受到启动压力梯度、重力和黏滞力等外力的影响，而运动方程正是描述这些因素与流体质点的加速度、速度之间的关系。由于目前对于启动压力梯度的存在与否尚存在争议，在此不考虑启动压力梯度的影响[64,65]。根据达西定律，考虑重力影响的水相的运动方程为：

$$v_{fw}=-\frac{K_f K_{frw}}{\mu_{fw}}\nabla(P_{fw}-\varepsilon\rho_{fw}gH) \tag{4-5}$$

式中，$v_{fw}$为宏观裂隙系统中水相的渗流速度，cm/s；$K_f$ 为宏观裂隙的绝对渗透率，$\mu m^2$；$K_{frw}$为宏观裂隙系统中水相的相对渗透率，小数；$\mu_{fw}$为宏观裂隙系统中水相的黏度，mPa・s；$\nabla$为哈密尔顿（Hamilton）算子；$\varepsilon$ 为单位转换系数，$10^{-5}$；$P_{fw}$为宏观裂隙系统中水相压力，$10^{-1}$ MPa；$\rho_{fw}$为宏观裂隙系统中水相的密度，$kg/m^3$；$g$ 为重力加速度，9.8 $m/s^2$；$H$ 为至某一基准面的高度，m。

气体在煤储层宏观裂隙中的运动可以分为宏观渗流和气体扩散两部分。宏观渗流符合达西定律，气体扩散服从 Fick 第一定律。因此，考虑重力影响的气相运动方程为：

$$v_{fg}=-\left[\frac{K_f K_{frg}}{\mu_{fg}}\nabla(P_{fg}-\varepsilon\rho_{fg}gH)+D_f\nabla C_f\right] \tag{4-6}$$

式中，$v_{fg}$为宏观裂隙系统中气相渗流速度，cm/s；$K_{frg}$为宏观裂隙系统中气相的相对渗透率，小数；$\mu_{fg}$为宏观裂隙系统中气相的黏度，mPa・s；$P_{fg}$为宏观裂隙系统中气相的压力，$10^{-1}$ MPa；$\rho_{fg}$为宏观裂隙系统中气相的密度，$kg/cm^3$；$D_f$ 为宏观裂隙系统中气体的扩散系数，$cm^2/s$；$C_f$ 为宏观裂隙系统中气体的浓度，$cm^3/cm^3$，$C_f=S_{fg}\rho_{fg}$，其中 $S_{fg}$为宏观裂隙系统中气相的饱和度，小数。

### （二）状态方程

水相的状态方程为：

$$\rho_{fw}=\frac{\rho_{wsc}}{B_{fw}} \tag{4-7}$$

气相的状态方程为：

$$\rho_{\mathrm{fg}}=\frac{\rho_{\mathrm{gsc}}}{B_{\mathrm{fg}}} \tag{4-8}$$

式中，$B_{\mathrm{fw}}$为宏观裂隙中水相的体积系数，$\mathrm{m^3/m^3}$；$B_{\mathrm{fg}}$为宏观裂隙中气相的体积系数，$\mathrm{m^3/m^3}$；$\rho_{\mathrm{wsc}}$为标准状况(0 ℃，0.101 MPa)下水相的密度，$\mathrm{kg/m^3}$；$\rho_{\mathrm{gsc}}$为标准状况下气相的密度，$\mathrm{kg/m^3}$。

（三）连续性方程

1. 水相连续性方程

在煤储层宏观裂隙系统中，选任意微小六面体(图4-7)，长、宽、高分别为$\mathrm{d}x$、$\mathrm{d}y$、$\mathrm{d}z$，中心点$M$坐标为$(x,y,z)$，六面体各侧面分别与$X$、$Y$、$Z$轴平行。在裂隙系统中，流体由$abcd$面流入，$a'b'c'd'$流出，$aa'd'd$流入，$bb'c'c$流出，$abb'a'$流入，$dcc'd'$流出。单元体中心点$M$的质量流速为$\rho v$，$\rho(x,y,z,t)$为流体密度，$v(x,y,z,t)$为渗流流速。

$M$点水相的质量速度在$X$方向的分量为：

$$\rho_{\mathrm{fw}}v_{\mathrm{fwx}}$$

式中，$v_{\mathrm{fwx}}$为水相在$X$方向的渗流速度。

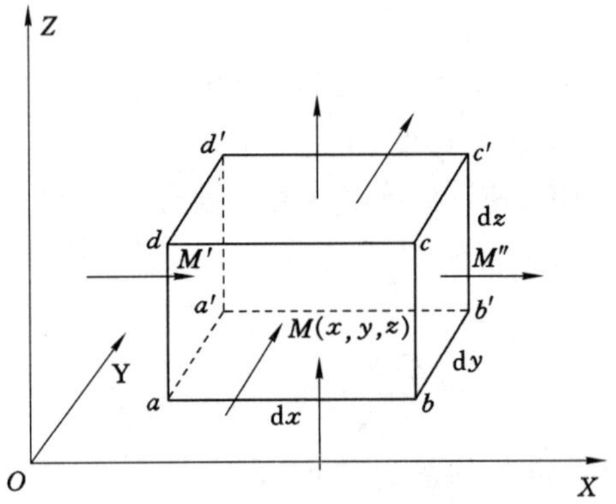


图4-7　宏观裂隙微元体示意图

$M'$点水相的质量速度在$X$方向的分量为：

$$\rho_{\mathrm{fw}}v_{\mathrm{fwx}}-\frac{\partial}{\partial x}(\rho_{\mathrm{fw}}v_{\mathrm{fwx}})\frac{\mathrm{d}x}{2}$$

$M''$点水相的质量速度在$X$方向的分量为：

$$\rho_{\mathrm{fw}}v_{\mathrm{fwx}}+\frac{\partial}{\partial x}(\rho_{\mathrm{fw}}v_{\mathrm{fwx}})\frac{\mathrm{d}x}{2}$$

六面体无限小，$M'$与$M''$点的速度可分别代表通过$aa'd'd$与$bb'c'c$面的平均速度，则沿$X$方向$\mathrm{d}t$时间内通过$aa'd'd$面的水相质量为：

$$\left[\rho_{\mathrm{fw}}v_{\mathrm{fwx}}-\frac{\partial}{\partial x}(\rho_{\mathrm{fw}}v_{\mathrm{fwx}})\frac{\mathrm{d}x}{2}\right]\mathrm{d}y\,\mathrm{d}z\,\mathrm{d}t$$

沿$X$方向$\mathrm{d}t$时间内通过$bb'c'c$面的水相质量为：

$$\left[\rho_{\mathrm{fw}}v_{\mathrm{fwx}}+\frac{\partial}{\partial x}(\rho_{\mathrm{fw}}v_{\mathrm{fwx}})\frac{\mathrm{d}x}{2}\right]\mathrm{d}y\,\mathrm{d}z\,\mathrm{d}t$$

则沿$X$方向$\mathrm{d}t$时间内流入、流出六面体的水相质量差为：

$$-\frac{\partial}{\partial x}(\rho_{\mathrm{fw}}v_{\mathrm{fwx}})\mathrm{d}x\,\mathrm{d}y\,\mathrm{d}z\,\mathrm{d}t$$

同理，沿 $Y$、$Z$ 方向 $\mathrm{d}t$ 时间内流入、流出六面体的水相质量差为：

$$-\frac{\partial}{\partial y}(\rho_{\mathrm{fw}}v_{\mathrm{fwy}})\mathrm{d}x\mathrm{d}y\mathrm{d}z\mathrm{d}t$$

$$-\frac{\partial}{\partial z}(\rho_{\mathrm{fw}}v_{\mathrm{fwz}})\mathrm{d}x\mathrm{d}y\mathrm{d}z\mathrm{d}t$$

则在 $\mathrm{d}t$ 时间内流入与流出六面体的水相的总质量差为：

$$-\left[\frac{\partial(\rho_{\mathrm{fw}}v_{\mathrm{fwx}})}{\partial x}+\frac{\partial(\rho_{\mathrm{fw}}v_{\mathrm{fwy}})}{\partial y}+\frac{\partial(\rho_{\mathrm{fw}}v_{\mathrm{fwz}})}{\partial z}\right]\mathrm{d}x\mathrm{d}y\mathrm{d}z\mathrm{d}t \tag{4-9}$$

另外，$\mathrm{d}t$ 时间内，六面体中，水相的质量变化即为单元体内水相饱和度的改变引起的质量变化，则水相的质量变化又可表示为：

$$\frac{\partial}{\partial t}(\rho_{\mathrm{fw}}\phi_{\mathrm{f}}S_{\mathrm{fw}})\mathrm{d}x\mathrm{d}y\mathrm{d}z\mathrm{d}t \tag{4-10}$$

式中，$S_{\mathrm{fw}}(x,y,z,t)$ 为宏观裂隙系统中水相饱和度，小数；$\phi_{\mathrm{f}}$ 为宏观裂隙系统孔隙率，小数，若不考虑煤基质弹性，则 $\phi_{\mathrm{f}}$ 为常数。

根据质量守恒定律，式(4-9)等于式(4-10)，从而得到水相的连续性方程：

$$-\left[\frac{\partial(\rho_{\mathrm{fw}}v_{\mathrm{fwx}})}{\partial x}+\frac{\partial(\rho_{\mathrm{fw}}v_{\mathrm{fwy}})}{\partial y}+\frac{\partial(\rho_{\mathrm{fw}}v_{\mathrm{fwz}})}{\partial z}\right]=\frac{\partial}{\partial t}(\rho_{\mathrm{fw}}\phi_{\mathrm{f}}S_{\mathrm{fw}}) \tag{4-11}$$

简写为：

$$-div(\rho_{\mathrm{fw}}v_{\mathrm{fw}})=\frac{\partial}{\partial t}(\rho_{\mathrm{fw}}\phi_{\mathrm{f}}S_{\mathrm{fw}}) \tag{4-12}$$

2. 气相连续性方程

与水相相似，$M$ 点气相的质量速度在 $X$ 方向的分量为：

$$\rho_{\mathrm{fg}}v_{\mathrm{fgx}}$$

式中，$v_{\mathrm{fgx}}$ 为气相在 $X$ 方向的渗流速度。

则，$\mathrm{d}t$ 时间内沿 $X$ 方向流入与流出六面体的气体质量差为：

$$-\frac{\partial}{\partial x}(\rho_{\mathrm{fg}}v_{\mathrm{fgx}})\mathrm{d}x\mathrm{d}y\mathrm{d}z\mathrm{d}t$$

$\mathrm{d}t$ 时间内沿 $Y$ 方向流入与流出六面体的气体质量差为：

$$-\frac{\partial}{\partial y}(\rho_{\mathrm{fg}}v_{\mathrm{fgy}})\mathrm{d}x\mathrm{d}y\mathrm{d}z\mathrm{d}t$$

$\mathrm{d}t$ 时间内沿 $Z$ 方向流入与流出六面体的气体质量差为：

$$-\frac{\partial}{\partial z}(\rho_{\mathrm{fg}}v_{\mathrm{fgz}})\mathrm{d}x\mathrm{d}y\mathrm{d}z\mathrm{d}t$$

煤储层压力低于煤层气的临界解吸压力后，煤基质中有气体解吸出来，气体通过微观裂隙由煤基质向煤储层宏观裂隙系统扩散，基质中气体的扩散过程可视为拟稳态扩散，并服从 Fick 第一定律。由于煤基质与宏观裂隙系统之间存在压差，两种介质之间同样存在气体的窜流，窜流符合拟稳态窜流。即基质中解吸出的甲烷气体，以扩散和拟稳态窜流的形式运移至宏观裂隙系统。

因此，设煤基质中吸附气与宏观裂隙系统中游离气的交换量为 $q_{\mathrm{mg}}$，则：

$$q_{\mathrm{mg}}=-F_{\mathrm{G}}\frac{\mathrm{d}C_{\mathrm{m}}(t)}{\mathrm{d}t} \tag{4-13}$$

$$\frac{\mathrm{d}C_{\mathrm{m}}(t)}{\mathrm{d}t}=D_{\mathrm{m}}F_{\mathrm{s}}[V_{\mathrm{E}}(P_{\mathrm{fg}})-C_{\mathrm{m}}(t)]-\frac{\alpha_{\mathrm{m}}\rho_{\mathrm{g0}}K_{\mathrm{m}}}{\mu_{\mathrm{mg}}}(P_{\mathrm{mg}}-P_{\mathrm{fg}})$$

$$=\frac{1}{\tau}[V_{\mathrm{E}}(P_{\mathrm{fg}})-C_{\mathrm{m}}(t)]-\frac{\alpha_{\mathrm{m}}\rho_{\mathrm{g0}}K_{\mathrm{m}}}{\mu_{\mathrm{mg}}}(P_{\mathrm{mg}}-P_{\mathrm{fg}}) \tag{4-14}$$

$$V_{\mathrm{E}}(P_{\mathrm{fg}})=\begin{cases}V_{\mathrm{L}}\dfrac{P_{\mathrm{fg}}}{P_{\mathrm{L}}+P_{\mathrm{fg}}} & (P_{\mathrm{fg}}<P_{\mathrm{ads}})\\ V_{\mathrm{E}}(P_{\mathrm{ads}}) & (P_{\mathrm{fg}}\geqslant P_{\mathrm{ads}})\end{cases} \tag{4-15}$$

式中，$q_{\mathrm{mg}}$为煤基质中吸附气与宏观裂隙系统中游离气的交换量，g/(cm$^3$ · s)；$F_{\mathrm{G}}$ 为几何因子，其参数见表 4-1；$C_{\mathrm{m}}(t)$为基质中气体的浓度，cm$^3$/g；$D_{\mathrm{m}}$ 为煤层气在煤基质中的扩散系数，对于沁水盆地南部高阶煤储层，扩散系数为过渡型扩散的扩散系数，可通过实验以及计算获得；$F_{\mathrm{s}}$ 为形状因子，cm$^{-2}$，其参数见表 4-1；$\alpha_{\mathrm{m}}$ 为基质与宏观裂隙系统之间的形状因子，cm$^{-2}$，其参数见表 4-2；$\rho_{\mathrm{g0}}$为煤储层中气相的初始密度，g/cm$^3$；$K_{\mathrm{m}}$ 为基质的绝对渗透率，μm$^2$；$\mu_{\mathrm{mg}}$为基质中气体黏度，mPa · s；$P_{\mathrm{mg}}$为煤基质中气相压力，MPa；$\tau$ 为解吸时间常数，s；$V_{\mathrm{E}}$ 为与裂缝中气体压力相平衡的浓度，cm$^3$/g；$V_{\mathrm{L}}$ 为 Langmuir 体积，cm$^3$/g；$P_{\mathrm{L}}$ 为 Langmuir 压力，$10^{-1}$ MPa；$P_{\mathrm{ads}}$为临界解吸压力，$10^{-1}$ MPa。

**表 4-1　几何因子、形状因子参数[35,62,66]**

| 基质块形状 | 特征长度 | 几何因子 | 形状因子 |
|---|---|---|---|
| 层状 | 微孔隙半厚 $h_{\mathrm{p}}$ | 2 | $\frac{2.467\ 4}{h_{\mathrm{p}}^2}=\left(\frac{\pi}{2h_{\mathrm{p}}}\right)^2$ |
| 正方体 | 微孔隙半径 $r_{\mathrm{p}}$ | 4 | $\frac{5.783\ 2}{r_{\mathrm{p}}^2}=\left(\frac{2.408\ 2}{r_{\mathrm{p}}}\right)^2$ |
| 球形 | 微孔隙半径 $r_{\mathrm{p}}$ | 6 | $\frac{9.869\ 6}{r_{\mathrm{p}}^2}=\left(\frac{\pi}{r_{\mathrm{p}}}\right)^2$ |

根据高阶煤储层气体的流动模型及物理模型可知，煤基质中气体的扩散可以看作过渡型扩散[式(4-3)]。

定义 $\alpha_{\mathrm{m}}=4n_{\mathrm{m}}(n_{\mathrm{m}}+2)/l_{\mathrm{m}}^2$，其中 $n_{\mathrm{m}}$ 为宏观裂隙面维数；$l_{\mathrm{m}}$ 为基质岩块的特征长度，m；形状因子的计算参数见表 4-2。

**表 4-2　基质岩块的窜流形状因子[67,68]**

| 基质岩块形状 | 宏观裂隙面维数 | 特征长度 | 形状因子 |
|---|---|---|---|
| 层状 | 1 | 基质岩块厚度 $h_{\mathrm{m}}$ | $\frac{2}{h_{\mathrm{m}}^2}$ |
| 正方形 | 3 | 基质岩块边长 $a_{\mathrm{m}}$ | $\frac{12}{a_{\mathrm{m}}^2}$ |
| 圆形 | 3 | 基质岩块直径 $R_{\mathrm{m}}$ | $\frac{12}{R_{\mathrm{m}}^2}$ |

则在 d$t$ 时间内流入与流出六面体的气相的总质量差为：

$$-\left[\frac{\partial(\rho_{g}v_{gx})}{\partial x}+\frac{\partial(\rho_{g}v_{gy})}{\partial y}+\frac{\partial(\rho_{g}v_{gz})}{\partial z}\right]\mathrm{d}x\,\mathrm{d}y\,\mathrm{d}z\,\mathrm{d}t+q_{mg} \tag{4-16}$$

与水相相似，根据质量守恒定律，气相的连续性方程为：

$$-\left[\frac{\partial(\rho_{fg}v_{fgx})}{\partial x}+\frac{\partial(\rho_{fg}v_{fgy})}{\partial y}+\frac{\partial(\rho_{fg}v_{fgz})}{\partial z}\right]+q_{mg}=\frac{\partial}{\partial t}(\rho_{fg}\phi_{f}S_{fg}) \tag{4-17}$$

简写为：

$$-\operatorname{div}(\rho_{fg}v_{fg})+q_{mg}=\frac{\partial}{\partial t}(\rho_{fg}\phi_{f}S_{fg}) \tag{4-18}$$

（四）物态方程

宏观裂隙系统中气、水两相的饱和度满足下面的公式：

$$S_{fg}+S_{fw}=1 \tag{4-19}$$

由于考虑毛管力的作用，所以宏观裂隙系统中的气相压力、水相压力满足下列关系式：

$$P_{fc}(S_{fg})=P_{fg}-P_{fw} \tag{4-20}$$

式中，$P_{fc}$为宏观裂隙系统的毛管力函数，通过实验获得，为已知函数。

（五）基本微分方程

将运动方程和状态方程代入连续性方程中即可得到基本微分方程。

(1) 水相基本微分方程

将式(4-5)、式(4-7)代入式(4-12)，得：

$$-\operatorname{div}\left[-\frac{\rho_{wsc}}{B_{fw}}\cdot\frac{K_{f}K_{frw}}{\mu_{fw}}\nabla(P_{fw}-\varepsilon\rho_{fw}gH)\right]=\frac{\partial}{\partial t}\left(\frac{\rho_{wsc}}{B_{fw}}\phi_{f}S_{fw}\right)$$

化简，可得水相的微分方程：

$$\nabla\left[\frac{K_{f}K_{frw}}{\mu_{fw}B_{fw}}\nabla(P_{fw}-\varepsilon\rho_{fw}gH)\right]=\frac{\partial}{\partial t}\left(\frac{\phi_{f}S_{fw}}{B_{fw}}\right) \tag{4-21}$$

(2) 气相基本微分方程

将式(4-6)、式(4-8)代入式(4-18)，得：

$$-\operatorname{div}\left[-\frac{\rho_{gsc}}{B_{fg}}\cdot\frac{K_{f}K_{frg}}{\mu_{fg}}\nabla(P_{fg}-\varepsilon\rho_{fg}gH)-D_{f}\nabla(\rho_{fg}S_{fg})\right]+q_{mg}=\frac{\partial}{\partial t}\left(\frac{\rho_{gsc}}{B_{fg}}\phi_{f}S_{fg}\right)$$

进一步展开，得：

$$-\operatorname{div}\left[-\frac{\rho_{gsc}}{B_{fg}}\cdot\frac{K_{f}K_{frg}}{\mu_{fg}}\nabla(P_{fg}-\varepsilon\rho_{fg}gH)-D_{f}\nabla\left(\frac{\rho_{gsc}}{B_{fg}}S_{fg}\right)\right]+q_{mg}=\frac{\partial}{\partial t}\left(\frac{\rho_{gsc}}{B_{fg}}\phi_{f}S_{fg}\right)$$

化简，可得气相的微分方程：

$$\nabla\left[\frac{K_{f}K_{frg}}{\mu_{fg}B_{fg}}\nabla(P_{fg}-\varepsilon\rho_{fg}gH)+D_{f}\nabla\left(\frac{\rho_{fg}}{B_{fg}}\right)\right]+q_{mg}=\frac{\partial}{\partial t}\left(\frac{\phi_{f}S_{fg}}{B_{fg}}\right) \tag{4-22}$$

式中，$q_{mgv}$为煤基质表面气体向宏观裂隙中运移的速率，$q_{mgv}=q_{mg}/\rho_{wsc}$。

则宏观裂隙系统中气、水两相的基本微分方程分别为：

$$\nabla\left[\frac{K_{f}K_{frw}}{\mu_{fw}B_{fw}}\nabla(P_{fw}-\varepsilon\rho_{fw}gH)\right]=\frac{\partial}{\partial t}\left(\frac{\phi_{f}S_{fw}}{B_{fw}}\right) \tag{4-23}$$

$$\nabla\left[\frac{K_{f}K_{frg}}{\mu_{fg}B_{fg}}\nabla(P_{fg}-\varepsilon\rho_{fg}gH)+D_{f}\nabla\left(\frac{S_{fg}}{B_{fg}}\right)\right]+q_{mg}=\frac{\partial}{\partial t}\left(\frac{\phi_{f}S_{fg}}{B_{fg}}\right) \tag{4-24}$$

## 二、压裂裂缝系统基本微分方程

### (一) 运动方程

根据达西定律,压裂裂缝中考虑重力的水相运动方程为:

$$v_{\mathrm{Fw}}=-\frac{K_{\mathrm{F}}K_{\mathrm{Frw}}}{\mu_{\mathrm{Fw}}}\nabla(P_{\mathrm{Fw}}-\varepsilon\rho_{\mathrm{Fw}}gH) \tag{4-25}$$

式中,$v_{\mathrm{Fw}}$为压裂裂缝的水相的渗流速度,cm/s;$K_{\mathrm{F}}$ 为压裂裂缝的绝对渗透率,$\mu\mathrm{m}^2$;$K_{\mathrm{Frw}}$为压裂裂缝中水相的相对渗透率,小数;$\mu_{\mathrm{Fw}}$为压裂裂缝中水相的黏度,mPa · s;$P_{\mathrm{Fw}}$为压裂裂缝中水相的压力,$10^{-1}$ MPa;$\rho_{\mathrm{Fw}}$为压裂裂缝中水相的密度,$\mathrm{kg/m^3}$。

气体在压裂裂缝中的运动同样可以分为宏观渗流和气体扩散两部分。宏观渗流符合达西定律,气体扩散服从 Fick 第一定律。因此,压裂裂缝中考虑重力影响的气相运动方程为:

$$v_{\mathrm{Fg}}=-\left[\frac{K_{\mathrm{F}}K_{\mathrm{Frg}}}{\mu_{\mathrm{Fg}}}\nabla(P_{\mathrm{Fg}}-\varepsilon\rho_{\mathrm{Fg}}gH)+D_{\mathrm{F}}\nabla C_{\mathrm{F}}\right] \tag{4-26}$$

式中,$v_{\mathrm{Fg}}$为压裂裂缝中气相的渗流速度,cm/s;$K_{\mathrm{Frg}}$为压裂裂缝中气相的相对渗透率,小数;$\mu_{\mathrm{Fg}}$为压裂裂缝中气相的黏度,mPa · s;$P_{\mathrm{Fg}}$为压裂裂缝中气相的压力,$10^{-1}$ MPa;$\rho_{\mathrm{Fg}}$为压裂裂缝中气相的密度,$\mathrm{kg/m^3}$;$D_{\mathrm{F}}$ 为压裂裂缝中气体的扩散系数,$\mathrm{cm^2/s}$;$C_{\mathrm{F}}$ 为压裂裂缝中气体的浓度,$\mathrm{cm^3/cm^3}$,$C_{\mathrm{F}}=S_{\mathrm{Fg}}\rho_{\mathrm{Fg}}$,其中 $S_{\mathrm{Fg}}$为压裂裂缝中气相的饱和度,小数。

### (二) 状态方程

水相的状态方程为:

$$\rho_{\mathrm{Fw}}=\frac{\rho_{\mathrm{wsc}}}{B_{\mathrm{Fw}}} \tag{4-27}$$

气相的状态方程为:

$$\rho_{\mathrm{Fg}}=\frac{\rho_{\mathrm{gsc}}}{B_{\mathrm{Fg}}} \tag{4-28}$$

式中,$B_{\mathrm{Fw}}$ 为压裂裂缝中水相的体积系数,$\mathrm{m^3/m^3}$;$B_{\mathrm{Fg}}$ 为压裂裂缝中气相的体积系数,$\mathrm{m^3/m^3}$。

### (三) 连续性方程

压裂裂缝向井筒提供流体,即压裂裂缝与井筒之间有煤层水的交换,对于井筒来说,压裂裂缝是一源(一),而对于压裂裂缝来说,井筒是一汇(+)。设单位体积的水的质量流量,即水相的产量源汇项为 $q_{\mathrm{w}}$,则根据质量守恒定律,考虑产量源汇项的压裂裂缝中水相的连续性方程为:

$$-\mathrm{div}(\rho_{\mathrm{Fw}}v_{\mathrm{Fw}})-q_{\mathrm{w}}=\frac{\partial}{\partial t}(\rho_{\mathrm{Fw}}\phi_{\mathrm{F}}S_{\mathrm{Fw}}) \tag{4-29}$$

式中,$q_{\mathrm{w}}$ 为水相的产量源汇项,$\mathrm{g/(cm^3 \cdot s)}$;$S_{\mathrm{Fw}}$为压裂裂缝中水相饱和度,小数。

另外,压裂裂缝与井筒之间同样存在气体的交换。设单位体积的气相的质量流量,即压裂裂缝与井筒中游离气的交换量为 $q_{\mathrm{g}}$,则考虑产量源汇项的压裂裂缝中气相的连续性方程为:

$$-\left[\frac{\partial(\rho_{\mathrm{Fg}}v_{\mathrm{fgx}})}{\partial x}+\frac{\partial(\rho_{\mathrm{Fg}}v_{\mathrm{Fgy}})}{\partial y}+\frac{\partial(\rho_{\mathrm{Fg}}v_{\mathrm{fgz}})}{\partial z}\right]-q_{\mathrm{g}}=\frac{\partial}{\partial t}(\rho_{\mathrm{Fg}}\phi_{\mathrm{F}}S_{\mathrm{Fg}}) \tag{4-30}$$

式中,$q_{\mathrm{g}}$ 为气相的产量源汇项,$\mathrm{g/(cm^3 \cdot s)}$。

简写为:

$$-\operatorname{div}(\rho_{Fg}v_{Fg})-q_g=\frac{\partial}{\partial t}(\rho_{Fg}\phi_F S_{Fg}) \tag{4-31}$$

（四）物态方程

压裂裂缝中气、水两相的饱和度满足下面的公式：

$$S_{Fg}+S_{Fw}=1 \tag{4-32}$$

由于考虑毛管力的作用，所以压裂裂缝中的气相压力、水相压力满足下列关系式：

$$P_{Fc}(S_{Fc})=P_{Fg}-P_{Fw} \tag{4-33}$$

式中，$P_{Fc}$为压裂裂缝的毛管力压力函数，通过实验获得，为已知函数。

（五）基本微分方程

将运动方程和状态方程代入连续性方程中即可得到基本微分方程。

(1) 水相基本微分方程

将式(4-25)、式(4-27)代入式(4-29)，得：

$$-\operatorname{div}\left[-\frac{\rho_{wsc}}{B_{Fw}}\cdot\frac{K_F K_{Frw}}{\mu_{Fw}}\nabla(P_{Fw}-\varepsilon\rho_{Fw}gH)\right]-q_w=\frac{\partial}{\partial t}\left(\frac{\rho_{wsc}}{B_{Fw}}\phi_F S_{Fw}\right)$$

化简，可得压裂裂缝中水相的微分方程：

$$\nabla\left[\frac{K_F K_{Frw}}{\mu_{Fw}B_{Fw}}\nabla(P_{Fw}-\varepsilon\rho_{Fw}gH)\right]-q_{wv}=\frac{\partial}{\partial t}\left(\frac{\phi_F S_{Fw}}{B_{Fw}}\right) \tag{4-34}$$

式中，$q_{wv}$为压裂裂缝的水相产量速率，$q_{wv}=q_w/\rho_{wsc}$。

(2) 气相基本微分方程

将式(4-26)、式(4-28)代入式(4-31)，得：

$$-\operatorname{div}\left[-\frac{\rho_{gsc}}{B_{Fg}}\cdot\frac{K_F K_{Frg}}{\mu_{Fg}}\nabla(P_{Fg}-\varepsilon\rho_{Fg}gH)-D_F\nabla(\rho_{Fg}S_{Fg})\right]-q_g=\frac{\partial}{\partial t}\left(\frac{\rho_{gsc}}{B_{Fg}}\phi_F S_{Fg}\right)$$

进一步展开，得：

$$-\operatorname{div}\left[-\frac{\rho_{gsc}}{B_{Fg}}\cdot\frac{K_F K_{Frg}}{\mu_{Fg}}\nabla(P_{Fg}-\varepsilon\rho_{Fg}gH)-D_F\nabla\left(\frac{\rho_{gsc}}{B_{Fg}}S_{Fg}\right)\right]-q_g=\frac{\partial}{\partial t}\left(\frac{\rho_{gsc}}{B_{Fg}}\phi_F S_{Fg}\right)$$

化简，可得压裂裂缝中气相的微分方程：

$$\nabla\left[\frac{K_F K_{Frg}}{\mu_{Fg}B_{Fg}}\nabla(P_{Fg}-\varepsilon\rho_{Fg}gH)+D_F\nabla\left(\frac{S_{Fg}}{B_{Fg}}\right)\right]-q_{gv}=\frac{\partial}{\partial t}\left(\frac{\phi_F S_{Fg}}{B_{Fg}}\right) \tag{4-35}$$

式中，$q_{gv}$为压裂裂缝的气相产量速率，$q_{gv}=q_g/\rho_{wsc}$。

(3) 气、水流动的控制方程

压裂裂缝面处相对于压裂裂缝为一外边界，相对于宏观裂隙为一内边界。在裂缝面处流体由宏观裂隙流向压裂裂缝。不考虑压裂裂缝面处的重力影响及气体扩散作用，裂缝面与宏观裂隙流量相等，用数学公式表达为：

$$\frac{K_F K_{Frw}}{\mu_{Fw}B_{Fw}}\frac{\partial P_{Fw}(x,W_F/2,t)}{\partial y}=\frac{K_f K_{frw}}{\mu_{fw}B_{fw}}\frac{\partial P_{fw}(x,W_F/2,t)}{\partial y} \tag{4-36}$$

$$\frac{K_F K_{Frg}}{\mu_{Fg}B_{Fg}}\frac{\partial P_{Fg}(x,W_F/2,t)}{\partial y}=\frac{K_f K_{frg}}{\mu_{fg}B_{fg}}\frac{\partial P_{fg}(x,W_F/2,t)}{\partial y} \tag{4-37}$$

压裂裂缝对称于井筒，则：

$$\frac{\partial P_{Fw}(x,0,t)}{\partial y}=0\quad t>0 \tag{4-38}$$

$$\frac{\partial P_{\mathrm{Fg}}(x,0,t)}{\partial y}=0 \quad t>0 \tag{4-39}$$

在[0,$W_{\mathrm{F}}/2$]区间内对方程(4-34)进行积分得：

$$\int_0^{W_{\mathrm{F}}/2}\left\{\begin{array}{l}\frac{\partial}{\partial x}\left[\frac{K_{\mathrm{F}}K_{\mathrm{Frw}}}{\mu_{\mathrm{Fw}}B_{\mathrm{Fw}}}\frac{\partial}{\partial x}(P_{\mathrm{Fw}}-\varepsilon\rho_{\mathrm{Fw}}gH)\right]+\\ \frac{\partial}{\partial z}\left[\frac{K_{\mathrm{F}}K_{\mathrm{Frw}}}{\mu_{\mathrm{Fw}}B_{\mathrm{Fw}}}\frac{\partial}{\partial z}(P_{\mathrm{Fw}}-\varepsilon\rho_{\mathrm{Fw}}gH)\right]\end{array}\right\}\mathrm{d}y+$$

$$\int_0^{W_{\mathrm{F}}/2}\frac{\partial}{\partial y}\left(\frac{K_{\mathrm{F}}K_{\mathrm{Frw}}}{\mu_{\mathrm{Fw}}B_{\mathrm{Fw}}}\frac{\partial P_{\mathrm{Fw}}}{\partial y}\right)\mathrm{d}y-\int_0^{W_{\mathrm{F}}/2}q_{\mathrm{wv}}\mathrm{d}y=\int_0^{W_{\mathrm{F}}/2}\frac{\partial}{\partial t}\left(\frac{\phi_{\mathrm{F}}S_{\mathrm{Fw}}}{B_{\mathrm{Fw}}}\right)\mathrm{d}y$$

整理得：

$$\frac{W_{\mathrm{F}}}{2}\cdot\left\{\frac{\partial}{\partial x}\left[\frac{K_{\mathrm{F}}K_{\mathrm{Frw}}}{\mu_{\mathrm{Fw}}B_{\mathrm{Fw}}}\frac{\partial}{\partial x}(P_{\mathrm{Fw}}-\varepsilon\rho_{\mathrm{Fw}}gH)\right]+\frac{\partial}{\partial z}\left[\frac{K_{\mathrm{F}}K_{\mathrm{Frw}}}{\mu_{\mathrm{Fw}}B_{\mathrm{Fw}}}\frac{\partial}{\partial z}(P_{\mathrm{Fw}}-\varepsilon\rho_{\mathrm{Fw}}gH)\right]\right\}+$$

$$\frac{K_{\mathrm{F}}K_{\mathrm{Frw}}}{\mu_{\mathrm{Fw}}B_{\mathrm{Fw}}}\frac{\partial P_{\mathrm{Fw}}(x,W_{\mathrm{F}}/2,t)}{\partial y}-\frac{K_{\mathrm{F}}K_{\mathrm{Frw}}}{\mu_{\mathrm{Fw}}B_{\mathrm{Fw}}}\frac{\partial P_{\mathrm{Fw}}(x,0,t)}{\partial y}-q_{\mathrm{wv}}\cdot\frac{W_{\mathrm{F}}}{2}=\frac{\partial}{\partial t}\left(\frac{\phi_{\mathrm{F}}S_{\mathrm{Fw}}}{B_{\mathrm{Fw}}}\right)\cdot\frac{W_{\mathrm{F}}}{2}$$

将式(4-36)、式(4-38)代入并整理得：

$$\left[\frac{\partial}{\partial x}\left(\frac{K_{\mathrm{F}}K_{\mathrm{Frw}}}{\mu_{\mathrm{Fw}}B_{\mathrm{Fw}}}\frac{\partial P_{\mathrm{Fw}}}{\partial x}\right)\right]+\frac{\partial}{\partial z}\left(\frac{K_{\mathrm{F}}K_{\mathrm{Frw}}}{\mu_{\mathrm{Fw}}B_{\mathrm{Fw}}}\frac{\partial P_{\mathrm{Fw}}}{\partial z}\right]+$$

$$\frac{K_{\mathrm{f}}K_{\mathrm{frw}}}{\mu_{\mathrm{fw}}B_{\mathrm{fw}}}\frac{2}{W_{\mathrm{F}}}\frac{\partial P_{\mathrm{fw}}(x,W_{\mathrm{F}}/2,t)}{\partial y}-q_{\mathrm{wv}}=\frac{\partial}{\partial t}\left(\frac{\phi_{\mathrm{F}}S_{\mathrm{Fw}}}{B_{\mathrm{Fw}}}\right) \tag{4-40}$$

同理，在[0,$W_{\mathrm{F}}/2$]区间内对方程(4-35)进行积分得：

$$\int_0^{W_{\mathrm{F}}/2}\left\{\begin{array}{l}\frac{\partial}{\partial x}\left[\frac{K_{\mathrm{F}}K_{\mathrm{Frg}}}{\mu_{\mathrm{Fg}}B_{\mathrm{Fg}}}\frac{\partial}{\partial x}(P_{\mathrm{Fg}}-\varepsilon\rho_{\mathrm{Fg}}gH)\right]+\\ \frac{\partial}{\partial z}\left[\frac{K_{\mathrm{F}}K_{\mathrm{Frg}}}{\mu_{\mathrm{Fg}}B_{\mathrm{Fg}}}\frac{\partial}{\partial z}(P_{\mathrm{Fg}}-\varepsilon\rho_{\mathrm{Fg}}gH)\right]\end{array}\right\}\mathrm{d}y+\int_0^{W_{\mathrm{F}}/2}\frac{\partial}{\partial y}\left(\frac{K_{\mathrm{F}}K_{\mathrm{Frg}}}{\mu_{\mathrm{Fg}}B_{\mathrm{Fg}}}\frac{\partial P_{\mathrm{Fg}}}{\partial y}\right)\mathrm{d}y$$

$$\int_0^{W_{\mathrm{F}}/2}\left\{\frac{\partial}{\partial x}\left[D_{\mathrm{F}}\nabla\left(\frac{S_{\mathrm{Fg}}}{B_{\mathrm{Fg}}}\right)\right]+\frac{\partial}{\partial z}\left[D_{\mathrm{F}}\nabla\left(\frac{S_{\mathrm{Fg}}}{B_{\mathrm{Fg}}}\right)\right]\right\}\mathrm{d}y-\int_0^{W_{\mathrm{F}}/2}q_{\mathrm{qv}}\mathrm{d}y=\int_0^{W_{\mathrm{F}}/2}\frac{\partial}{\partial t}\left(\frac{\phi_{\mathrm{F}}S_{\mathrm{Fg}}}{B_{\mathrm{Fg}}}\right)\mathrm{d}y$$

整理得：

$$\frac{W_{\mathrm{F}}}{2}\cdot\left\{\begin{array}{l}\frac{\partial}{\partial x}\left[\frac{K_{\mathrm{F}}K_{\mathrm{Frg}}}{\mu_{\mathrm{Fg}}B_{\mathrm{Fg}}}\frac{\partial}{\partial x}(P_{\mathrm{Fg}}-\varepsilon\rho_{\mathrm{Fg}}gH)\right]+\\ \frac{\partial}{\partial z}\left[\frac{K_{\mathrm{F}}K_{\mathrm{Frg}}}{\mu_{\mathrm{Fg}}B_{\mathrm{Fg}}}\frac{\partial}{\partial z}(P_{\mathrm{Fg}}-\varepsilon\rho_{\mathrm{Fg}}gH)\right]\end{array}\right\}+$$

$$\frac{K_{\mathrm{F}}K_{\mathrm{Frg}}}{\mu_{\mathrm{Fg}}B_{\mathrm{Fg}}}\frac{\partial P_{\mathrm{Fg}}(x,W_{\mathrm{F}}/2,t)}{\partial y}-\frac{K_{\mathrm{F}}K_{\mathrm{Frg}}}{\mu_{\mathrm{Fg}}B_{\mathrm{Fg}}}\frac{\partial P_{\mathrm{Fg}}(x,0,t)}{\partial y}+$$

$$\frac{W_{\mathrm{F}}}{2}\cdot\left\{\frac{\partial}{\partial x}\left[D_{\mathrm{F}}\nabla\left(\frac{S_{\mathrm{Fg}}}{B_{\mathrm{Fg}}}\right)\right]+\frac{\partial}{\partial z}\left[D_{\mathrm{F}}\nabla\left(\frac{S_{\mathrm{Fg}}}{B_{\mathrm{Fg}}}\right)\right]\right\}-q_{\mathrm{gv}}\cdot\frac{W_{\mathrm{F}}}{2}=\frac{\partial}{\partial t}\left(\frac{\phi_{\mathrm{F}}S_{\mathrm{Fg}}}{B_{\mathrm{Fg}}}\right)\cdot\frac{W_{\mathrm{F}}}{2}$$

将式(4-37)、式(4-39)代入并整理得：

$$\left\{\begin{array}{l}\frac{\partial}{\partial x}\left[\frac{K_{\mathrm{F}}K_{\mathrm{Frg}}}{\mu_{\mathrm{Fg}}B_{\mathrm{Fg}}}\frac{\partial}{\partial x}(P_{\mathrm{Fg}}-\varepsilon\rho_{\mathrm{Fg}}gH)\right]+\\ \frac{\partial}{\partial z}\left[\frac{K_{\mathrm{F}}K_{\mathrm{Frg}}}{\mu_{\mathrm{Fg}}B_{\mathrm{Fg}}}\frac{\partial}{\partial z}(P_{\mathrm{Fg}}-\varepsilon\rho_{\mathrm{Fg}}gH)\right]\end{array}\right\}+\frac{K_{\mathrm{f}}K_{\mathrm{frg}}}{\mu_{\mathrm{fg}}B_{\mathrm{fg}}}\frac{2}{W_{\mathrm{F}}}\frac{\partial P_{\mathrm{fg}}(x,W_{\mathrm{F}}/2,t)}{\partial y}+$$

$$\left\{\frac{\partial}{\partial x}\left[D_{\mathrm{F}}\nabla\left(\frac{S_{\mathrm{Fg}}}{B_{\mathrm{Fg}}}\right)\right]+\frac{\partial}{\partial z}\left[D_{\mathrm{F}}\nabla\left(\frac{S_{\mathrm{Fg}}}{B_{\mathrm{Fg}}}\right)\right]\right\}-q_{\mathrm{gv}}=\frac{\partial}{\partial t}\left(\frac{\phi_{\mathrm{F}}S_{\mathrm{Fg}}}{B_{\mathrm{Fg}}}\right) \tag{4-41}$$

则方程(4-40)、方程(4-41)为严格描述垂直压裂裂缝中气、水两相流动的控制方程：

$$\left[\frac{\partial}{\partial x}\left(\frac{K_{F}K_{Frw}}{\mu_{Fw}B_{Fw}}\frac{\partial P_{Fw}}{\partial x}\right)+\frac{\partial}{\partial z}\left(\frac{K_{F}K_{Frw}}{\mu_{Fw}B_{Fw}}\frac{\partial P_{Fw}}{\partial z}\right)\right]+ \frac{K_{f}K_{frw}}{\mu_{fw}B_{fw}}\frac{2}{W_{F}}\frac{\partial P_{fw}(x,W_{F}/2,t)}{\partial y}-q_{wv}=\frac{\partial}{\partial t}\left(\frac{\phi_{F}S_{Fw}}{B_{Fw}}\right) \tag{4-42}$$

$$\left\{\begin{aligned}&\frac{\partial}{\partial x}\left[\frac{K_{F}K_{Frg}}{\mu_{Fg}B_{Fg}}\frac{\partial}{\partial x}(P_{Fg}-\varepsilon\rho_{Fg}gH)\right]+\\&\frac{\partial}{\partial z}\left[\frac{K_{F}K_{Frg}}{\mu_{Fg}B_{Fg}}\frac{\partial}{\partial z}(P_{Fg}-\varepsilon\rho_{Fg}gH)\right]\end{aligned}\right\}+\frac{K_{f}K_{frg}}{\mu_{fg}B_{fg}}\frac{2}{W_{F}}\frac{\partial P_{fg}(x,W_{F}/2,t)}{\partial y}+ \left\{\frac{\partial}{\partial x}\left[D_{F}\nabla\left(\frac{S_{Fg}}{B_{Fg}}\right)\right]+\frac{\partial}{\partial z}\left[D_{F}\nabla\left(\frac{S_{Fg}}{B_{Fg}}\right)\right]\right\}-q_{gv}=\frac{\partial}{\partial t}\left(\frac{\phi_{F}S_{Fg}}{B_{Fg}}\right) \tag{4-43}$$

## 三、初、边界条件

### （一）初始条件

排水降压开始（即生产时间 $t=0$）时，煤储层基质、宏观裂隙以及压裂裂缝的压力相等，均为原始煤储层压力，用数学表达式可表示为：

$$P_{m}(x,y,z,0)=P_{e}(x,y,z)\quad 0\leqslant x\leqslant X_{F},0\leqslant y\leqslant R_{e},0\leqslant z\leqslant h \tag{4-44}$$

$$P_{f}(x,y,z,0)=P_{e}(x,y,z)\quad 0\leqslant x\leqslant X_{F},0\leqslant y\leqslant R_{e},0\leqslant z\leqslant h \tag{4-45}$$

$$P_{F}(x,y,z,0)=P_{e}(x,y,z)\quad 0\leqslant x\leqslant X_{F},0\leqslant y\leqslant W_{F},0\leqslant z\leqslant h \tag{4-46}$$

$$S_{fw}(x,y,z,0)=S_{fwo}(x,y,z)\quad 0\leqslant x\leqslant X_{F},0\leqslant y\leqslant R_{e},0\leqslant z\leqslant h \tag{4-47}$$

$$S_{Fw}(x,y,z,0)=S_{Fwo}(x,y,z)\quad 0\leqslant x\leqslant X_{F},0\leqslant y\leqslant W_{F},0\leqslant z\leqslant h \tag{4-48}$$

$$C_{m}|_{t=0}=\frac{\phi_{mo}MP_{e}}{\rho_{gsc}ZRT}+\frac{V_{L}P_{e}}{P_{L}+P_{e}} \tag{4-49}$$

式中，下标“o”表示煤层气藏的初始条件，如 $S_{fgo}$ 表示宏观裂隙系统初始饱和度，$\phi_{mo}$ 表示煤基质初始孔隙率；$M$ 为气体的摩尔质量，g/mol；$Z$ 为气体压缩因子，小数；$R$ 为通用气体常数，MPa・m$^3$/(kmol・K)，$R=0.008\ 314$ MPa・m$^3$/(kmol・K)；$T$ 为气体绝对温度，K；$X_F$ 为压裂裂缝半长，cm；$W_F$ 为压裂裂缝宽度，cm；$R_e$ 为煤层气井有效供给半径，m；$h$ 为煤储层平均厚度，cm。

### （二）内边界条件

由于压裂裂缝向井筒提供流体，所以压裂裂缝的内边界条件可分为两种：定产量（定气产量和定水产量）和定井底流压。当产量已知时，可采用定产量内边界条件，当井底流压已知时，可采用定井底流压的内边界条件。当采用定产量内边界条件时，可以求得不同时间的煤储层压力分布和井底流压；当采用定井底流压内边界条件时，可以求得不同时间的煤储层压力分布和产量。内边界条件用数学表达式可分别表示如下。

定产量：

$$Q_{w}=Q_{w}\cdot\delta(x-\xi,y-\eta,z-\zeta,t) \tag{4-50}$$

$$Q_{g}=Q_{g}\cdot\delta(x-\xi,y-\eta,z-\zeta,t) \tag{4-51}$$

式中，$Q_w$ 为煤层气井产水量，cm$^3$/g；$Q_g$ 为煤层气井产气量，cm$^3$/s；$\delta$ 为点源函数，$\delta=0$ 时网格块中无井，$\delta=1$ 时网格块中有井。

定井底流压：

$$P_{wf} \tag{4-52}$$

式中，$P_{wf}$为井底流压，$10^{-1}$ MPa。

（三）外边界条件

外边界条件分为三种：定压边界、定流量边界（包含封闭边界）以及混合边界形式[26]。数值模拟过程中常用的是定压外边界条件以及封闭外边界条件。对于图 4-1 所示的三重介质系统，由于压裂裂缝宽度相对整个单井控制面非常小，压裂裂缝一般采用封闭外边界条件；而宏观裂隙系统和煤基质与泄流半径范围外的接触面积较大，既可采用定压外边界条件又可采用封闭外边界条件，也可采用混和外边界条件，需根据泄流半径范围外的储层流体的实际供给情况以及边界性质等具体判断。

定压边界又称为第一类边界条件，即煤层气井泄流边界处压力确定，一般为原始储层压力[26]。无限大地层一口煤层气井排采时，可采用定压边界，即无限远地层处，煤储层压力为原始煤储层压力[26]。对于图 4-1 所示的三重介质系统，定压外边界条件用数学表达式表示为：

$$P_m(X_F, y, z, t) = P_e(x, y, z) \quad t > 0 \tag{4-53}$$

$$P_m(x, R_e, z, t) = P_e(x, y, z) \quad t > 0 \tag{4-54}$$

$$P_m(x, y, h, t) = P_e(x, y, z) \quad t > 0 \tag{4-55}$$

$$P_f(X_F, y, z, t) = P_e(x, y, z) \quad t > 0 \tag{4-56}$$

$$P_f(x, R_e, z, t) = P_e(x, y, z) \quad t > 0 \tag{4-57}$$

$$P_f(x, y, h, t) = P_e(x, y, z) \quad t > 0 \tag{4-58}$$

$$S_{fwo}(X_F, y, z, t) = S_{fwo}(x, y, z) \quad t > 0 \tag{4-59}$$

$$S_{fwo}(x, R_e, z, t) = S_{fwo}(x, y, z) \quad t > 0 \tag{4-60}$$

$$S_{fwo}(x, y, h, t) = S_{fwo}(x, y, z) \quad t > 0 \qquad (4\text{-}58)$$

封闭外边界条件为特殊的定流量外边界条件，即边界上的流量或流速为 0[26]。边界补给不充足时，如封闭断层的存在，可采用封闭边界，封闭边界即边界补给为 0 时的定流量边界。对于图 4-1 所示的三重介质系统，由于 $x=0$ 处（即 $Y$ 轴处），宏观裂隙系统和煤基质系统与 $X$ 轴另一方向的宏观裂隙系统和煤基质系统相连，可将其视为封闭外边界条件。则封闭外边界条件用数学表达式可表示为：

$$\left.\frac{\partial P_m}{\partial x}\right|_{x=X_F} = 0 \quad t > 0 \tag{4-62}$$

$$\left.\frac{\partial P_m}{\partial x}\right|_{x=0} = 0 \quad t > 0 \tag{4-63}$$

$$\left.\frac{\partial P_m}{\partial y}\right|_{y=R_e} = 0 \quad t > 0 \tag{4-64}$$

$$\left.\frac{\partial P_m}{\partial z}\right|_{y=h} = 0 \quad t > 0 \tag{4-65}$$

$$\left.\frac{\partial P_f}{\partial x}\right|_{x=X_F} = 0 \quad t > 0 \tag{4-66}$$

$$\left.\frac{\partial P_f}{\partial x}\right|_{x=0} = 0 \quad t > 0 \tag{4-67}$$

$$\left.\frac{\partial P_f}{\partial y}\right|_{y=R_e} = 0 \quad t > 0 \tag{4-68}$$

$$\left.\frac{\partial P_{\mathrm{f}}}{\partial z}\right|_{y=h}=0 \quad t>0 \tag{4-69}$$

$$\left.\frac{\partial P_{\mathrm{F}}}{\partial x}\right|_{x=X_{\mathrm{F}}}=0 \quad t>0 \tag{4-70}$$

$$\left.\frac{\partial P_{\mathrm{F}}}{\partial z}\right|_{x=h}=0 \quad t>0 \tag{4-71}$$

井网排采条件下，为有限地层多口煤层气排采井，可视为封闭外边界条件。

单一的边界条件实际是很难遇到的，一般是混合边界值问题，就是在有些边界上是第一类边界条件，其余的边界上用第二类边界条件。混合边界形式又称为第三类边界条件，这里所讨论的边界形式即为一种简单的混合边界形式，即压裂裂缝系统采用封闭外边界条件；宏观裂隙系统在 $y=R_e$ 处以及 $x=X_F$ 处既可采用定压外边界条件也可采用封闭外边界条件，在 $x=0$ 处则采用封闭外边界条件。由于研究区煤储层基本不存在越流补给，故垂向上也采用封闭外边界条件。

（四）压裂裂缝面处边界条件

考虑煤储层表皮系数的影响，在垂直裂缝面处，垂直裂缝内流体的压力与宏观裂隙内流体压力之间的关系表达式为：

$$P_{\mathrm{Fw}}=\left.\left(P_{\mathrm{fw}}-\frac{2}{\pi}S_{\mathrm{f}}\frac{\partial P_{\mathrm{fw}}}{\partial y}\right)\right|_{y=W_{\mathrm{F}}/2} \tag{4-72}$$

$$P_{\mathrm{Fg}}=\left.\left(P_{\mathrm{fg}}-\frac{2}{\pi}S_{\mathrm{f}}\frac{\partial P_{\mathrm{fg}}}{\partial y}\right)\right|_{y=W_{\mathrm{F}}/2} \tag{4-73}$$

## 四、其他辅助方程

主要包括压缩系数、孔隙率、密度、渗透率、黏度等参数的处理。

（一）煤储层孔隙率

1. 产水阶段

产水阶段，不管是宏观裂隙系统还是压裂裂缝系统，仅考虑孔隙压缩。考虑孔隙压缩的煤储层宏观裂隙孔隙率由公式(3-2)或公式(3-3)表示，考虑孔隙压缩的压裂裂缝孔隙率由公式(3-9)或公式(3-10)表示。

2. 产气阶段

产气阶段，宏观裂隙系统不仅考虑孔隙压缩还要考虑煤基质收缩效应。考虑孔隙压缩及煤基质收缩效应的煤储层宏观裂隙孔隙率由公式(3-8)表示。

产气阶段，压裂裂缝只考虑孔隙压缩，不考虑煤基质收缩效应，则煤储层压裂裂缝孔隙率由公式(3-9)或公式(3-10)表示。

（二）煤储层渗透率

(1) 产水阶段

产水阶段，煤储层裂隙、压裂裂缝中仅有煤层水的流动，仅考虑孔隙压缩性，煤储层裂隙、压裂裂缝的渗透率可分别由公式(3-6)、公式(3-11)表示。

(2) 产气阶段

气、水在多孔介质中低速渗流时，往往伴随有物理化学现象的发生，这些现象对气、水在煤储层孔、裂隙中的渗流规律产生影响。流体在低速渗流时，由于活性剂的吸附作用或固体表面对流体极性分子的吸附作用，造成接近固体表面的层流速度近于零。气体在低速渗流时，会出现滑脱现象，即孔、裂隙壁上，气体分子处于运动状态而流速不再为零，表现为在低速渗流时视渗透率的增加，这种效应即为“气体滑脱效应”或 Klinkenberg 效应[26]。Klinkenberg 效应的出现有两方面原因：① 达西定律本来是对液体做实验而得到的，液体渗流过程中，层流时靠近孔、裂隙壁薄膜是不动的，在孔、裂隙壁处速度为零，而气体渗流时，在孔、裂隙壁处，没有被固体吸附的薄层和不动的气体，孔、裂隙壁处速度不为零，好像同一压力下，气体比液体渗透率增加一样；② 由于气体分子总是进行无规则的热运动，气体通过孔、裂隙时，部分在进行扩散，因此更多的分子附加到通过多孔介质的气体总量中去，好像相应增加了气体的渗透率。求解气相渗透率时，若考虑 Klinkenberg 效应，则煤储层宏观裂隙和压裂裂缝渗透率需要利用 Klinkenberg 系数进行修正[26,69]：

$$K_{\mathrm{f}}=K_{\mathrm{f0}}\left(\frac{\phi_{\mathrm{f}}}{\phi_{\mathrm{f0}}}\right)^{3}+K_{\mathrm{f0}}\frac{b_{\mathrm{f}}}{\bar{P}_{\mathrm{f}}} \tag{5-74}$$

$$K_{\mathrm{F}}=K_{\mathrm{F0}}\left(\frac{\phi_{\mathrm{F}}}{\phi_{\mathrm{F0}}}\right)^{3}+K_{\mathrm{F0}}\frac{b_{\mathrm{F}}}{\bar{P}_{\mathrm{F}}} \tag{5-75}$$

式中，$\bar{P}_{\mathrm{f}}$ 为宏观裂隙系统平均压力，MPa；$\bar{P}_{\mathrm{f}}$ 为压裂裂缝系统平均压力，MPa；$b_{\mathrm{f}}$ 为宏观裂隙系统 Klinkenberg 系数；$b_{\mathrm{F}}$ 为压裂裂缝系统 Klinkenberg 系数。

Klinkenberg 系数 $b$ 可由下式计算[26,69]：

$$b=\frac{16c\mu_{\mathrm{g}}}{w}\sqrt{2RT/\pi M} \tag{5-76}$$

式中，$b$ 为 Klinkenberg 系数，对一定的气固系统为一定值；$c$ 为常数（多取 0.9）；$\mu_{\mathrm{g}}$ 为气体黏度，mPa·s；$w$ 为气体通道宽度，m。

求解水相渗透率时，则煤储层宏观裂隙和压裂裂缝渗透率不需要 Klinkenberg 系数进行修正，计算公式如式(3-6)、公式(3-11)所示。

（三）流体密度及压缩系数

宏观裂隙系统及压裂裂缝中水的密度分别为：

$$\rho_{\mathrm{fw}}=\rho_{\mathrm{fw0}}\mathrm{e}^{C_{\mathrm{w}}(P_{\mathrm{f}}-P_{\mathrm{f0}})}=\rho_{\mathrm{fw0}}+C_{\mathrm{w}}(P_{\mathrm{f}}-P_{\mathrm{f0}}) \tag{5-77}$$

$$\rho_{\mathrm{Fw}}=\rho_{\mathrm{Fw0}}\mathrm{e}^{C_{\mathrm{w}}(P_{\mathrm{F}}-P_{\mathrm{F0}})}=\rho_{\mathrm{Fw0}}+C_{\mathrm{w}}(P_{\mathrm{F}}-P_{\mathrm{F0}}) \tag{5-78}$$

式中，$C_{\mathrm{w}}$ 为煤层水的弹性压缩系数，表示当压力改变 $10^{-1}$ MPa 时，单位体积煤层水体积的变化量，$[10^{-1}\ \mathrm{MPa}]^{-1}$；$\rho_{\mathrm{fw}}$为压力为 $P_{\mathrm{f}}$ 时宏观裂隙系统中水的密度，g/cm³；$\rho_{\mathrm{fw0}}$ 为压力为 $P_{\mathrm{f0}}$时宏观裂隙系统中水的密度，g/cm³；$\rho_{\mathrm{Fw}}$为压力为 $P_{\mathrm{F}}$ 时压裂裂缝中水的密度，g/cm³；$\rho_{\mathrm{Fw0}}$为压力为 $P_{\mathrm{F0}}$时压裂裂缝中水的密度，g/cm³。

$$\rho_{\mathrm{fg}}=\frac{P_{\mathrm{f}}}{ZT}\frac{Z_{\mathrm{a}}T_{\mathrm{a}}\rho_{\mathrm{gsc}}}{P_{\mathrm{a}}}$$

$$\rho_{\mathrm{Fg}}=\frac{P_{\mathrm{F}}}{ZT}\frac{Z_{\mathrm{a}}T_{\mathrm{a}}\rho_{\mathrm{gsc}}}{P_{\mathrm{a}}}$$

式中，$\rho_{\mathrm{fg}}$为压力为 $P_{\mathrm{f}}$ 时宏观裂隙系统中气体的密度，g/cm³；$\rho_{\mathrm{gsc}}$ 为压力为标准状况下(0.101 325 MPa，0 ℃)气体的密度，g/cm³；$\rho_{\mathrm{Fg}}$ 为压力为 $P_{\mathrm{F}}$ 时压裂裂缝中气体的密度，g/cm³；下标 a 表示标准状况。

气相的体积系数可以表示为：

$$B_{\mathrm{g}}=\frac{V_{\mathrm{g}}}{V_{\mathrm{gsc}}} \tag{5-79}$$

取地面标准状态 $P_{\mathrm{sc}}=0.101\ 325$ MPa，$T_{\mathrm{sc}}=(273+20)$ K，则方程(5-79)整理得：

$$B_g=\frac{V_g}{V_{gsc}}=\frac{\dfrac{ZnRT}{P_g}}{\dfrac{nRT_{sc}}{P_{sc}}}=\frac{P_{sc}TZ}{P_gT_{sc}}=Z\frac{P_{sc}(273+t)}{P_g(273+20)}=3.458\times10^{-4}Z\frac{273+t}{P_g}\tag{5-80}$$

式中，$B_g$ 为煤层气体积系数，$cm^3$/(标)$cm^3$；$V_g$ 为地层条件下 $n$ mol 气体的体积，(标)$cm^3$；$V_{gsc}$为地面标准状况下 $n$ mol 气体的体积，$cm^3$；$t$ 为煤储层温度，℃。

# 第五章　数学模型的求解与产能预测实例

第四章所建立的煤储层与生产动态数学模型为强非线性方程组，需要采用数值方法进行求解。数学模型的求解包括数学模型的离散化、数值方程组的求解。数学模型的离散化即采用差分的方式将强非线性的方程组离散化为可直接求解的低阶线性方程组，不同差分方法所得到的数值方程组的计算量、收敛性、稳定性以及计算复杂程度不同。数值方程组的求解则包括数值方程组的求解方法和数值方程组的求解过程。由于数值模型的求解计算量巨大，一般采用计算机编程求解，为了减少计算量，加快求解的收敛速度以及稳定性，需要选择合适的数值计算方法进行计算。数值方程组的求解过程主要指计算机编程过程，为了方便模型的应用，往往将计算过程编制成可视化的计算机模块或软件，因此，数值方程组的求解过程不仅指计算程序的编写过程，一般还包括相关数值模拟软件的开发。

## 第一节　数学模型的离散化

数学模型的离散化是指把整体分割为若干个单元(网格块)来处理，离散化是建立在煤层气藏的几何形状(边界不规则、非等厚、构造起伏等)、储层参数(渗透率非均质与各向异性、孔隙率非均匀等)、流体分布(流体性质差异、初始气、水分布等)以及开发过程(井网不规则、排采强度差异、非等温渗流等)背景之上的。通过数学模型进行离散化可建立直接求解的线性数值方程组。

数学模型离散化之前首先要确定网格系统及网格类型，即空间位置上的离散化。空间离散是指将连续的煤层气藏划分为一个个小的单元体来进行研究，这些小的单元体叫做网格或网格块。空间离散主要与煤层气藏形状(维数：一维、二维、三维)、煤层气藏空间大小(网格划分的大小)、研究问题的需要(精度、煤层气藏非均质性、局部加密)以及计算机的速度和容量等因素有关。对于图 3-13 所示的宏观裂隙和压裂裂缝系统，本书中划分图 5-1 所示的网格系统，采用块中心网格系统、正交矩形网格。

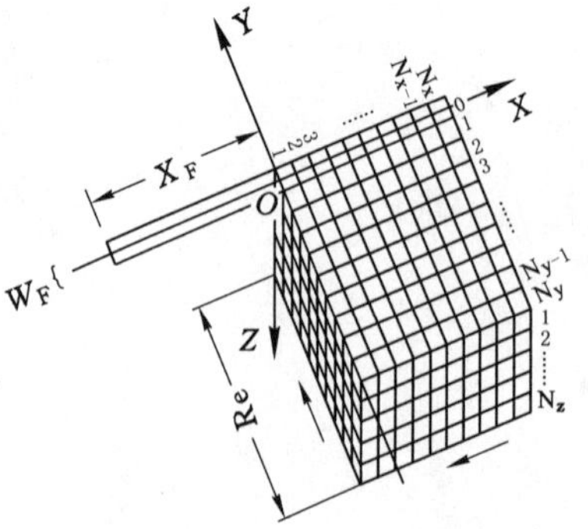


图 5-1　发育压裂裂缝的煤储层的网格划分形式

再者，要确定时间步长，即时间上的离散化。时间离散的实质则是在所研究的时间范围内，把时间离散成一定数量的时间段，每一个时间段叫做一个时间步长。影响时间步长大小的主要因素有：所研究的煤层气藏问题所经历的时间长短，开发时间长，步长可大些，反之可小些；所研究的煤层气藏问题的性质，开发方案的研究预测（初期可行性方案），可取等距时间步长，步长可大些，历史拟合时，可根据需要取不等距的步长。

第三，确定差分格式。差分格式的确定即数学方程组解法的确定，本次研究中采用IMPES求解方法。IMPES方法为一种混合差分格式，其一般步骤为：① 隐式求压力，利用毛管压力消去 $P_{fw}$、$P_{Fw}$，则未知量减少为 $P_{fg}$、$P_{Fg}$、$S_{fg}$、$S_{Fg}$；利用饱和度归一化方程将气、水方程进行适当的组合和化简，最后得到一个只含有气相压力的方程，即压力方程；达西系数项及毛管压力采用上一时间值，因此可得只含 $P_{fg}$、$P_{Fg}$ 的线性代数方程组；解线性代数方程组，求解下一时间点的气相压力，从而得到下一时间点的水相压力；② 显式求饱和度，将气、水饱和度分别代入气相、水相方程，可显式求出气相、水相的饱和度值；③ 显式求扩散项、显式求窜流项。从IMPES方法的一般步骤可以看出，对于前文所建立的数学模型，采用IMPES方法处理后，为四个未知量两个方程，方程组有解。

第四，确定网格排序方式。数学模型离散化之后，不同的网格排列方式下，线性方程组的系数矩阵结构不同，而系数矩阵结构的不同意味着方程组的存储量、求解速度和计算工作量均不相同。其中，不论是三维问题还是二维问题，最常用的排列方式为标准排列格式，本书中即采用标准排列格式。

### 一、宏观裂隙系统基本微分方程离散化

#### （一）水相基本微分方程离散化

根据图5-1所示的网格系统，宏观裂隙中，受压力的影响，流体沿 $X$、$Y$、$Z$ 三个方向流动，最终在 $y=W_F/2$ 处流入压裂裂缝，由于压裂裂缝宽度 $W_F$ 相对于煤层气井的整个泄流区域非常小，即 $W_F \ll X_F$ 且 $W_F \gg R_e$，故可以认为 $W_F/2 \approx 0$，即宏观裂隙中的流体在 $y=0$ 处流向压裂裂缝。同样由于压裂裂缝宽度相对于煤层气井的整个泄流区域非常小，可以认为流体在压裂裂缝中仅沿 $X$ 方向流动，流向图5-1所示的坐标原点“$O$”，即煤层气井。

设单元体体积为 $V_{fbi,j,k}$，则由达西公式，$\Delta t$ 时间内，流入网格块$(i,j,k)$的水相质量为：

$$
\begin{aligned}
&\left(\frac{K_f K_{frw}}{\mu_{fw}}\rho_{fw}\right)_{i+\frac{1}{2},j,k}\left[\begin{array}{l}\dfrac{P_{fgi+1,j,k}-P_{fgi,j,k}}{0.5(\Delta x_{fi+1,j,k}+\Delta x_{fi,j,k})}-\dfrac{P_{fsci+1,j,k}-P_{fsci,j,k}}{0.5(\Delta x_{fi+1,j,k}+\Delta x_{fi,j,k})}\\ -\varepsilon\rho_{fwi+\frac{1}{2},j,k}\,g\,\dfrac{H_{i+1,j,k}-H_{i,j,k}}{0.5(\Delta x_{fi+1,j,k}+\Delta x_{fi,j,k})}\end{array}\right](\Delta y\Delta z)_{fi,j,k}+\\
&\left(\frac{K_f K_{frw}}{\mu_{fw}}\rho_{fw}\right)_{i,j+\frac{1}{2},k}\left[\begin{array}{l}\dfrac{P_{fgi+1,j,k}-P_{fgi,j,k}}{0.5(\Delta y_{f,j+1,k}+\Delta y_{fi,j,k})}-\dfrac{P_{fsci,j+1,k}-P_{fsci,j,k}}{0.5(\Delta y_{fi,j+1,k}+\Delta y_{fi,j,k})}\\ -\varepsilon\rho_{fwi,j+\frac{1}{2},k}\,g\,\dfrac{H_{i,j+1,k}-H_{i,j,k}}{0.5(\Delta y_{fi,j+1,k}+\Delta y_{fi,j,k})}\end{array}\right](\Delta x\Delta z)_{fi,j,k}+\\
&\left(\frac{K_f K_{frw}}{\mu_{fw}}\rho_{fw}\right)_{i,j,k+\frac{1}{2}}\left[\begin{array}{l}\dfrac{P_{fgi,j,k+1}-P_{fgi,j,k}}{0.5(\Delta z_{fi,j,k+1}+\Delta z_{fi,j,k})}-\dfrac{P_{fsci,j,k+1}-P_{fsci,j,k}}{0.5(\Delta z_{fi,j,k+1}+\Delta z_{fi,j,k})}\\ -\varepsilon\rho_{fwi,j,k+\frac{1}{2}}\,g\,\dfrac{H_{i,j,k+1}-H_{i,j,k}}{0.5(\Delta z_{fi,j,k+1}+\Delta z_{fi,j,k})}\end{array}\right](\Delta x\Delta y)_{fi,j,k}
\end{aligned}
\tag{5-1}
$$

$\Delta t$ 时间内，流出网格块$(j,j,k)$的水相质量为：

$$\left(\frac{K_{\mathrm{f}}K_{\mathrm{frw}}}{\mu_{\mathrm{fw}}}\rho_{\mathrm{fw}}\right)_{i-\frac{1}{2},j,k}\left[\begin{array}{l}\dfrac{P_{\mathrm{fg}i,j,k}-P_{\mathrm{fg}i-1,j,k}}{0.5(\Delta x_{\mathrm{f}i,j,k}+\Delta x_{\mathrm{f}i-1,j,k})}-\dfrac{P_{\mathrm{fsc}i,j,k}-P_{\mathrm{fsc}i-1,j,k}}{0.5(\Delta x_{\mathrm{f}i,j,k}+\Delta x_{\mathrm{f}i-1,j,k})}\\-\varepsilon\rho_{\mathrm{fw}i-\frac{1}{2},j,k}g\dfrac{H_{i,j,k}-H_{i-1,j,k}}{0.5(\Delta x_{\mathrm{f}i,j,k}+\Delta x_{\mathrm{f}i-1,j,k})}\end{array}\right](\Delta y\Delta z)_{\mathrm{f}i,j,k}+$$

$$\left(\frac{K_{\mathrm{f}}K_{\mathrm{frw}}}{\mu_{\mathrm{fw}}}\rho_{\mathrm{fw}}\right)_{i,j-\frac{1}{2},k}\left[\begin{array}{l}\dfrac{P_{\mathrm{fg}i,j,k}-P_{\mathrm{fg}i,j-1,k}}{0.5(\Delta y_{\mathrm{f}i,j,k}+\Delta y_{\mathrm{f}i,j-1,k})}-\dfrac{P_{\mathrm{fsc}i,j,k}-P_{\mathrm{fsc}i,j-1,k}}{0.5(\Delta y_{\mathrm{f}i,j,k}+\Delta y_{\mathrm{f}i,j-1,k})}\\-\varepsilon\rho_{\mathrm{fw}i,j-\frac{1}{2},k}g\dfrac{H_{i,j,k}-H_{i,j-1,k}}{0.5(\Delta y_{\mathrm{f}i,j,k}+\Delta y_{\mathrm{f}i,j-1,k})}\end{array}\right](\Delta x\Delta z)_{\mathrm{f}i,j,k}+$$

$$\left(\frac{K_{\mathrm{f}}K_{\mathrm{frw}}}{\mu_{\mathrm{fw}}}\rho_{\mathrm{fw}}\right)_{i,j,k-\frac{1}{2}}\left[\begin{array}{l}\dfrac{P_{\mathrm{fg}i,j,k}-P_{\mathrm{fg}i,j,k-1}}{0.5(\Delta z_{\mathrm{f}i,j,k}+\Delta z_{\mathrm{f}i,j,k-1})}-\dfrac{P_{\mathrm{fsc}i,j,k}-P_{\mathrm{fsc}i,j,k-1}}{0.5(\Delta z_{\mathrm{f}i,j,k}+\Delta z_{\mathrm{f}i,j,k-1})}\\-\varepsilon\rho_{\mathrm{fw}i,j,k-\frac{1}{2}}g\dfrac{H_{i,j,k}-H_{i,j,k-1}}{0.5(\Delta z_{\mathrm{f}i,j,k}+\Delta z_{\mathrm{f}i,j,k-1})}\end{array}\right](\Delta x\Delta y)_{\mathrm{f}i,j,k}$$

(5-2)

所以,水相的基本微分方程可离散化为:

$$\left(\frac{K_{\mathrm{f}}K_{\mathrm{frw}}}{\mu_{\mathrm{fw}}B_{\mathrm{fw}}}\right)_{i+\frac{1}{2},j,k}\left[\begin{array}{l}\dfrac{P_{\mathrm{fg}i+1,j,k}-P_{\mathrm{fg}i,j,k}}{0.5(\Delta x_{\mathrm{f}i+1,j,k}+\Delta x_{\mathrm{f}i,j,k})}-\dfrac{P_{\mathrm{fsc}i+1,j,k}-P_{\mathrm{fsc}i,j,k}}{0.5(\Delta x_{\mathrm{f}i+1,j,k}+\Delta x_{\mathrm{f}i,j,k})}\\-\varepsilon\rho_{\mathrm{fw}i+\frac{1}{2},j,k}g\dfrac{H_{i+1,j,k}-H_{i,j,k}}{0.5(\Delta x_{\mathrm{f}i+1,j,k}+\Delta x_{\mathrm{f}i,j,k})}\end{array}\right](\Delta y\Delta z)_{\mathrm{f}i,j,k}+$$

$$\left(\frac{K_{\mathrm{f}}K_{\mathrm{frw}}}{\mu_{\mathrm{fw}}B_{\mathrm{fw}}}\right)_{i,j+\frac{1}{2},k}\left[\begin{array}{l}\dfrac{P_{\mathrm{fg}i,j+1,k}-P_{\mathrm{fg}i,j,k}}{0.5(\Delta y_{\mathrm{f}i,j+1,k}+\Delta y_{\mathrm{f}i,j,k})}-\dfrac{P_{\mathrm{fsc}i,j+1,k}-P_{\mathrm{fsc}i,j,k}}{0.5(\Delta y_{\mathrm{f}i,j+1,k}+\Delta y_{\mathrm{f}i,j,k})}\\-\varepsilon\rho_{\mathrm{fw}i,j+\frac{1}{2},k}g\dfrac{H_{i,j+1,k}-H_{i,j,k}}{0.5(\Delta y_{\mathrm{f}i,j+1,k}+\Delta y_{\mathrm{f}i,j,k})}\end{array}\right](\Delta x\Delta z)_{\mathrm{f}i,j,k}+$$

$$\left(\frac{K_{\mathrm{f}}K_{\mathrm{frw}}}{\mu_{\mathrm{fw}}B_{\mathrm{fw}}}\right)_{i,j,k+\frac{1}{2}}\left[\begin{array}{l}\dfrac{P_{\mathrm{fg}i,j,k+1}-P_{\mathrm{fg}i,j,k}}{0.5(\Delta z_{\mathrm{f}i,j,k+1}+\Delta z_{\mathrm{f}i,j,k})}-\dfrac{P_{\mathrm{fsc}i,j,k+1}-P_{\mathrm{fsc}i,j,k}}{0.5(\Delta z_{\mathrm{f}i,j,k+1}+\Delta z_{\mathrm{f}i,j,k})}\\-\varepsilon\rho_{\mathrm{fw}i,j,k+\frac{1}{2}}g\dfrac{H_{i,j,k+1}-H_{i,j,k}}{0.5(\Delta y_{\mathrm{f}i,j,k+1}+\Delta y_{\mathrm{f}i,j,k})}\end{array}\right](\Delta x\Delta y)_{\mathrm{f}i,j,k}-$$

$$\left(\frac{K_{\mathrm{f}}K_{\mathrm{frw}}}{\mu_{\mathrm{fw}}B_{\mathrm{fw}}}\right)_{i-\frac{1}{2},j,k}\left[\begin{array}{l}\dfrac{P_{\mathrm{fg}i,j,k}-P_{\mathrm{fg}i-1,j,k}}{0.5(\Delta x_{\mathrm{f}i,j,k}+\Delta x_{\mathrm{f}i-1,j,k})}-\dfrac{P_{\mathrm{fsc}i,j,k}-P_{\mathrm{fsc}i-1,j,k}}{0.5(\Delta x_{\mathrm{f}i,j,k}+\Delta x_{\mathrm{f}i-1,j,k})}\\-\varepsilon\rho_{\mathrm{fw}i-\frac{1}{2},j,k}g\dfrac{H_{i,j,k}-H_{i-1,j,k}}{0.5(\Delta x_{\mathrm{f}i,j,k}+\Delta x_{\mathrm{f}i-1,j,k})}\end{array}\right](\Delta y\Delta z)_{\mathrm{f}i,j,k}-$$

$$\left(\frac{K_{\mathrm{f}}K_{\mathrm{frw}}}{\mu_{\mathrm{fw}}B_{\mathrm{fw}}}\right)_{i,j-\frac{1}{2},k}\left[\begin{array}{l}\dfrac{P_{\mathrm{fg}i,j,k}-P_{\mathrm{fg}i,j-1,k}}{0.5(\Delta y_{\mathrm{f}i,j,k}+\Delta y_{\mathrm{f}i,j-1,k})}-\dfrac{P_{\mathrm{fsc}i,j,k}-P_{\mathrm{fsc}i,j-1,k}}{0.5(\Delta y_{\mathrm{f}i,j,k}+\Delta y_{\mathrm{f}i,j-1,k})}\\-\varepsilon\rho_{\mathrm{fw}i,j-\frac{1}{2},k}g\dfrac{H_{i,j,k}-H_{i,j-1,k}}{0.5(\Delta y_{\mathrm{f}i,j,k}+\Delta y_{\mathrm{f}i,j-1,k})}\end{array}\right](\Delta x\Delta z)_{\mathrm{f}i,j,k}-$$

$$\left(\frac{K_{\mathrm{f}}K_{\mathrm{frw}}}{\mu_{\mathrm{fw}}B_{\mathrm{fw}}}\right)_{i,j,k-\frac{1}{2}}\left[\begin{array}{l}\dfrac{P_{\mathrm{fg}i,j,k}-P_{\mathrm{fg}i,j,k-1}}{0.5(\Delta z_{\mathrm{f}i,j,k}+\Delta z_{\mathrm{f}i,j,k-1})}-\dfrac{P_{\mathrm{fsc}i,j,k}-P_{\mathrm{fsc}i,j,k-1}}{0.5(\Delta z_{\mathrm{f}i,j,k}+\Delta z_{\mathrm{f}i,j,k-1})}\\-\varepsilon\rho_{\mathrm{fw}i,j,k-\frac{1}{2}}g\dfrac{H_{i,j,k}-H_{i,j,k-1}}{0.5(\Delta z_{\mathrm{f}i,j,k}+\Delta z_{\mathrm{f}i,j,k-1})}\end{array}\right](\Delta x\Delta y)_{\mathrm{f}i,j,k}$$

$$=\frac{\partial}{\partial t}\left(\frac{\phi_{\mathrm{f}}S_{\mathrm{fw}}}{B_{\mathrm{fw}}}\right)\cdot V_{\mathrm{fb}i,j,k}\tag{5-3}$$

令：

$$A_{fi\pm\frac{1}{2},j,k}=(\Delta y,\Delta z)_{fi,j,k};A_{fi,j\pm\frac{1}{2},k}=(\Delta x,\Delta z)_{fi,j,k};A_{fi,j,k\pm\frac{1}{2}}=(\Delta x,\Delta y)_{fi,j,k}$$

$$T_{fw(i\pm\frac{1}{2}),j,k}=\frac{A_{fi\pm\frac{1}{2},j,k}}{0.5(\Delta x_{fi,j,k}+\Delta x_{fi\pm1,j,k})}\cdot\left(\frac{K_f K_{frw}}{\mu_{fw}B_{fw}}\right)_{i\pm\frac{1}{2},j,k}$$

$$T_{fwi,(j\pm\frac{1}{2}),k}=\frac{A_{fi,j\pm\frac{1}{2},k}}{0.5(\Delta y_{fi,j,k}+\Delta y_{fi,j\pm1,k})}\cdot\left(\frac{K_f K_{frw}}{\mu_{fw}B_{fw}}\right)_{i,j\pm\frac{1}{2},k}$$

$$T_{fwi,j(k\pm\frac{1}{2})}=\frac{A_{fi,j,k\pm\frac{1}{2}}}{0.5(\Delta z_{fi,j,k}+\Delta z_{fi,j,k\pm1})}\cdot\left(\frac{K_f K_{frw}}{\mu_{fw}B_{fw}}\right)_{i,j,k\pm\frac{1}{2}}$$

$$G_{fw}=-\Delta T_{fw}\cdot\Delta(P_{fsc}+\varepsilon\rho_{fw}gH)$$

则：

$$\begin{aligned}G_{fwi,j,k}=&-T_{fwi+\frac{1}{2},j,k}[(P_{fsci+1,j,k}-P_{fsci,j,k})+\varepsilon\rho_{fwi+\frac{1}{2},j,k}g(H_{i+1,j,k}-H_{i,j,k})]\\&-T_{fwi,j+\frac{1}{2},k}[(P_{fsci,j+1,k}-P_{fsci,j,k})+\varepsilon\rho_{fwi,j+\frac{1}{2},k}g(H_{i,j+1,k}-H_{i,j,k})]\\&-T_{fwi,j,k+\frac{1}{2}}[(P_{fsci,j,k+1}-P_{fsci,j,k})+\varepsilon\rho_{fwi,j,k+\frac{1}{2}}g(H_{i,j,k+1}-H_{i,j,k})]\\&-T_{fwi-\frac{1}{2},j,k}[(P_{fsci,j,k}-P_{fsci-1,j,k})+\varepsilon\rho_{fwi-\frac{1}{2},j,k}g(H_{i,j,k}-H_{i-1,j,k})]\\&-T_{fwi,j-\frac{1}{2},k}[(P_{fsci,j,k}-P_{fsci,j-1,k})+\varepsilon\rho_{fwi,j-\frac{1}{2},k}g(H_{i,j,k}-H_{i,j-1,k})]\\&-T_{fwi,j,k-\frac{1}{2}}[(P_{fsci,j,k}-P_{fsci,j,k-1})+\varepsilon\rho_{fwi,j,k-\frac{1}{2}}g(H_{i,j,k}-H_{i,j,k-1})]\end{aligned}$$

则方程(5-3)可化简为：

$$\begin{aligned}&T_{fwi+\frac{1}{2},j,k}(P_{fgi+1,j,k}-P_{fgi,j,k})+T_{fwi,j+\frac{1}{2},k}(P_{fgi,j+1,k}-P_{fgi,j,k})+\\&T_{fwi,j,k+\frac{1}{2}}(P_{fgi,j,k+1}-P_{fgi,j,k})-T_{fwi-\frac{1}{2},j,k}(P_{fgi,j,k}-P_{fgi-1,j,k})-\\&T_{fwi,j-\frac{1}{2},k}(P_{fgi,j,k}-P_{fgi,j-1,k})-T_{fwi,j,k-\frac{1}{2}}(P_{fgi,j,k}-P_{fgi,j,k-1})+\\&G_{fwi,j,k}=\frac{\partial}{\partial t}\left(\frac{\phi_f S_{fw}}{B_{fw}}\right)_{i,j,k}\cdot V_{fbi,j,k}\end{aligned}\tag{5-4}$$

（二）气相基本微分方程离散化

同理，气相的基本微分方程可离散化为：

$$\left\{\begin{aligned}&\left(\frac{K_f K_{frg}}{\mu_{fg}B_{fg}}\right)_{i+\frac{1}{2}j,k}\left[\frac{P_{fgi+1,j,k}-P_{fgi,j,k}}{0.5(\Delta x_{fi+1,j,k}+\Delta x_{fi,j,k})}-\varepsilon\rho_{fgi+\frac{1}{2},j,k}g\frac{H_{i+1,j,k}-H_{i,j,k}}{0.5(\Delta x_{fi+1,j,k}+\Delta x_{fi,j,k})}\right]\\&+\frac{D_{fi+\frac{1}{2},j,k}}{0.5(\Delta x_{fi+1,j,k}+\Delta x_{fi,j,k})}\left[\left(\frac{S_{fg}}{B_{fg}}\right)_{i+1,j,k}-\left(\frac{S_{fg}}{B_{fg}}\right)_{i,j,k}\right]\end{aligned}\right\}(\Delta y\Delta z)_{fi,j,k}+$$

$$\left\{\begin{aligned}&\left(\frac{K_f K_{frg}}{\mu_{fg}B_{fg}}\right)_{i,j+\frac{1}{2},k}\left[\frac{P_{fgi,j+1,k}-P_{fgi,j,k}}{0.5(\Delta y_{fi,j+1,k}+\Delta y_{fi,j,k})}-\varepsilon\rho_{fgi,j+\frac{1}{2},k}g\frac{H_{i,j+1,k}-H_{i,j,k}}{0.5(\Delta y_{fi,j+1,k}+\Delta y_{fi,j,k})}\right]\\&+\frac{D_{fi,j+\frac{1}{2},k}}{0.5(\Delta y_{fi,j+1,k}+\Delta y_{fi,j,k})}\left[\left(\frac{S_{fg}}{B_{fg}}\right)_{i,j+1,k}-\left(\frac{S_{fg}}{B_{fg}}\right)_{i,j,k}\right]\end{aligned}\right\}(\Delta x\Delta z)_{fi,j,k}+$$

$$\left\{\begin{aligned}&\left(\frac{K_f K_{frg}}{\mu_{fg}B_{fg}}\right)_{i,j,k+\frac{1}{2}}\left[\frac{P_{fgi,j,k+1}-P_{fgi,j,k}}{0.5(\Delta z_{fi,j,k+1}+\Delta z_{fi,j,k})}-\varepsilon\rho_{fgi,j,k+\frac{1}{2}}g\frac{H_{i,j,k+1}-H_{i,j,k}}{0.5(\Delta z_{fi,j,k+1}+\Delta y_{fi,j,k})}\right]\\&+\frac{D_{fi,j,k+\frac{1}{2}}}{0.5(\Delta z_{fi,j,k+1}+\Delta z_{fi,j,k})}\left[\left(\frac{S_{fg}}{B_{fg}}\right)_{i,j,k+1}-\left(\frac{S_{fg}}{B_{fg}}\right)_{i,j,k}\right]\end{aligned}\right\}(\Delta x\Delta y)_{fi,j,k}-$$

$$\left\{\begin{aligned}&\left(\frac{K_{\mathrm{f}}K_{\mathrm{frg}}}{\mu_{\mathrm{fg}}B_{\mathrm{fg}}}\right)_{i-\frac{1}{2},j,k}\left[\frac{P_{\mathrm{fg}i,j,k}-P_{\mathrm{fg}i-1,j,k}}{0.5(\Delta x_{\mathrm{f}i,j,k}+\Delta x_{\mathrm{f}i-1,j,k})}-\varepsilon\rho_{\mathrm{fg}i-\frac{1}{2},j,k}g\frac{H_{i,j,k}-H_{i-1,j,k}}{0.5(\Delta x_{\mathrm{f}i,j,k}+\Delta x_{\mathrm{f}i-1,j,k})}\right]\\&+\frac{D_{\mathrm{f}i-\frac{1}{2},j,k}}{0.5(\Delta x_{\mathrm{f}i,j,k}+\Delta x_{\mathrm{f}i-1,j,k})}\left[\left(\frac{S_{\mathrm{fg}}}{B_{\mathrm{fg}}}\right)_{i,j,k}-\left(\frac{S_{\mathrm{fg}}}{B_{\mathrm{fg}}}\right)_{i-1,j,k}\right]\end{aligned}\right\}(\Delta y\Delta z)_{\mathrm{f}i,j,k}-$$

$$\left\{\begin{aligned}&\left(\frac{K_{\mathrm{f}}K_{\mathrm{frg}}}{\mu_{\mathrm{fg}}B_{\mathrm{fg}}}\right)_{i,j-\frac{1}{2},k}\left[\frac{P_{\mathrm{fg}i,j,k}-P_{\mathrm{fg}i,j-1,k}}{0.5(\Delta y_{\mathrm{f}i,j,k}+\Delta y_{\mathrm{f}i,j-1,k})}-\varepsilon\rho_{\mathrm{fg}i,j,k-\frac{1}{2}}g\frac{H_{i,j,k}-H_{i,j-1,k}}{0.5(\Delta y_{\mathrm{f}i,j,k}+\Delta y_{\mathrm{f}i,j-1,k})}\right]\\&+\frac{D_{\mathrm{f}i,j-\frac{1}{2},k}}{0.5(\Delta y_{\mathrm{f}i,j,k}+\Delta y_{\mathrm{f}i,j-1,k})}\left[\left(\frac{S_{\mathrm{fg}}}{B_{\mathrm{fg}}}\right)_{i,j,k}-\left(\frac{S_{\mathrm{fg}}}{B_{\mathrm{fg}}}\right)_{i,j-1,k}\right]\end{aligned}\right\}(\Delta x\Delta z)_{\mathrm{f}i,j,k}-$$

$$\left\{\begin{aligned}&\left(\frac{K_{\mathrm{f}}K_{\mathrm{frg}}}{\mu_{\mathrm{fg}}B_{\mathrm{fg}}}\right)_{i,j,k-\frac{1}{2}}\left[\frac{P_{\mathrm{fg}i,j,k}-P_{\mathrm{fg}i,j,k-1}}{0.5(\Delta z_{\mathrm{f}i,j,k}+\Delta z_{\mathrm{f}i,j,k-1})}-\varepsilon\rho_{\mathrm{fg}i,j,k-\frac{1}{2}}g\frac{H_{i,j,k}-H_{i,j,k-1}}{0.5(\Delta z_{\mathrm{f}i,j,k}+\Delta z_{\mathrm{f}i,j,k-1})}\right]\\&+\frac{D_{\mathrm{f}i,j,k-\frac{1}{2}}}{0.5(\Delta z_{\mathrm{f}i,j,k}+\Delta z_{\mathrm{f}i,j,k-1})}\left[\left(\frac{S_{\mathrm{fg}}}{B_{\mathrm{fg}}}\right)_{i,j,k}-\left(\frac{S_{\mathrm{fg}}}{B_{\mathrm{fg}}}\right)_{i,j,k-1}\right]\end{aligned}\right\}(\Delta x\Delta y)_{\mathrm{f}i,j,k}+$$

$$q_{\mathrm{mgv}}\cdot V_{\mathrm{fb}i,j,k}=\frac{\partial}{\partial t}\left(\frac{\phi_{\mathrm{f}}S_{\mathrm{fg}}}{B_{\mathrm{fg}}}\right)\cdot V_{\mathrm{fb}i,j,k}\tag{5-5}$$

令：

$$T_{\mathrm{fg}(i\pm\frac{1}{2}),j,k}=\frac{A_{\mathrm{f}i\pm\frac{1}{2},j,k}}{0.5(\Delta x_{\mathrm{f}i,j,k}+\Delta x_{\mathrm{f}i\pm1,j,k})}\cdot\left(\frac{K_{\mathrm{f}}K_{\mathrm{frg}}}{\mu_{\mathrm{fg}}B_{\mathrm{fg}}}\right)_{i\pm\frac{1}{2},j,k}$$

$$T_{\mathrm{fg}i,(j\pm\frac{1}{2}),k}=\frac{A_{\mathrm{f}i,j\pm\frac{1}{2},k}}{0.5(\Delta y_{\mathrm{f}i,j,k}+\Delta y_{\mathrm{f}i,j\pm1,k})}\cdot\left(\frac{K_{\mathrm{f}}K_{\mathrm{frg}}}{\mu_{\mathrm{fg}}B_{\mathrm{fg}}}\right)_{i,j\pm\frac{1}{2},k}$$

$$T_{\mathrm{fg}i,j(k\pm\frac{1}{2})}=\frac{A_{\mathrm{f}i,j,k\pm\frac{1}{2}}}{0.5(\Delta z_{\mathrm{f}i,j,k}+\Delta z_{\mathrm{f}i,j,k\pm1})}\cdot\left(\frac{K_{\mathrm{f}}K_{\mathrm{frg}}}{\mu_{\mathrm{fg}}B_{\mathrm{fg}}}\right)_{i,j,k\pm\frac{1}{2}}$$

$$T_{\mathrm{fD}(i\pm\frac{1}{2}),j,k}=\frac{(AD)_{\mathrm{f}i\pm\frac{1}{2},j,k}}{0.5(\Delta x_{\mathrm{f}i,j,k}+\Delta x_{\mathrm{f}i\pm1,j,k})}$$

$$T_{\mathrm{fD}i,(j\pm\frac{1}{2}),k}=\frac{(AD)_{\mathrm{f}i,j\pm\frac{1}{2},k}}{0.5(\Delta y_{\mathrm{f}i,j,k}+\Delta y_{\mathrm{f}i,j\pm1,k})}$$

$$T_{\mathrm{fD}i,j,(k\pm\frac{1}{2})}=\frac{(AD)_{\mathrm{f}i,j,k\pm\frac{1}{2}}}{0.5(\Delta z_{\mathrm{f}i,j,k}+\Delta z_{\mathrm{f}i,j,k\pm1})}$$

$$G_{\mathrm{fg}}=-\Delta T_{\mathrm{fg}}\cdot(\rho_{\mathrm{fg}}gH)$$

则：

$$\begin{aligned}G_{\mathrm{fg}i,j,k}=&-T_{\mathrm{fg}i+\frac{1}{2},j,k}\left[\varepsilon\rho_{\mathrm{fg}i+\frac{1}{2},j,k}g(H_{i+1,j,k}-H_{i,j,k})\right]-T_{\mathrm{fg}i,j+\frac{1}{2},k}\left[\varepsilon\rho_{\mathrm{fg}i,j+\frac{1}{2},k}g(H_{i,j+1,k}-H_{i,j,k})\right]\\&-T_{\mathrm{fg}i,j,k+\frac{1}{2}}\left[\varepsilon\rho_{\mathrm{fg}i,j,k+\frac{1}{2}}g(H_{i,j,k+1}-H_{i,j,k})\right]+T_{\mathrm{fg}i-\frac{1}{2},j,k}\left[\varepsilon\rho_{\mathrm{fg}i-\frac{1}{2},j,k}g(H_{i,j,k}-H_{i-1,j,k})\right]\\&+T_{\mathrm{fg}i,j-\frac{1}{2},k}\left[\varepsilon\rho_{\mathrm{fg}i,j-\frac{1}{2},k}g(H_{i,j,k}-H_{i,j-1,k})\right]+T_{\mathrm{fg}i,j,k-\frac{1}{2}}\left[\varepsilon\rho_{\mathrm{fg}i,j,k-\frac{1}{2}}g(H_{i,j,k}-H_{i,j,k-1})\right]\end{aligned}$$

$$Q_{\mathrm{mgv}}=q_{\mathrm{mgv}}\cdot V_{\mathrm{fb}i,j,k}=-F_{\mathrm{G}}\left\{\frac{1}{\tau}[V_{\mathrm{E}}(P_{\mathrm{fg}})-C_{\mathrm{m}}(t)]-\frac{\alpha_{\mathrm{m}}K_{\mathrm{m}}}{\mu_{\mathrm{mg}}B_{\mathrm{mg}}}(P_{\mathrm{mg}}-P_{\mathrm{fg}})\right\}\cdot V_{\mathrm{fb}i,j,k}$$

由于同时考虑了基质单元中的吸附气体和游离气体，所以由 Langmuir 方程和真实气体方程，得到基质单元表面气体浓度和基质单元内气体的平均浓度如下：

$$V_{\mathrm{E}}(P_{\mathrm{fg}})=\frac{V_{\mathrm{L}}P_{\mathrm{fg}}}{P_{\mathrm{L}}+P_{\mathrm{fg}}}+\frac{\phi_{\mathrm{f}}MP_{\mathrm{fg}}}{\rho_{\mathrm{gsc}}ZRT}$$

$$C_{\mathrm{m}}(t)=\frac{\phi_{\mathrm{L}}MP_{\mathrm{mg}}}{\rho_{\mathrm{gsc}}ZRT}+\frac{V_{\mathrm{L}}P_{\mathrm{mg}}}{P_{\mathrm{L}}+P_{\mathrm{mg}}}$$

将两式联立，即可求得基质单元体中的压力。则方程(5-5)可化简为：

$$\begin{aligned}
&T_{\mathrm{fg}i+\frac{1}{2},j,k}(P_{\mathrm{fg}i+1,j,k}-P_{\mathrm{fg}i,j,k})+T_{\mathrm{fD}i+\frac{1}{2},j,k}\left[\left(\frac{S_{\mathrm{fg}}}{B_{\mathrm{fg}}}\right)_{i+1,j,k}-\left(\frac{S_{\mathrm{fg}}}{B_{\mathrm{fg}}}\right)_{i,j,k}\right]+\\
&T_{\mathrm{fg}i,j+\frac{1}{2},k}(P_{\mathrm{fg}i,j+1,k}-P_{\mathrm{fg}i,j,k})+T_{\mathrm{fD}i,j+\frac{1}{2},k}\left[\left(\frac{S_{\mathrm{fg}}}{B_{\mathrm{fg}}}\right)_{i,j+1,k}-\left(\frac{S_{\mathrm{fg}}}{B_{\mathrm{fg}}}\right)_{i,j,k}\right]+\\
&T_{\mathrm{fg}i,j,k+\frac{1}{2}}(P_{\mathrm{fg}i,j,k+1}-P_{\mathrm{fg}i,j,k})+T_{\mathrm{fD}i,j,k+\frac{1}{2}}\left[\left(\frac{S_{\mathrm{fg}}}{B_{\mathrm{fg}}}\right)_{i,j,k+1}-\left(\frac{S_{\mathrm{fg}}}{B_{\mathrm{fg}}}\right)_{i,j,k}\right]-\\
&T_{\mathrm{fg}i-\frac{1}{2},j,k}(P_{\mathrm{fg}i,j,k}-P_{\mathrm{fg}i-1,j,k})-T_{\mathrm{fD}i-\frac{1}{2},j,k}\left[\left(\frac{S_{\mathrm{fg}}}{B_{\mathrm{fg}}}\right)_{i,j,k}-\left(\frac{S_{\mathrm{fg}}}{B_{\mathrm{fg}}}\right)_{i-1,j,k}\right]-\\
&T_{\mathrm{fg}i,j-\frac{1}{2},k}(P_{\mathrm{fg}i,j,k}-P_{\mathrm{fg}i,j-1,k})-T_{\mathrm{fD}i,j-\frac{1}{2},k}\left[\left(\frac{S_{\mathrm{fg}}}{B_{\mathrm{fg}}}\right)_{i,j,k}-\left(\frac{S_{\mathrm{fg}}}{B_{\mathrm{fg}}}\right)_{i,j-1,k}\right]-\\
&T_{\mathrm{fg}i,j,k-\frac{1}{2}}(P_{\mathrm{fg}i,j,k}-P_{\mathrm{fg}i,j,k-1})-T_{\mathrm{fD}i,j,k-\frac{1}{2}}\left[\left(\frac{S_{\mathrm{fg}}}{B_{\mathrm{fg}}}\right)_{i,j,k}-\left(\frac{S_{\mathrm{fg}}}{B_{\mathrm{fg}}}\right)_{i,j,k-1}\right]+\\
&G_{\mathrm{fg}i,j,k}+Q_{\mathrm{mgvi,j,k}}=\frac{\partial}{\partial t}\left(\frac{\phi_{\mathrm{f}}S_{\mathrm{fg}}}{B_{\mathrm{fg}}}\right)_{i,j,k}\cdot V_{\mathrm{fb}i,j,k}
\end{aligned}\tag{5-6}$$

(三) 宏观裂隙系统压力求解方法

水相基本微分方程右端乘以 $B_{\mathrm{fw}}$，得：

$$\begin{aligned}
\text{右端}=B_{\mathrm{fw}}\frac{\partial}{\partial t}\left(\frac{\phi_{\mathrm{f}}S_{\mathrm{fw}}}{B_{\mathrm{fw}}}\right)&=B_{\mathrm{fw}}\left[\frac{1}{B_{\mathrm{fw}}}\frac{\partial}{\partial t}(\phi_{\mathrm{f}}S_{\mathrm{fw}})-\phi_{\mathrm{f}}S_{\mathrm{fw}}\frac{1}{B_{\mathrm{fw}}^{2}}\frac{\partial B_{\mathrm{fw}}}{\partial t}\right]\\
&=\frac{\partial}{\partial t}(\phi_{\mathrm{f}}S_{\mathrm{fw}})-\phi_{\mathrm{f}}S_{\mathrm{fw}}\frac{1}{B_{\mathrm{fw}}}\frac{\partial B_{\mathrm{fw}}}{\partial t}\\
&=S_{\mathrm{fw}}\frac{\partial\phi_{\mathrm{f}}}{\partial t}+\phi_{\mathrm{f}}\frac{\partial S_{\mathrm{fw}}}{\partial t}-\phi_{\mathrm{f}}S_{\mathrm{fw}}\frac{1}{B_{\mathrm{fw}}}\frac{\partial B_{\mathrm{fw}}}{\partial t}\\
&=S_{\mathrm{fw}}\frac{\partial\phi_{\mathrm{f}}}{\partial P_{\mathrm{fg}}}\frac{\partial P_{\mathrm{fg}}}{\partial t}+\phi_{\mathrm{f}}\frac{\partial S_{\mathrm{fw}}}{\partial t}-\phi_{\mathrm{f}}S_{\mathrm{fw}}\frac{1}{B_{\mathrm{fw}}}\frac{\partial B_{\mathrm{fw}}}{\partial t}\frac{\partial P_{\mathrm{fg}}}{\partial t}\\
&=\phi_{\mathrm{f}}S_{\mathrm{fw}}C_{\mathrm{ff}}\frac{\partial P_{\mathrm{fg}}}{\partial t}+\phi_{\mathrm{f}}\frac{\partial S_{\mathrm{fw}}}{\partial t}+\phi_{\mathrm{f}}S_{\mathrm{fw}}C_{\mathrm{fw}}\frac{\partial P_{\mathrm{fg}}}{\partial t}
\end{aligned}\tag{5-7}$$

同理，气相基本微分方程右端乘以 $B_{\mathrm{fg}}$，得：

$$\begin{aligned}
\text{右端}=B_{\mathrm{fg}}\frac{\partial}{\partial t}\left(\frac{\phi_{\mathrm{f}}S_{\mathrm{fg}}}{B_{\mathrm{fg}}}\right)&=B_{\mathrm{fg}}\left[\frac{1}{B_{\mathrm{fg}}}\frac{\partial}{\partial t}(\phi_{\mathrm{f}}S_{\mathrm{fg}})-\phi_{\mathrm{f}}S_{\mathrm{fg}}\frac{1}{B_{\mathrm{fg}}^{2}}\frac{\partial B_{\mathrm{fg}}}{\partial t}\right]\\
&=\frac{\partial}{\partial t}(\phi_{\mathrm{f}}S_{\mathrm{fg}})-\phi_{\mathrm{f}}S_{\mathrm{fg}}\frac{1}{B_{\mathrm{fg}}}\frac{\partial B_{\mathrm{fg}}}{\partial t}\\
&=S_{\mathrm{fg}}\frac{\partial\phi_{\mathrm{f}}}{\partial t}+\phi_{\mathrm{f}}\frac{\partial S_{\mathrm{fg}}}{\partial t}-\phi_{\mathrm{f}}S_{\mathrm{fg}}\frac{1}{B_{\mathrm{fg}}}\frac{\partial B_{\mathrm{fg}}}{\partial t}\\
&=S_{\mathrm{fg}}\frac{\partial\phi_{\mathrm{f}}}{\partial P_{\mathrm{fg}}}\frac{\partial P_{\mathrm{fg}}}{\partial t}+\phi_{\mathrm{f}}\frac{\partial S_{\mathrm{fg}}}{\partial t}-\phi_{\mathrm{f}}S_{\mathrm{fg}}\frac{1}{B_{\mathrm{fg}}}\frac{\partial B_{\mathrm{fg}}}{\partial P_{\mathrm{fg}}}\frac{\partial P_{\mathrm{fg}}}{\partial t}\\
&=\phi_{\mathrm{f}}S_{\mathrm{fg}}C_{\mathrm{ff}}\frac{\partial P_{\mathrm{fg}}}{\partial t}+\phi_{\mathrm{f}}\frac{\partial S_{\mathrm{fg}}}{\partial t}+\phi_{\mathrm{f}}S_{\mathrm{fg}}C_{\mathrm{fg}}\frac{\partial P_{\mathrm{fg}}}{\partial t}
\end{aligned}\tag{5-8}$$

其中，$C_{\mathrm{ff}}=\frac{1}{\phi_{\mathrm{f}}}\frac{\partial\phi_{\mathrm{f}}}{\partial P_{\mathrm{fg}}}$；$C_{\mathrm{fg}}=-\frac{1}{B_{\mathrm{fg}}}\frac{\partial B_{\mathrm{fg}}}{\partial P_{\mathrm{fg}}}$；$C_{\mathrm{fw}}=\frac{1}{B_{\mathrm{fw}}}\frac{\partial B_{\mathrm{fw}}}{\partial P_{\mathrm{fg}}}$，$C_{\mathrm{ff}}$、$C_{\mathrm{fg}}$、$C_{\mathrm{fw}}$分别为宏观裂隙、宏观裂隙

中气相、宏观裂隙中水相的压缩系数，10・MPa$^{-1}$。

水相基本微分方程左右两边同乘以 $B_{fw}$得：

$$B_{fw} \cdot \nabla\left[\frac{K_f K_{frw}}{\mu_{fw} B_{fw}} \nabla(P_{fw} - \varepsilon\rho_{fw} gH)\right] = \phi_f S_{fw} C_{ff} \frac{\partial P_{fw}}{\partial t} + \phi_f \frac{\partial S_{fw}}{\partial t} + \phi_f S_{fw} C_{fw} \frac{\partial P_{fw}}{\partial w} \quad (5\text{-}9)$$

同理，气相基本微分方程左右两边同乘以 $B_{fg}$得：

$$B_{fg} \cdot \nabla\left[\frac{K_f K_{frg}}{\mu_{fg} B_{fg}} \nabla(P_{fg} - \varepsilon\rho_{fg} gH)\right] + D_f \nabla\left(\frac{S_{fg}}{B_{fg}}\right) + q_{mgv}$$

$$= \phi_f S_{fg} C_{ff} \frac{\partial P_{fg}}{\partial t} + \phi_f \frac{\partial S_{fg}}{\partial t} + \phi_f S_{fg} C_{fg} \frac{\partial P_{fg}}{\partial t} \quad (5\text{-}10)$$

方程(5-9)、方程(5-10)左右两边相加，得：

$$B_{fw} \cdot \nabla\left[\frac{K_f K_{frw}}{\mu_{fw} B_{fw}} \nabla(P_{fw} - \varepsilon\rho_{fw} gH)\right] +$$

$$B_{fg} \cdot \nabla\left[\frac{K_f K_{frg}}{\mu_{fg} B_{fg}} \nabla(P_{fg} - \varepsilon\rho_{fg} gH) + D_f \nabla\left(\frac{S_{fg}}{B_{fg}}\right)\right] + q_{mgv}$$

$$= \phi_f S_{fg} C_{ff} \frac{\partial P_{fw}}{\partial t} + \phi_f \frac{\partial S_{fw}}{\partial t} + \phi_f S_{fw} C_{fw} \frac{\partial P_{fw}}{\partial t} +$$

$$\phi_f S_{fg} C_{ff} \frac{\partial P_{fg}}{\partial t} + \phi_f \frac{\partial S_{fg}}{\partial t} + \phi_f S_{fg} C_{fg} \frac{\partial P_{fg}}{\partial t} \quad (5\text{-}11)$$

由于 $P_{fw} = P_{fg} - P_{fsc}$，$P_{fsc}$为气相饱和度的函数(已知函数)，则式(5-11)整理得：

$$B_{fw} \cdot \nabla\left[\frac{K_f K_{frw}}{\mu_{fw} B_{fw}} \nabla(P_{fg} - P_{fsc} - \varepsilon\rho_{fw} gH)\right] +$$

$$B_{fg} \cdot \nabla\left[\frac{K_f K_{frg}}{\mu_{fg} B_{fg}} \nabla(P_{fg} - \varepsilon\rho_{fg} gH)\right] + B_{fg} \cdot \left\{\nabla\left[D_f \nabla\left(\frac{S_{fg}}{B_{fg}}\right)\right] + q_{mgv}\right\}$$

$$= [\phi_f(S_{fw} + S_{fg}) C_{ff} + \phi_f S_{fw} C_{fw} + \phi_f S_{fg} C_{fg}] \frac{\partial P_{fg}}{\partial t} + \phi_f \frac{\partial(S_{fw} + S_{fg})}{\partial t}$$

令 $C_{ft} = C_{ff} + S_{fw} C_{fw} + S_{fg} C_{fg}$，$C_{ft}$为综合压缩系数，10・MPa$^{-1}$，且 $S_{fw} + S_{fg} = 1$，则方程(5-11)整理为：

$$B_{fw} \cdot \nabla\left[\frac{K_f K_{frw}}{\mu_{fw} B_{fw}} \nabla(P_{fg} - P_{fsc} - \varepsilon\rho_{fw} gH)\right] + B_{fg} \cdot \nabla\left[\frac{K_f K_{frg}}{\mu_{fg} B_{fg}} \nabla(P_{fg} - \varepsilon\rho_{fg} gH)\right] +$$

$$B_{fg} \cdot \left\{\nabla\left[D_f \nabla\left(\frac{S_{fg}}{B_{fg}}\right)\right] + q_{mgv}\right\} = \phi_f C_{ft} \frac{\partial P_{fg}}{\partial t} \quad (5\text{-}12)$$

方程(5-12)左端可离散化为：

$$B_{fwi,j,k}\left\{\begin{aligned}&T_{fwi+\frac{1}{2},j,k}(P_{fgi+1,j,k} - P_{fgi,j,k}) + T_{fwi,j+\frac{1}{2},k}(P_{fgi,j+1,k} - P_{fgi,j,k}) + \\ &T_{fwi,j,k+\frac{1}{2}}(P_{fgi,j,k+1} - P_{fgi,j,k}) - T_{fwi-\frac{1}{2},j,k}(P_{fgi,j,k} - P_{fgi-1,j,k}) - \\ &T_{fwi,j-\frac{1}{2},k}(P_{fgi,j,k} - P_{fgi,j-1,k}) - T_{fwi,j,k-\frac{1}{2}}(P_{fgi,j,k} - P_{fgi,j,k-1}) + G_{fwi,j,k}\end{aligned}\right\} +$$

$$B_{fgi,j,k}\left\{\begin{array}{l}T_{fgi+\frac{1}{2},j,k}(P_{fgi+1,j,k}-P_{fgi,j,k})+T_{fDi+\frac{1}{2},j,k}\left[\left(\frac{S_{fg}}{B_{fg}}\right)_{i+1,j,k}-\left(\frac{S_{fg}}{B_{fg}}\right)_{i,j,k}\right]+\\T_{fgi,j+\frac{1}{2},k}(P_{fgi,j+1,k}-P_{fgi,j,k})+T_{fDi,j+\frac{1}{2},k}\left[\left(\frac{S_{fg}}{B_{fg}}\right)_{i,j+1,k}-\left(\frac{S_{fg}}{B_{fg}}\right)_{i,j,k}\right]+\\T_{fgi,j,k+\frac{1}{2}}(P_{fgi,j,k+1}-P_{fgi,j,k})+T_{fDi,j,k+\frac{1}{2}}\left[\left(\frac{S_{fg}}{B_{fg}}\right)_{i,j,k+1}-\left(\frac{S_{fg}}{B_{fg}}\right)_{i,j,k}\right]-\\T_{fgi-\frac{1}{2},j,k}(P_{fgi,j,k}-P_{fgi-1,j,k})-T_{fDi-\frac{1}{2},j,k}\left[\left(\frac{S_{fg}}{B_{fg}}\right)_{i,j,k}-\left(\frac{S_{fg}}{B_{fg}}\right)_{i-1,j,k}\right]-\\T_{fgi,j-\frac{1}{2},k}(P_{fgi,j,k}-P_{fgi,j-1,k})-T_{fDi,j-\frac{1}{2},k}\left[\left(\frac{S_{fg}}{B_{fg}}\right)_{i,j,k}-\left(\frac{S_{fg}}{B_{fg}}\right)_{i,j-1,k}\right]-\\T_{fgi,j,k-\frac{1}{2}}(P_{fgi,j,k}-P_{fgi,j,k-1})-T_{fDi,j,k-\frac{1}{2}}\left[\left(\frac{S_{fg}}{B_{fg}}\right)_{i,j,k}-\left(\frac{S_{fg}}{B_{fg}}\right)_{i,j,k-1}\right]+\\G_{fgi,j,k}+Q_{mgvi,j,k}\end{array}\right\} \tag{5-13}$$

方程(5-12)右端可离散化为：

$$V_{fbi,j,k}\phi_f C_{ft}\frac{\partial P_{fg}}{\partial t}=\left(\frac{V_{fb}\phi_f C_{ft}}{\Delta t}\right)^n_{i,j,k}(P^{n+1}_{fgi,j,k}-P^n_{fgi,j,k})$$

且

$$\frac{dC_m(t)}{dt}=\frac{1}{\tau}[V_E(P_{fg})-C_m(t)]-\frac{\alpha_m\rho_{mg}K_m}{\mu_{mg}}(P_{mg}-P_{fg})$$

在三维的情况下：

$$\frac{C^{n+1}_{mi,j,k}-C^n_{mi,j,k}}{\Delta t}=\frac{1}{\tau}[V_E(P^n_{fgi,j,k})-C^n_{mi,j,k}]-\alpha_m\left(\frac{\rho_{mg}K_m}{\mu_{mg}}\right)^n_{i,j,k}(P^n_{mgi,j,k}-P^n_{fgi,j,k})$$

$$V_E(P^n_{fgi,j,k})=\frac{V_L P^n_{fgi,j,k}}{P_L+P^n_{fgi,j,k}}+\frac{\phi^n_{fi,j,k}MP^n_{fgi,j,k}}{\rho_{gsc}zRT}$$

$$C^n_{mi,j,k}=\frac{\phi^n_{mi,j,k}MP^n_{mgi,j,k}}{\rho_{gsc}zRT}+\frac{V_L P^n_{mgi,j,k}}{P_L+P^n_{mgi,j,k}}$$

所以：

$$q^{n+1}_{mgvi,j,k}=-\frac{F_G}{\tau\rho_{gsc}}[V_E(P^n_{fgi,j,k})-C^n_{mi,j,k}]+\alpha_m\left(\frac{K_m}{\mu_{mg}B_{mg}}\right)^n_{i,j,k}(P^n_{mgi,j,k}-P^n_{fgi,j,k})$$

$$Q^{n+1}_{mgvi,j,k}=-\left\{\frac{F_G}{\tau\rho_{gsc}}[V_E(P^n_{fgi,j,k})-C^n_{mi,j,k}]-\alpha_m\left(\frac{K_m}{\mu_{mg}B_{mg}}\right)^n_{i,j,k}(P^n_{mgi,j,k}-P^n_{fgi,j,k})\right\}\cdot V_{fbi,j,k}$$

因此，方程(5-12)可离散化为：

$$B^n_{fwi,j,k}\left\{\begin{array}{l}T^n_{fwi+\frac{1}{2},j,k}(P^{n+1}_{fgi+1,j,k}-P^{n+1}_{fgi,j,k})+T^n_{fwi,j+\frac{1}{2},k}(P^{n+1}_{fgi,j+1,k}-P^{n+1}_{fgi,j,k})+\\T^n_{fwi,j,k+\frac{1}{2}}(P^{n+1}_{fgi,j,k+1}-P^{n+1}_{fgi,j,k})-T^n_{fwi-\frac{1}{2},j,k}(P^{n+1}_{fgi,j,k}-P^{n+1}_{fgi-1,j,k})-\\T^n_{fwi,j-\frac{1}{2},k}(P^{n+1}_{fgi,j,k}-P^{n+1}_{fgi,j-1,k})-T^n_{fwi,j,k-\frac{1}{2}}(P^{n+1}_{fgi,j,k}-P^{n+1}_{fgi,j,k-1})+G^n_{fwi,j,k}\end{array}\right\}+$$

$$
B^{n}_{\mathrm{fg}i,j,k}\left\{\begin{array}{l}
T^{n}_{\mathrm{fg}i+\frac{1}{2},j,k}\left(P^{n+1}_{\mathrm{fg}i+1,j,k}-P^{n+1}_{\mathrm{fg}i,j,k}\right)+T^{n}_{\mathrm{fD}i+\frac{1}{2},j,k}\left[\left(\frac{S_{\mathrm{fg}}}{B_{\mathrm{fg}}}\right)^{n}_{i+1,j,k}-\left(\frac{S_{\mathrm{fg}}}{B_{\mathrm{fg}}}\right)^{n}_{i,j,k}\right]+\\
T^{n}_{\mathrm{fg}i,j+\frac{1}{2},k}\left(P^{n+1}_{\mathrm{fg}i,j+1,k}-P^{n+1}_{\mathrm{fg}i,j,k}\right)+T^{n}_{\mathrm{fD}i,j+\frac{1}{2},k}\left[\left(\frac{S_{\mathrm{fg}}}{B_{\mathrm{fg}}}\right)^{n}_{i,j+1,k}-\left(\frac{S_{\mathrm{fg}}}{B_{\mathrm{fg}}}\right)^{n}_{i,j,k}\right]+\\
T^{n}_{\mathrm{fg}i,j,k+\frac{1}{2}}\left(P^{n+1}_{\mathrm{fg}i,j,k+1}-P^{n+1}_{\mathrm{fg}i,j,k}\right)+T^{n}_{\mathrm{fD}i,j,k+\frac{1}{2}}\left[\left(\frac{S_{\mathrm{fg}}}{B_{\mathrm{fg}}}\right)^{n}_{i,j,k+1}-\left(\frac{S_{\mathrm{fg}}}{B_{\mathrm{fg}}}\right)^{n}_{i,j,k}\right]-\\
T^{n}_{\mathrm{fg}i-\frac{1}{2},j,k}\left(P^{n+1}_{\mathrm{fg}i,j,k}-P^{n+1}_{\mathrm{fg}i-1,j,k}\right)-T^{n}_{\mathrm{fD}i-\frac{1}{2},j,k}\left[\left(\frac{S_{\mathrm{fg}}}{B_{\mathrm{fg}}}\right)^{n}_{i,j,k}-\left(\frac{S_{\mathrm{fg}}}{B_{\mathrm{fg}}}\right)^{n}_{i-1,j,k}\right]-\\
T^{n}_{\mathrm{fg}i,j-\frac{1}{2},k}\left(P^{n+1}_{\mathrm{fg}i,j,k}-P^{n+1}_{\mathrm{fg}i,j-1,k}\right)-T^{n}_{\mathrm{fD}i,j-\frac{1}{2},k}\left[\left(\frac{S_{\mathrm{fg}}}{B_{\mathrm{fg}}}\right)^{n}_{i,j,k}-\left(\frac{S_{\mathrm{fg}}}{B_{\mathrm{fg}}}\right)^{n}_{i,j-1,k}\right]-\\
T^{n}_{\mathrm{fg}i,j,k-\frac{1}{2}}\left(P^{n+1}_{\mathrm{fg}i,j,k}-P^{n+1}_{\mathrm{fg}i,j,k-1}\right)-T^{n}_{\mathrm{fD}i,j,k-\frac{1}{2}}\left[\left(\frac{S_{\mathrm{fg}}}{B_{\mathrm{fg}}}\right)^{n}_{i,j,k}-\left(\frac{S_{\mathrm{fg}}}{B_{\mathrm{fg}}}\right)^{n}_{i,j,k-1}\right]+\\
G^{n}_{\mathrm{fg}i,j,k}+Q^{n+1}_{\mathrm{mgv}i,j,k}
\end{array}\right\}
$$

$$
=\left(\frac{V_{\mathrm{fb}}\phi_{\mathrm{f}}C_{\mathrm{ft}}}{\Delta t}\right)^{n}_{i,j,k}\left(P^{n+1}_{\mathrm{fg}i,j,k}-P^{n}_{\mathrm{fg}i,j,k}\right)\tag{5-14}
$$

整理得：

$$
\begin{aligned}
&\left(B^{n}_{\mathrm{fw}i,j,k}T^{n}_{\mathrm{fw}i-\frac{1}{2},j,k}+B^{n}_{\mathrm{fg}i,j,k}T^{n}_{\mathrm{fg}i-\frac{1}{2},j,k}\right)\cdot P^{(n+1)}_{\mathrm{fg}i-1,j,k}+\left(B^{n}_{\mathrm{fw}i,j,k}T^{n}_{\mathrm{fw}i,j-\frac{1}{2},k}+B^{n}_{\mathrm{fg}i,j,k}T^{n}_{\mathrm{fg}i,j-\frac{1}{2},k}\right)\cdot P^{n+1}_{\mathrm{fg}i,j-1,k}+\\
&\left(B^{n}_{\mathrm{fw}i,j,k}T^{n}_{\mathrm{fw}i,j,k-\frac{1}{2}}+B^{n}_{\mathrm{fg}i,j,k}T^{n}_{\mathrm{fg}i,j,k-\frac{1}{2}}\right)\cdot P^{(n+1)}_{\mathrm{fg}i,j,k-1}-\left(B^{n}_{\mathrm{fw}i,j,k}T^{n}_{\mathrm{fw}i+\frac{1}{2},j,k}+B^{n}_{\mathrm{fg}i,j,k}T^{n}_{\mathrm{fg}i+\frac{1}{2},j,k}\right)\cdot P^{n+1}_{\mathrm{fg}i,j,k}-\\
&\left(B^{n}_{\mathrm{fw}i,j,k}T^{n}_{\mathrm{fw}i,j+\frac{1}{2},k}+B^{n}_{\mathrm{fg}i,j,k}T^{n}_{\mathrm{fg}i,j+\frac{1}{2},k}\right)\cdot P^{(n+1)}_{\mathrm{fg}i,j,k}-\left(B^{n}_{\mathrm{fw}i,j,k}T^{n}_{\mathrm{fw}i,j,k+\frac{1}{2}}+B^{n}_{\mathrm{fg}i,j,k}T^{n}_{\mathrm{fg}i,j,k+\frac{1}{2}}\right)\cdot P^{n+1}_{\mathrm{fg}i,j,k}-\\
&\left(B^{n}_{\mathrm{fw}i,j,k}T^{n}_{\mathrm{fw}i-\frac{1}{2},j,k}+B^{n}_{\mathrm{fg}i,j,k}T^{n}_{\mathrm{fg}i-\frac{1}{2},j,k}\right)\cdot P^{(n+1)}_{\mathrm{fg}i,j,k}-\left(B^{n}_{\mathrm{fw}i,j,k}T^{n}_{\mathrm{fw}i,j-\frac{1}{2},k}+B^{n}_{\mathrm{fg}i,j,k}T^{n}_{\mathrm{fg}i,j-\frac{1}{2},k}\right)\cdot P^{n+1}_{\mathrm{fg}i,j,k}-\\
&\left(B^{n}_{\mathrm{fw}i,j,k}T^{n}_{\mathrm{fw}i,j,k-\frac{1}{2}}+B^{n}_{\mathrm{fg}i,j,k}T^{n}_{\mathrm{fg}i,j,k-\frac{1}{2}}\right)\cdot P^{(n+1)}_{\mathrm{fg}i,j,k}+\left(B^{n}_{\mathrm{fw}i,j,k}T^{n}_{\mathrm{fw}i+\frac{1}{2},j,k}+B^{n}_{\mathrm{fg}i,j,k}T^{n}_{\mathrm{fg}i+\frac{1}{2},j,k}\right)\cdot P^{n+1}_{\mathrm{fg}i+1,j,k}+\\
&\left(B^{n}_{\mathrm{fw}i,j,k}T^{n}_{\mathrm{fw}i,j+\frac{1}{2},k}+B^{n}_{\mathrm{fg}i,j,k}T^{n}_{\mathrm{fg}i,j+\frac{1}{2},k}\right)\cdot P^{(n+1)}_{\mathrm{fg}i,j+1,k}+\left(B^{n}_{\mathrm{fw}i,j,k}T^{n}_{\mathrm{fw}i,j,k+\frac{1}{2}}+B^{n}_{\mathrm{fg}i,j,k}T^{n}_{\mathrm{fg}i,j,k+\frac{1}{2}}\right)\cdot P^{n+1}_{\mathrm{fg}i,j,k+1}+\\
&B^{n}_{\mathrm{fg}i,j,k}T^{n}_{\mathrm{fD}i+\frac{1}{2},j,k}\left[\left(\frac{S_{\mathrm{fg}}}{B_{\mathrm{fg}}}\right)^{n}_{i+1,j,k}-\left(\frac{S_{\mathrm{fg}}}{B_{\mathrm{fg}}}\right)^{n}_{i,j,k}\right]+B^{n}_{\mathrm{fg}i,j,k}T^{n}_{\mathrm{fD}i,j+\frac{1}{2},k}\left[\left(\frac{S_{\mathrm{fg}}}{B_{\mathrm{fg}}}\right)^{n}_{i,j+1,k}-\left(\frac{S_{\mathrm{fg}}}{B_{\mathrm{fg}}}\right)^{n}_{i,j,k}\right]+\\
&B^{n}_{\mathrm{fg}i,j,k}T^{n}_{\mathrm{fD}i,j,k+\frac{1}{2}}\left[\left(\frac{S_{\mathrm{fg}}}{B_{\mathrm{fg}}}\right)^{n}_{i,j,k+1}-\left(\frac{S_{\mathrm{fg}}}{B_{\mathrm{fg}}}\right)^{n}_{i,j,k}\right]-B^{n}_{\mathrm{fg}i,j,k}T^{n}_{\mathrm{fD}i-\frac{1}{2},j,k}\left[\left(\frac{S_{\mathrm{fg}}}{B_{\mathrm{fg}}}\right)^{n}_{i,j,k}-\left(\frac{S_{\mathrm{fg}}}{B_{\mathrm{fg}}}\right)^{n}_{i-1,j,k}\right]-\\
&B^{n}_{\mathrm{fg}i,j,k}T^{n}_{\mathrm{fD}i,j-\frac{1}{2},k}\left[\left(\frac{S_{\mathrm{fg}}}{B_{\mathrm{fg}}}\right)^{n}_{i,j,k}-\left(\frac{S_{\mathrm{fg}}}{B_{\mathrm{fg}}}\right)^{n}_{i,j-1,k}\right]-B^{n}_{\mathrm{fg}i,j,k}T^{n}_{\mathrm{fDi,j,k}-\frac{1}{2}}\left[\left(\frac{S_{\mathrm{fg}}}{B_{\mathrm{fg}}}\right)^{n}_{i,j,k}-\left(\frac{S_{\mathrm{fg}}}{B_{\mathrm{fg}}}\right)^{n}_{i,j,k-1}\right]+\\
&B^{n}_{\mathrm{fw}i,j,k}G^{n}_{\mathrm{fw}i,j,k}+B^{n}_{\mathrm{fg}i,j,k}\left(G^{n}_{\mathrm{fg}i,j,k}+Q^{n+1}_{\mathrm{mgv}i,j,k}\right)=\left(\frac{V_{\mathrm{fb}}\phi_{\mathrm{f}}C_{\mathrm{ft}}}{\Delta t}\right)^{n}_{i,j,k}\left(P^{n+1}_{\mathrm{fg}i,j,k}-P^{n}_{\mathrm{fg}i,j,k}\right)
\end{aligned}\tag{5-15}
$$

令：

$$a^{n}_{\mathrm{fx}i,j,k}=B^{n}_{\mathrm{fw}i,j,k}T^{n}_{\mathrm{fw}i-\frac{1}{2},j,k}+B^{n}_{\mathrm{fg}i,j,k}T^{n}_{\mathrm{fg}i-\frac{1}{2},j,k}$$

$$a^{n}_{\mathrm{fy}i,j,k}=B^{n}_{\mathrm{fw}i,j,k}T^{n}_{\mathrm{fw}i,j-\frac{1}{2},k}+B^{n}_{\mathrm{fg}i,j,k}T^{n}_{\mathrm{fg}i,j-\frac{1}{2},k}$$

$$a^{n}_{\mathrm{fz}i,j,k}=B^{n}_{\mathrm{fw}i,j,k}T^{n}_{\mathrm{fw}i,j,k-\frac{1}{2}}+B^{n}_{\mathrm{fg}i,j,k}T^{n}_{\mathrm{fg}i,j,k-\frac{1}{2}}$$

$$b^{n}_{\mathrm{fx}i,j,k}=B^{n}_{\mathrm{fw}i,j,k}T^{n}_{\mathrm{fw}i+\frac{1}{2},j,k}+B^{n}_{\mathrm{fg}i,j,k}T^{n}_{\mathrm{fg}i+\frac{1}{2},j,k}$$

$$b^{n}_{\mathrm{fy}i,j,k}=B^{n}_{\mathrm{fw}i,j,k}T^{n}_{\mathrm{fw}i,j+\frac{1}{2},k}+B^{n}_{\mathrm{fg}i,j,k}T^{n}_{\mathrm{fg}i,j+\frac{1}{2},k}$$

$$b^{n}_{\mathrm{fz}i,j,k}=B^{n}_{\mathrm{fw}i,j,k}T^{n}_{\mathrm{fw}i,j,k+\frac{1}{2}}+B^{n}_{\mathrm{fg}i,j,k}T^{n}_{\mathrm{fg}i,j,k+\frac{1}{2}}$$

$$c^{n}_{\mathrm{f}i,j,k}=-\left[a^{n}_{\mathrm{fx}i,j,k}+a^{n}_{\mathrm{fy}i,j,k}+a^{n}_{\mathrm{fz}i,j,k}+b^{n}_{\mathrm{fx}i,j,k}+b^{n}_{\mathrm{fy}i,j,k}+b^{n}_{\mathrm{fz}i,j,k}+\left(\frac{V_{\mathrm{fb}}\phi_{\mathrm{f}}C_{\mathrm{ft}}}{\Delta t}\right)^{n}_{i,j,k}\right]$$

$$E^n_{\mathrm{fx}i,j,k} = B^n_{\mathrm{fg}i,j,k} T^n_{\mathrm{fD}i+\frac{1}{2},j,k}\left[\left(\frac{S_{\mathrm{fg}}}{B_{\mathrm{fg}}}\right)^n_{i+1,j,k} - \left(\frac{S_{\mathrm{fg}}}{B_{\mathrm{fg}}}\right)^n_{i,j,k}\right] - B^n_{\mathrm{fg}i,j,k} T^n_{\mathrm{fD}i-\frac{1}{2},j,k}\left[\left(\frac{S_{\mathrm{fg}}}{B_{\mathrm{fg}}}\right)^n_{i,j,k} - \left(\frac{S_{\mathrm{fg}}}{B_{\mathrm{fg}}}\right)^n_{i-1,j,k}\right]$$

$$E^n_{\mathrm{fy}i,j,k} = B^n_{\mathrm{fg}i,j,k} T^n_{\mathrm{fD}i,j+\frac{1}{2},k}\left[\left(\frac{S_{\mathrm{fg}}}{B_{\mathrm{fg}}}\right)^n_{i,j+1,k} - \left(\frac{S_{\mathrm{fg}}}{B_{\mathrm{fg}}}\right)^n_{i,j,k}\right] - B^n_{\mathrm{fg}i,j,k} T^n_{\mathrm{fD}i,j-\frac{1}{2},k}\left[\left(\frac{S_{\mathrm{fg}}}{B_{\mathrm{fg}}}\right)^n_{i,j,k} - \left(\frac{S_{\mathrm{fg}}}{B_{\mathrm{fg}}}\right)^n_{i,j-1,k}\right]$$

$$E^n_{\mathrm{fz}i,j,k} = B^n_{\mathrm{fg}i,j,k} T^n_{\mathrm{fD}i,j,k+\frac{1}{2}}\left[\left(\frac{S_{\mathrm{fg}}}{B_{\mathrm{fg}}}\right)^n_{i,j,k+1} - \left(\frac{S_{\mathrm{fg}}}{B_{\mathrm{fg}}}\right)^n_{i,j,k}\right] - B^n_{\mathrm{fg}i,j,k} T^n_{\mathrm{fD}i,j,k-\frac{1}{2}}\left[\left(\frac{S_{\mathrm{fg}}}{B_{\mathrm{fg}}}\right)^n_{i,j,k} - \left(\frac{S_{\mathrm{fg}}}{B_{\mathrm{fg}}}\right)^n_{i,j,k-1}\right]$$

$$U^n_{\mathrm{f}i,j,k} = E^n_{\mathrm{fx}i,j,k} + E^n_{\mathrm{fy}i,j,k} + E^n_{\mathrm{fz}i,j,k}$$

$$W^n_{\mathrm{f}i,j,k} = B^n_{\mathrm{fw}i,j,k} G^n_{\mathrm{fw}i,j,k} + B^n_{\mathrm{fg}i,j,k}(G^n_{\mathrm{fg}i,j,k} + Q^{n+1}_{\mathrm{mgv}i,j,k})$$

$$d^n_{\mathrm{f}i,j,k} = -\left(\frac{V_{\mathrm{fb}}\phi_{\mathrm{f}}C_{\mathrm{ft}}}{\Delta t}\right)^n_{i,j,k} \cdot P^n_{\mathrm{fg}i,j,k} - U^N_{\mathrm{f}i,j,k} - U^n_{\mathrm{f}i,j,k} - W^n_{\mathrm{f}i,j,k}$$

则方程(5-15)可写为：

$$a^n_{\mathrm{fx}i,j,k} \cdot P^{n+1}_{\mathrm{fg}i-1,j,k} + a^n_{\mathrm{fy}i,j,k} \cdot P^{n+1}_{\mathrm{fg}i,j-1,k} + a^n_{\mathrm{fz}i,j,k} \cdot P^{n+1}_{\mathrm{fg}i,j,k-1} + c^n_{\mathrm{f}i,j,k} \cdot P^{n+1}_{\mathrm{fg}i,j,k} +$$
$$b^n_{\mathrm{fx}i,j,k} \cdot P^{n+1}_{\mathrm{fg}i+1,j,k} + b^n_{\mathrm{fy}i,j,k} \cdot P^{n+1}_{\mathrm{fg}i,j+1,k} + b^n_{\mathrm{fz}i,j,k} \cdot P^{n+1}_{\mathrm{fg}i,j,k+1} = d^n_{\mathrm{f}i,j,k} \tag{5-16}$$

## 二、压裂裂缝基本微分方程离散化

以同样的方法可以对压裂裂缝系统的基本微分方程进行离散化。

### (一) 水相基本微分方程离散化

由于 $W_{\mathrm{F}} \ll X_{\mathrm{F}}$，所以 $W_{\mathrm{F}}/2 \approx 0$，则方程(4-42)、方程(4-72)可简化为：

$$\left\{\begin{aligned}&\frac{\partial}{\partial x}\left[\frac{K_{\mathrm{F}}K_{\mathrm{Frw}}}{\mu_{\mathrm{Fw}}B_{\mathrm{Fw}}}\frac{\partial}{\partial x}(P_{\mathrm{Fg}} - P_{\mathrm{Fsc}} - \varepsilon\rho_{\mathrm{Fw}}gH)\right] + \\ &\frac{\partial}{\partial z}\left[\frac{K_{\mathrm{F}}K_{\mathrm{Frw}}}{\mu_{\mathrm{Fw}}B_{\mathrm{Fw}}}\frac{\partial}{\partial z}(P_{\mathrm{Fg}} - P_{\mathrm{Fsc}} - \varepsilon\rho_{\mathrm{Fw}}gH)\right]\end{aligned}\right\} + \frac{2K_{\mathrm{f}}K_{\mathrm{frw}}}{W_{\mathrm{F}}\mu_{\mathrm{fw}}B_{\mathrm{fw}}}\frac{\partial P_{\mathrm{fw}}}{\partial y}\bigg|_{y=0} - q_{\mathrm{wv}} = \frac{\partial}{\partial t}\left(\frac{\phi_{\mathrm{F}}S_{\mathrm{Fw}}}{B_{\mathrm{Fw}}}\right) \tag{5-17}$$

$$P_{\mathrm{Fw}} = \left(P_{\mathrm{fw}} - \frac{2}{\pi}S_{\mathrm{f}}\frac{\partial P_{\mathrm{fw}}}{\partial y}\right)\bigg|_{y=0} \tag{5-18}$$

方程(5-18)可变形为：

$$\frac{\partial P_{\mathrm{fw}}}{\partial y}\bigg|_{y=0} = \frac{\pi}{2S_{\mathrm{f}}}(P_{\mathrm{fw}}\,|_{y=0} - P_{\mathrm{Fw}}) \tag{5-19}$$

将式(5-19)代入式(5-17)，则压裂裂缝中水相基本微分方程可变形为：

$$\left\{\begin{aligned}&\frac{\partial}{\partial x}\left[\frac{K_{\mathrm{F}}K_{\mathrm{Frw}}}{\mu_{\mathrm{Fw}}B_{\mathrm{Fw}}}\frac{\partial}{\partial x}(P_{\mathrm{Fg}} - P_{\mathrm{Fsc}} - \varepsilon\rho_{\mathrm{Fw}}gH)\right] + \\ &\frac{\partial}{\partial z}\left[\frac{K_{\mathrm{F}}K_{\mathrm{Frw}}}{\mu_{\mathrm{Fw}}B_{\mathrm{Fw}}}\frac{\partial}{\partial z}(P_{\mathrm{Fg}} - P_{\mathrm{Fsc}} - \varepsilon\rho_{\mathrm{Fw}}gH)\right]\end{aligned}\right\} +$$
$$\frac{K_{\mathrm{f}}K_{\mathrm{frw}}}{\mu_{\mathrm{fw}}B_{\mathrm{fw}}}\frac{\pi}{W_{\mathrm{F}} \cdot S_{\mathrm{f}}}(P_{\mathrm{fw}}\,|_{y=0} - P_{\mathrm{Fw}}) - q_{\mathrm{wv}} = \frac{\partial}{\partial t}\left(\frac{\phi_{\mathrm{F}}S_{\mathrm{Fw}}}{B_{\mathrm{Fw}}}\right) \tag{5-20}$$

由于压裂裂缝宽度相对于煤层气井的泄流半径非常小，一般不在 $Y$ 方向划分单元格，即 $Y$ 方向仅有一个单元格，且 $\Delta y_{\mathrm{F}} = W_{\mathrm{F}}$，则设单元体体积为 $V_{\mathrm{Fb}i,k} = (\Delta x\Delta z)_{\mathrm{F}i,k} \cdot W_{\mathrm{F}}$，则将方程(5-19)进

行离散化，可得到压裂裂缝中水相基本微分方程的离散化形式：

$$T_{Fwi+\frac{1}{2},k}(P_{Fgi+1,k}-P_{Fgi,k})+T_{Fwi,k+\frac{1}{2}}(P_{Fgi,k+1}-P_{Fgi,k})-$$
$$T_{Fwi-\frac{1}{2},k}(P_{Fgi,k}-P_{Fgi-1,k})-T_{Fwi,k-\frac{1}{2}}(P_{Fgi,k}-P_{Fgi,k-1})+$$
$$\left(\frac{K_f K_{frw}}{\mu_{fw}B_{fw}}\right)_{i,\frac{1}{2},k}\frac{\pi}{W_F\cdot S_f}(P_{fwi,0,k}-P_{Fwi,k})+G_{Fwi,k}-Q_{Fwvi,k}=\frac{\partial}{\partial t}\left(\frac{\phi_F S_{Fw}}{B_{Fw}}\right)_{i,k}\cdot V_{Fbi,k}$$

(5-21)

其中：

$$A_{Fi\pm\frac{1}{2},k}=(\Delta y,\Delta z)_{Fi,k}$$
$$A_{Fi,k\pm\frac{1}{2}}=(\Delta x,\Delta y)_{Fi,k}$$
$$T_{Fw(i\pm\frac{1}{2}),k}=\frac{A_{Fi\pm\frac{1}{2},j,k}}{0.5(\Delta x_{Fi,k}+\Delta x_{Fi\pm1,k})}\cdot\left(\frac{K_F K_{Frw}}{\mu_{Fw}B_{Fw}}\right)_{i\pm\frac{1}{2},k}$$
$$T_{Fwi,(k\pm\frac{1}{2})}=\frac{A_{Fi,j,k\pm\frac{1}{2}}}{0.5(\Delta z_{Fi,k}+\Delta x_{Fi,k\pm1})}\cdot\left(\frac{K_F K_{Frw}}{\mu_{Fw}B_{Fw}}\right)_{i,k\pm\frac{1}{2}}$$
$$G_{Fw}=-\Delta T_{Fw}\cdot\Delta(P_{Fsc}+\varepsilon\rho_{Fw}gH)$$
$$\begin{aligned}G_{Fwi,k}=&-T_{Fwi+\frac{1}{2},k}[(P_{Fsci+1,k}-P_{Fsci,k})+\varepsilon\rho_{Fwi+\frac{1}{2},k}g(H_{i+1,k}-H_{i,k})]\\&-T_{Fwi,k+\frac{1}{2}}[(P_{Fsci,k+1}-P_{Fsci,k})+\varepsilon\rho_{Fwi,k+\frac{1}{2}}g(H_{i,k+1}-H_{i,k})]\\&-T_{Fwi-\frac{1}{2},k}[(P_{Fsci,k}-P_{Fsci-1,k})+\varepsilon\rho_{Fwi-\frac{1}{2},k}g(H_{i,k}-H_{i-1,k})]\\&-T_{Fwi,k-\frac{1}{2}}[(P_{Fsci,k}-P_{Fsci,k-1})+\varepsilon\rho_{Fwi,k-\frac{1}{2}}g(H_{i,k}-H_{i,k-1})]\end{aligned}$$
$$Q_{Fwvi,k}=q_{Fwv}\cdot V_{Fbi,k}\tag{5-22}$$

式(5-22)为水相的产量源汇项。对产量源汇项的处理如下：若网格块与煤层气井井筒直接相连或煤层气井在网格内部，则 $Q_{Fwvi,k}=q_{Fwv}\cdot V_{Fbi,k}$；若网格块没有与煤层气井井筒直接相连或煤层气井不在网格内，则 $Q_{Fwvi,k}=0$。若采用定产量内边界条件，则 $q_{Fwv}$ 已知，只需代入方程即可；若采用定井底流压内边界条件，则需利用产量方程求出 $Q_{Fwvi,k}$：

$$Q_{Fwvi,k}=2\pi\left(\frac{K_F K_{Frw}\Delta z}{\mu_{Fw}}\right)_{i,k}\frac{P_{Fwi,k}-P_{wf}}{\left(\ln\frac{0.208\Delta x_{i,k}}{R_w}+S_F\right)}\tag{5-23}$$

（二）气相基本微分方程离散化

方程(4-43)、方程(4-73)可简化为：

$$\left\{\begin{aligned}&\frac{\partial}{\partial x}\left[\frac{K_F K_{Frg}}{\mu_{Fg}B_{Fg}}\frac{\partial}{\partial x}(P_{Fg}-\varepsilon\rho_{Fg}gH)\right]+\\&\frac{\partial}{\partial z}\left[\frac{K_F K_{Frg}}{\mu_{Fg}B_{Fg}}\frac{\partial}{\partial z}(P_{Fg}-\varepsilon\rho_{Fg}gH)\right]\end{aligned}\right\}+\frac{2K_f K_{frg}}{W_F\mu_{fg}B_{fg}}\frac{\partial P_{fg}}{\partial y}\bigg|_{y=0}+$$
$$\left\{\frac{\partial}{\partial x}\left[D_F\nabla\left(\frac{S_{Fg}}{B_{Fg}}\right)\right]+\frac{\partial}{\partial z}\left[D_F\nabla\left(\frac{S_{Fg}}{B_{Fg}}\right)\right]\right\}-q_{gv}=\frac{\partial}{\partial t}\left(\frac{\phi_F S_{Fg}}{B_{Fg}}\right)\tag{5-24}$$

$$P_{Fg}=\left(P_{fg}-\frac{2}{\pi}S_f\frac{\partial P_{fg}}{\partial y}\right)\bigg|_{y=0}\tag{5-25}$$

方程(5-25)可变形为：

$$\frac{\partial P_{fg}}{\partial y}\bigg|_{y=0}=\frac{\pi}{2S_f}(P_{fg}|_{y=0}-P_{Fg})\tag{5-26}$$

将式(5-26)代入式(5-24)，则压裂裂缝中气相基本微分方程可变形为：

$$\left\{\begin{aligned}&\frac{\partial}{\partial x}\left[\frac{K_{\mathrm{F}}K_{\mathrm{Frg}}}{\mu_{\mathrm{Fg}}B_{\mathrm{Fg}}}\frac{\partial}{\partial x}(P_{\mathrm{Fg}}-\varepsilon\rho_{\mathrm{Fg}}gH)\right]+\\&\frac{\partial}{\partial z}\left[\frac{K_{\mathrm{F}}K_{\mathrm{Frg}}}{\mu_{\mathrm{Fg}}B_{\mathrm{Fg}}}\frac{\partial}{\partial z}(P_{\mathrm{Fg}}-\varepsilon\rho_{\mathrm{Fg}}gH)\right]\end{aligned}\right\}+\frac{K_{\mathrm{f}}K_{\mathrm{frg}}}{\mu_{\mathrm{fg}}B_{\mathrm{fg}}}\frac{\pi}{W_{\mathrm{F}}\cdot S_{\mathrm{f}}}(P_{\mathrm{fg}}|_{y=0}-P_{\mathrm{Fg}})+$$

$$\left\{\frac{\partial}{\partial x}\left[D_{\mathrm{F}}\nabla\left(\frac{S_{\mathrm{Fg}}}{B_{\mathrm{Fg}}}\right)\right]+\frac{\partial}{\partial z}\left[D_{\mathrm{F}}\nabla\left(\frac{S_{\mathrm{Fg}}}{B_{\mathrm{Fg}}}\right)\right]\right\}-q_{\mathrm{gv}}=\frac{\partial}{\partial t}\left(\frac{\phi_{\mathrm{F}}S_{\mathrm{Fg}}}{B_{\mathrm{Fg}}}\right) \tag{5-27}$$

将方程(5-27)离散化，可得到压裂裂缝中气相基本微分方程的离散化形式：

$$\begin{aligned}&T_{\mathrm{Fg}i+\frac{1}{2},k}(P_{\mathrm{Fg}i+1,k}-P_{\mathrm{Fg}i,k})+T_{\mathrm{FD}i+\frac{1}{2},k}\left[\left(\frac{S_{\mathrm{Fg}}}{B_{\mathrm{Fg}}}\right)_{i+1,k}-\left(\frac{S_{\mathrm{Fg}}}{B_{\mathrm{Fg}}}\right)_{i,k}\right]+\\&T_{\mathrm{Fg}i,k+\frac{1}{2}}(P_{\mathrm{Fg}i,k+1}-P_{\mathrm{Fg}i,k})+T_{\mathrm{FD}i,k+\frac{1}{2}}\left[\left(\frac{S_{\mathrm{Fg}}}{B_{\mathrm{Fg}}}\right)_{i,k+1}-\left(\frac{S_{\mathrm{Fg}}}{B_{\mathrm{Fg}}}\right)_{i,k}\right]-\\&T_{\mathrm{Fg}i-\frac{1}{2},k}(P_{\mathrm{Fg}i,k}-P_{\mathrm{Fg}i-1,k})-T_{\mathrm{FD}i-\frac{1}{2},k}\left[\left(\frac{S_{\mathrm{Fg}}}{B_{\mathrm{Fg}}}\right)_{i,k}-\left(\frac{S_{\mathrm{Fg}}}{B_{\mathrm{Fg}}}\right)_{i-1,k}\right]-\\&T_{\mathrm{Fg}i,k-\frac{1}{2}}(P_{\mathrm{Fg}i,k}-P_{\mathrm{Fg}i,k-1})-T_{\mathrm{FD}i,k-\frac{1}{2}}\left[\left(\frac{S_{\mathrm{Fg}}}{B_{\mathrm{Fg}}}\right)_{i,k}-\left(\frac{S_{\mathrm{Fg}}}{B_{\mathrm{Fg}}}\right)_{i,k-1}\right]+\\&\left(\frac{K_{\mathrm{f}}K_{\mathrm{frg}}}{\mu_{\mathrm{fg}}B_{\mathrm{fg}}}\right)_{i,\frac{1}{2},k}\frac{\pi}{W_{\mathrm{F}}\cdot S_{\mathrm{f}}}(P_{\mathrm{fg}i,0,k}-P_{\mathrm{Fg}i,k})+G_{\mathrm{Fg}i,k}-Q_{\mathrm{Fgv}i,k}\\&=\frac{\partial}{\partial t}\left(\frac{\phi_{\mathrm{F}}S_{\mathrm{Fg}}}{B_{\mathrm{Fg}}}\right)_{i,k}\cdot V_{\mathrm{Fb}i,k}\end{aligned} \tag{5-28}$$

其中：

$$T_{\mathrm{Fg}(i\pm\frac{1}{2}),k}=\frac{A_{\mathrm{F}i\pm\frac{1}{2},k}}{0.5(\Delta x_{i,k}+\Delta x_{i\pm1,k})}\cdot\left(\frac{K_{\mathrm{F}}K_{\mathrm{Frg}}}{\mu_{\mathrm{Fg}}B_{\mathrm{Fg}}}\right)_{i\pm\frac{1}{2},k}$$

$$T_{\mathrm{Fg}i,(k\pm\frac{1}{2})}=\frac{A_{\mathrm{F}i,k\pm\frac{1}{2}}}{0.5(\Delta z_{i,k}+\Delta z_{i,k\pm1})}\cdot\left(\frac{K_{\mathrm{F}}K_{\mathrm{Frg}}}{\mu_{\mathrm{Fg}}B_{\mathrm{Fg}}}\right)_{i,k\pm\frac{1}{2}}$$

$$T_{\mathrm{FD}(i\pm\frac{1}{2}),k}=\frac{(AD)_{\mathrm{F}i\pm\frac{1}{2},k}}{0.5(\Delta x_{i,k}+\Delta x_{i\pm1,k})}$$

$$T_{\mathrm{FD}i,(k\pm\frac{1}{2})}=\frac{(AD)_{\mathrm{F}i,k\pm\frac{1}{2}}}{0.5(\Delta z_{i,k}+\Delta z_{i,k\pm1})}$$

$$G_{\mathrm{Fg}}=-\Delta T_{\mathrm{Fg}}\cdot\Delta(\rho_{\mathrm{Fg}}gH)$$

$$\begin{aligned}G_{\mathrm{Fg}i,k}=&-T_{\mathrm{Fg}i+\frac{1}{2},k}[\varepsilon\rho_{\mathrm{Fg}i+\frac{1}{2},k}g(H_{i+1,k}-H_{i,k})]-T_{\mathrm{Fg}i,k+\frac{1}{2}}[\varepsilon\rho_{\mathrm{Fg}i,k+\frac{1}{2}}g(H_{i,k+1}-H_{i,k})]\\&-T_{\mathrm{Fg}i-\frac{1}{2},k}[\varepsilon\rho_{\mathrm{Fg}i-\frac{1}{2},k}g(H_{i,k}-H_{i-1,k})]-T_{\mathrm{Fg}i,k-\frac{1}{2}}[\varepsilon\rho_{\mathrm{Fg}i,k-\frac{1}{2}}g(H_{i,k}-H_{i,k-1})]\end{aligned}$$

$$Q_{\mathrm{Fgv}i,k}=q_{\mathrm{Fgv}}\cdot V_{\mathrm{Fb}i,k} \tag{5-29}$$

式(5-29)为气相的产量源汇项。气相产量源汇项的处理方法与水相类似：若网格块与煤层气井井筒直接相连或煤层气井在网格内部，则 $Q_{\mathrm{fgv}i,k}=q_{\mathrm{fgv}}\cdot V_{\mathrm{fb}i,k}$；若网格块没有与煤层气井井筒直接相连或煤层气井不在网格内，则 $Q_{\mathrm{fgv}i,k}=0$。若采用定产量内边界条件，则 $q_{\mathrm{fgv}}$ 已知，只需代入方程即可；若采用定井底流压内边界条件，则需利用产量方程求出 $Q_{\mathrm{fgv}i,k}$：

$$Q_{\mathrm{Fgv}i,k}=2\pi\left(\frac{K_{\mathrm{F}}K_{\mathrm{Frg}}\Delta z}{\mu_{\mathrm{Fg}}}\right)_{i,k}\frac{P_{\mathrm{Fg}i,k}-P_{\mathrm{wf}}}{\left(\ln\frac{0.208\Delta x_{i,k}}{R_{\mathrm{w}}}+S_{\mathrm{F}}\right)} \tag{5-30}$$

（三）压裂裂缝压力求解方法

压裂裂缝压力求解方法与宏观裂隙系统中压力的求解方法类似。压裂裂缝中水相流动的控制方程两边同乘以 $B_{\mathrm{Fw}}$、气相流动的控制方程两边同乘以 $B_{\mathrm{Fg}}$，然后相加并在$[0,W_{\mathrm{F}}/2]$区间内进行积分得：

$$\begin{aligned}&\frac{W_{\mathrm{F}}}{2}\cdot B_{\mathrm{Fw}}\cdot\left\{\begin{aligned}&\frac{\partial}{\partial x}\left[\frac{K_{\mathrm{F}}K_{\mathrm{Frw}}}{\mu_{\mathrm{Fw}}B_{\mathrm{Fw}}}\frac{\partial}{\partial x}(P_{\mathrm{Fg}}-F_{\mathrm{Fsc}}-\varepsilon\rho_{\mathrm{Fw}}gH)\right]+\\&\frac{\partial}{\partial z}\left[\frac{K_{\mathrm{F}}K_{\mathrm{Frw}}}{\mu_{\mathrm{Fw}}B_{\mathrm{Fw}}}\frac{\partial}{\partial z}(P_{\mathrm{Fg}}-P_{\mathrm{Fsc}}-\varepsilon\rho_{\mathrm{Fw}}gH)\right]-q_{\mathrm{wv}}\end{aligned}\right\}+\\&B_{\mathrm{Fw}}\cdot\frac{K_{\mathrm{f}}K_{\mathrm{frw}}}{\mu_{\mathrm{fw}}B_{\mathrm{fw}}}\frac{\partial P_{\mathrm{fw}}(x,W_{\mathrm{F}}/2,t)}{\partial y}+\\&\frac{W_{\mathrm{F}}}{2}\cdot B_{\mathrm{Fg}}\cdot\left\{\begin{aligned}&\frac{\partial}{\partial x}\left[\frac{K_{\mathrm{F}}K_{\mathrm{Frg}}}{\mu_{\mathrm{Fg}}B_{\mathrm{Fg}}}\frac{\partial}{\partial x}(P_{\mathrm{Fg}}-\varepsilon\rho_{\mathrm{Fg}}gH)\right]+\\&\frac{\partial}{\partial z}\left[\frac{K_{\mathrm{F}}K_{\mathrm{Frg}}}{\mu_{\mathrm{Fg}}B_{\mathrm{Fg}}}\frac{\partial}{\partial z}(P_{\mathrm{Fg}}-\varepsilon\rho_{\mathrm{Fg}}gH)\right]+\\&\left\{\frac{\partial}{\partial x}\left[D_{\mathrm{F}}\nabla\left(\frac{S_{\mathrm{Fg}}}{B_{\mathrm{Fg}}}\right)\right]+\frac{\partial}{\partial z}\left[D_{\mathrm{F}}\nabla\left(\frac{S_{\mathrm{Fg}}}{B_{\mathrm{Fg}}}\right)\right]\right\}-q_{\mathrm{gv}}\end{aligned}\right\}+\\&B_{\mathrm{Fg}}\cdot\frac{K_{\mathrm{F}}K_{\mathrm{frg}}}{\mu_{\mathrm{fg}}B_{\mathrm{fg}}}\frac{\partial P_{\mathrm{fg}}(x,W_{\mathrm{F}}/2,t)}{\partial y}=\phi_{\mathrm{F}}C_{\mathrm{Ft}}\frac{\partial P_{\mathrm{Fg}}}{\partial t}\cdot\frac{W_{\mathrm{F}}}{2}\end{aligned} \tag{5-31}$$

其中，$C_{\mathrm{Ft}}=C_{\mathrm{Ff}}+S_{\mathrm{Fw}}C_{\mathrm{Fw}}+S_{\mathrm{Fg}}C_{\mathrm{Fg}}$，$C_{\mathrm{Ff}}=\frac{1}{\phi_{\mathrm{F}}}\frac{\partial\phi_{\mathrm{F}}}{\partial P_{\mathrm{Fg}}}$，$C_{\mathrm{Fg}}=-\frac{1}{B_{\mathrm{Fg}}}\frac{\partial B_{\mathrm{Fg}}}{\partial P_{\mathrm{Fg}}}$，$C_{\mathrm{Fw}}=-\frac{1}{B_{\mathrm{Fw}}}\frac{\partial B_{\mathrm{Fw}}}{\partial P_{\mathrm{Fg}}}$，且$S_{\mathrm{Fw}}+S_{\mathrm{Fg}}=1$。

方程(5-31)整理得：

$$\begin{aligned}&\frac{W_{\mathrm{F}}}{2}\cdot B_{\mathrm{Fw}}\cdot\left\{\begin{aligned}&\frac{\partial}{\partial x}\left[\frac{K_{\mathrm{F}}K_{\mathrm{Frw}}}{\mu_{\mathrm{Fw}}B_{\mathrm{Fw}}}\frac{\partial}{\partial x}(P_{\mathrm{Fg}}-F_{\mathrm{Fsc}}-\varepsilon\rho_{\mathrm{Fw}}gH)\right]+\\&\frac{\partial}{\partial z}\left[\frac{K_{\mathrm{F}}K_{\mathrm{Frw}}}{\mu_{\mathrm{Fw}}B_{\mathrm{Fw}}}\frac{\partial}{\partial z}(P_{\mathrm{Fg}}-P_{\mathrm{Fsc}}-\varepsilon\rho_{\mathrm{Fw}}gH)\right]-q_{\mathrm{wv}}\end{aligned}\right\}+\\&B_{\mathrm{Fw}}\cdot\frac{K_{\mathrm{f}}K_{\mathrm{frw}}}{\mu_{\mathrm{fw}}B_{\mathrm{fw}}}\frac{\partial P_{\mathrm{fw}}(x,W_{\mathrm{F}}/2,t)}{\partial y}+\\&\frac{W_{\mathrm{F}}}{2}\cdot B_{\mathrm{Fg}}\cdot\left\{\begin{aligned}&\frac{\partial}{\partial x}\left[\frac{K_{\mathrm{F}}K_{\mathrm{Frg}}}{\mu_{\mathrm{Fg}}B_{\mathrm{Fg}}}\frac{\partial}{\partial x}(P_{\mathrm{Fg}}-\varepsilon\rho_{\mathrm{Fg}}gH)\right]+\\&\frac{\partial}{\partial z}\left[\frac{K_{\mathrm{F}}K_{\mathrm{Frg}}}{\mu_{\mathrm{Fg}}B_{\mathrm{Fg}}}\frac{\partial}{\partial z}(P_{\mathrm{Fg}}-\varepsilon\rho_{\mathrm{Fg}}gH)\right]+\\&\left\{\frac{\partial}{\partial x}\left[D_{\mathrm{F}}\nabla\left(\frac{S_{\mathrm{Fg}}}{B_{\mathrm{Fg}}}\right)\right]+\frac{\partial}{\partial z}\left[D_{\mathrm{F}}\nabla\left(\frac{S_{\mathrm{Fg}}}{B_{\mathrm{Fg}}}\right)\right]\right\}-q_{\mathrm{gv}}\end{aligned}\right\}\end{aligned} \tag{5-32}$$

化简并进一步整理得：

$$B_{\mathrm{Fw}}\cdot\left\{\begin{aligned}&\frac{\partial}{\partial x}\left[\frac{K_{\mathrm{F}}K_{\mathrm{Frw}}}{\mu_{\mathrm{Fw}}B_{\mathrm{Fw}}}\frac{\partial}{\partial x}(P_{\mathrm{Fg}}-F_{\mathrm{Fsc}}-\varepsilon\rho_{\mathrm{Fw}}gH)\right]+\\&\frac{\partial}{\partial z}\left[\frac{K_{\mathrm{F}}K_{\mathrm{Frw}}}{\mu_{\mathrm{Fw}}B_{\mathrm{Fw}}}\frac{\partial}{\partial z}(P_{\mathrm{Fg}}-P_{\mathrm{Fsc}}-\varepsilon\rho_{\mathrm{Fw}}gH)\right]-q_{\mathrm{wv}}\end{aligned}\right\}+$$

$$B_{\mathrm{Fg}}\cdot\left\{\begin{aligned}&\frac{\partial}{\partial x}\left[\frac{K_{\mathrm{F}}K_{\mathrm{Frg}}}{\mu_{\mathrm{Fg}}B_{\mathrm{Fg}}}\frac{\partial}{\partial x}(P_{\mathrm{Fg}}-\varepsilon\rho_{\mathrm{Fg}}gH)\right]+\\&\frac{\partial}{\partial z}\left[\frac{K_{\mathrm{F}}K_{\mathrm{Frg}}}{\mu_{\mathrm{Fg}}B_{\mathrm{Fg}}}\frac{\partial}{\partial z}(P_{\mathrm{Fg}}-\varepsilon\rho_{\mathrm{Fg}}gH)\right]-q_{\mathrm{gv}}\end{aligned}\right\}+$$

$$B_{\mathrm{Fg}}\cdot\left\{\frac{\partial}{\partial x}\left[D_{\mathrm{F}}\nabla\left(\frac{S_{\mathrm{Fg}}}{B_{\mathrm{Fg}}}\right)\right]+\frac{\partial}{\partial z}\left[D_{\mathrm{F}}\nabla\left(\frac{S_{\mathrm{Fg}}}{B_{\mathrm{Fg}}}\right)\right]\right\}+$$

$$\frac{K_{\mathrm{f}}K_{\mathrm{frw}}B_{\mathrm{Fw}}}{\mu_{\mathrm{fw}}B_{\mathrm{fw}}}\frac{2}{W_{\mathrm{F}}}\frac{\partial P_{\mathrm{fw}}(x,0,t)}{\partial y}+\frac{K_{\mathrm{f}}K_{\mathrm{frg}}B_{\mathrm{Fg}}}{\mu_{\mathrm{fg}}B_{\mathrm{fg}}}\frac{2}{W_{\mathrm{F}}}\frac{\partial P_{\mathrm{fg}}(x,0,t)}{\partial y}$$

$$=\phi_{\mathrm{F}}C_{\mathrm{Ft}}\frac{\partial P_{\mathrm{Fg}}}{\partial t}\tag{5-33}$$

根据方程(5-21)、方程(5-28)对方程(5-33)进行离散得：

$$(B^n_{\mathrm{fw}i,k}T^n_{\mathrm{fw}i-\frac{1}{2},k}+B^n_{\mathrm{Fg}i,k}T^n_{\mathrm{Fg}i-\frac{1}{2},k})\cdot P^{n+1}_{\mathrm{Fg}i-1,k}+(B^n_{\mathrm{Fw}i,k}T^n_{\mathrm{Fw}i,k-\frac{1}{2}}+B^n_{\mathrm{Fg}i,k}T^n_{\mathrm{Fg}i,k-\frac{1}{2}})\cdot P^{n+1}_{\mathrm{Fg}i,k-1}-$$

$$(B^n_{\mathrm{Fw}i,k}T^n_{\mathrm{Fw}i+\frac{1}{2},k}+B^n_{\mathrm{Fg}i,k}T^n_{\mathrm{Fg}i+\frac{1}{2},k})\cdot P^{n+1}_{\mathrm{Fg}i,k}-(B^n_{\mathrm{Fw}i,k}T^n_{\mathrm{Fw}i,k+\frac{1}{2}}+B^n_{\mathrm{Fg}i,k}T^n_{\mathrm{Fg}i,k+\frac{1}{2}})\cdot P^{n+1}_{\mathrm{Fg}i,k}-$$

$$(B^n_{\mathrm{Fw}i,k}T^n_{\mathrm{Fw}i-\frac{1}{2},k}+B^n_{\mathrm{Fg}i,k}T^n_{\mathrm{Fg}i-\frac{1}{2},k})\cdot P^{n+1}_{\mathrm{Fg}i,k}-(B^n_{\mathrm{Fw}i,k}T^n_{\mathrm{Fw}i,k-\frac{1}{2}}+B^n_{\mathrm{Fg}i,k}T^n_{\mathrm{Fg}i,k-\frac{1}{2}})\cdot P^{n+1}_{\mathrm{Fg}i,k}+$$

$$(B^n_{\mathrm{Fw}i,k}T^n_{\mathrm{Fw}i+\frac{1}{2},k}+B^n_{\mathrm{Fg}i,k}T^n_{\mathrm{Fg}i+\frac{1}{2},k})\cdot P^{n+1}_{\mathrm{Fg}i+1,k}-(B^n_{\mathrm{Fw}i,k}T^n_{\mathrm{Fw}i,k+\frac{1}{2}}+B^n_{\mathrm{Fg}i,k}T^n_{\mathrm{Fg}i,k+\frac{1}{2}})\cdot P^{n+1}_{\mathrm{Fg}i,k+1}+$$

$$B^n_{\mathrm{Fg}i,k}T^n_{\mathrm{FD}i+\frac{1}{2},k}\left[\left(\frac{S_{\mathrm{Fg}}}{B_{\mathrm{Fg}}}\right)^n_{i+1,k}-\left(\frac{S_{\mathrm{Fg}}}{B_{\mathrm{Fg}}}\right)^n_{i,k}\right]+B^n_{\mathrm{Fg}i,k}T^n_{\mathrm{FD}i,k+\frac{1}{2}}\left[\left(\frac{S_{\mathrm{Fg}}}{B_{\mathrm{Fg}}}\right)^n_{i,k+1}-\left(\frac{S_{\mathrm{Fg}}}{B_{\mathrm{Fg}}}\right)^n_{i,k}\right]-$$

$$B^n_{\mathrm{Fg}i,k}T^n_{\mathrm{FD}i-\frac{1}{2},k}\left[\left(\frac{S_{\mathrm{Fg}}}{B_{\mathrm{Fg}}}\right)^n_{i,k}-\left(\frac{S_{\mathrm{Fg}}}{B_{\mathrm{Fg}}}\right)^n_{i-1,k}\right]-B^n_{\mathrm{Fg}i,k}T^n_{\mathrm{FD}i,k-\frac{1}{2}}\left[\left(\frac{S_{\mathrm{Fg}}}{B_{\mathrm{Fg}}}\right)^n_{i,k}-\left(\frac{S_{\mathrm{Fg}}}{B_{\mathrm{Fg}}}\right)^n_{i,k-1}\right]+$$

$$\left(\frac{K_{\mathrm{f}}K_{\mathrm{frw}}}{\mu_{\mathrm{fw}}B_{\mathrm{fw}}}\right)^n_{i,\frac{1}{2},k}\frac{\pi B^n_{\mathrm{Fw}i,k}}{W_{\mathrm{F}}\cdot S_{\mathrm{f}}}(P^{n+1}_{\mathrm{fw}i,0,k}-P^{n+1}_{\mathrm{Fw}i,k})+\left(\frac{K_{\mathrm{f}}K_{\mathrm{frg}}}{\mu_{\mathrm{fg}}B_{\mathrm{fg}}}\right)^n_{i,\frac{1}{2},k}\frac{\pi B^n_{\mathrm{Fg}i,k}}{W_{\mathrm{F}}\cdot S_{\mathrm{f}}}(P^{n+1}_{\mathrm{fg}i,0,k}-P^{n+1}_{\mathrm{Fg}i,k})+$$

$$B^n_{\mathrm{fw}i,k}(G^n_{\mathrm{fw}i,k}-Q^n_{\mathrm{fwv}i,k})+B^n_{\mathrm{Fg}i,k}(G^n_{\mathrm{Fg}i,k}-Q^n_{\mathrm{fgv}i,k})=\left(\frac{V_{\mathrm{Fb}}\phi_{\mathrm{F}}C_{\mathrm{Ft}}}{\Delta t}\right)^n_{i,k}(P^{n+1}_{\mathrm{Fg}i,k}-P^n_{\mathrm{Fg}i,k})\tag{5-34}$$

对方程(5-18)进行半隐式差分得：

$$P^n_{\mathrm{Fw}i,k}=P^{n+1}_{\mathrm{fw}i,0,k}-\frac{2}{\pi}S_{\mathrm{f}}\frac{P^{n+1}_{\mathrm{fw}i,1,k}-P^{n+1}_{\mathrm{fw}i,0,k}}{\Delta y_{\mathrm{f}i,1,k}}\tag{5-35}$$

将方程(5-25)离散化为：

$$P^n_{\mathrm{Fg}i,k}=P^{n+1}_{\mathrm{fg}i,0,k}-\frac{2}{\pi}S_{\mathrm{f}}\frac{P^{n+1}_{\mathrm{fg}i,1,k}-P^{n+1}_{\mathrm{fg}i,0,k}}{\Delta y_{\mathrm{f}i,1,k}}\tag{5-36}$$

由方程(5-35)、方程(5-36)可知：

$$P^{n+1}_{\mathrm{fw}i,0,k}=\frac{\pi\Delta y_{\mathrm{f}i,1,k}}{\pi\Delta y_{\mathrm{f}i,1,k}+2S_{\mathrm{f}}}P^n_{\mathrm{Fw}i,k}+\frac{2S_{\mathrm{f}}}{\pi\Delta y_{\mathrm{f}i,1,k}+2S_{\mathrm{f}}}P^{n+1}_{\mathrm{fw}i,1,k}\tag{5-37}$$

$$P^{n+1}_{\mathrm{fg}i,0,k}=\frac{\pi\Delta y_{\mathrm{f}i,1,k}}{\pi\Delta y_{\mathrm{f}i,1,k}+2S_{\mathrm{f}}}P^n_{\mathrm{Fg}i,k}+\frac{2S_{\mathrm{f}}}{\pi\Delta y_{\mathrm{f}i,1,k}+2S_{\mathrm{f}}}P^{n+1}_{\mathrm{fg}i,1,k}\tag{5-38}$$

将式(5-37)、式(5-38)代入式(5-34)得：

$$(B^n_{\mathrm{Fw}i,k}T^n_{\mathrm{Fw}i-\frac{1}{2},k}+B^n_{\mathrm{Fg}i,k}T^n_{\mathrm{Fg}i-\frac{1}{2},k})\cdot P^{n+1}_{\mathrm{Fg}i-1,k}+(B^n_{\mathrm{Fw}i,k}T^n_{\mathrm{Fw}i,k-\frac{1}{2}}+B^n_{\mathrm{Fg}i,k}T^n_{\mathrm{Fg}i,k-\frac{1}{2}})\cdot P^{n+1}_{\mathrm{Fg}i,k-1}-$$

$$(B^n_{\mathrm{Fw}i,k}T^n_{\mathrm{Fw}i+\frac{1}{2},k}+B^n_{\mathrm{Fg}i,k}T^n_{\mathrm{Fg}i+\frac{1}{2},k})\cdot P^{n+1}_{\mathrm{Fg}i,k}-(B^n_{\mathrm{Fw}i,k}T^n_{\mathrm{Fw}i,k+\frac{1}{2}}+B^n_{\mathrm{Fg}i,k}T^n_{\mathrm{Fg}i,k+\frac{1}{2}})\cdot P^{n+1}_{\mathrm{Fg}i,k}-$$

$$(B^n_{\mathrm{Fw}i,k}T^n_{\mathrm{Fw}i-\frac{1}{2},k}+B^n_{\mathrm{Fg}i,k}T^n_{\mathrm{Fg}i-\frac{1}{2},k})\cdot P^{n+1}_{\mathrm{Fg}i,k}-(B^n_{\mathrm{Fw}i,k}T^n_{\mathrm{Fw}i,k-\frac{1}{2}}+B^n_{\mathrm{Fg}i,k}T^n_{\mathrm{Fg}i,k-\frac{1}{2}})\cdot P^{n+1}_{\mathrm{Fg}i,k}+$$

$$(B^n_{\mathrm{Fw}i,k}T^n_{\mathrm{Fw}i+\frac{1}{2},k}+B^n_{\mathrm{Fg}i,k}T^n_{\mathrm{Fg}i+\frac{1}{2},k})\cdot P^{n+1}_{\mathrm{Fg}i+1,k}+(B^n_{\mathrm{Fw}i,k}T^n_{\mathrm{Fw}i,k+\frac{1}{2}}+B^n_{\mathrm{Fg}i,k}T^n_{\mathrm{Fg}i,k+\frac{1}{2}})\cdot P^{n+1}_{\mathrm{Fg}i,k+1}+$$

$$B^n_{\mathrm{Fg}i,k}T^n_{\mathrm{FD}i+\frac{1}{2},k}\left[\left(\frac{S_{\mathrm{Fg}}}{B_{\mathrm{Fg}}}\right)^n_{i+1,k}-\left(\frac{S_{\mathrm{Fg}}}{B_{\mathrm{Fg}}}\right)^n_{i,k}\right]+B^n_{\mathrm{Fg}i,k}T^n_{\mathrm{FD}i,k+\frac{1}{2}}\left[\left(\frac{S_{\mathrm{Fg}}}{B_{\mathrm{Fg}}}\right)^n_{i,k+1}-\left(\frac{S_{\mathrm{Fg}}}{B_{\mathrm{Fg}}}\right)^n_{i,k}\right]-$$

$$B^n_{\mathrm{Fg}i,k}T^n_{\mathrm{FD}i-\frac{1}{2},k}\left[\left(\frac{S_{\mathrm{Fg}}}{B_{\mathrm{Fg}}}\right)^n_{i,k}-\left(\frac{S_{\mathrm{Fg}}}{B_{\mathrm{Fg}}}\right)^n_{i-1,k}\right]-B^n_{\mathrm{Fg}i,k}T^n_{\mathrm{FD}i,k-\frac{1}{2}}\left[\left(\frac{S_{\mathrm{Fg}}}{B_{\mathrm{Fg}}}\right)^n_{i,k}-\left(\frac{S_{\mathrm{Fg}}}{B_{\mathrm{Fg}}}\right)^n_{i,k-1}\right]+$$

$$\left(\frac{K_{\mathrm{f}}K_{\mathrm{frw}}}{\mu_{\mathrm{fw}}B_{\mathrm{fw}}}\right)^n_{i,\frac{1}{2},k}\frac{\pi B^n_{\mathrm{Fw}i,k}}{W_{\mathrm{F}}\cdot S_{\mathrm{f}}}\left(\frac{\pi\Delta y_{\mathrm{f}i,1,k}}{\pi\Delta y_{\mathrm{f}i,1,k}+2S_{\mathrm{f}}}P^n_{\mathrm{Fw}i,k}+\frac{2S_{\mathrm{f}}}{\pi\Delta y_{\mathrm{f}i,1,k}+2S_{\mathrm{f}}}P^{n+1}_{\mathrm{fw}i,1,k}-P^{n+1}_{\mathrm{Fw}i,k}\right)+$$

$$\left(\frac{K_{\mathrm{f}}K_{\mathrm{frg}}}{\mu_{\mathrm{fg}}B_{\mathrm{fg}}}\right)^n_{i,\frac{1}{2},k}\frac{\pi B^n_{\mathrm{Fg}i,k}}{W_{\mathrm{F}}\cdot S_{\mathrm{f}}}\left(\frac{\pi\Delta y_{\mathrm{f}i,1,k}}{\pi\Delta y_{\mathrm{f}i,1,k}+2S_{\mathrm{f}}}P^n_{\mathrm{Fg}i,k}+\frac{2S_{\mathrm{f}}}{\pi\Delta y_{\mathrm{f}i,1,k}+2S_{\mathrm{f}}}P^{n+1}_{\mathrm{fg}i,1,k}-P^{n+1}_{\mathrm{Fg}i,k}\right)+$$

$$B^n_{\mathrm{Fw}i,k}(G^n_{\mathrm{Fw}i,k}-Q^n_{\mathrm{Fwv}i,k})+B^n_{\mathrm{Fg}i,k}(G^n_{\mathrm{Fg}i,k}-Q^n_{\mathrm{Fgv}i,k})=\left(\frac{V_{\mathrm{Fb}}\phi_{\mathrm{F}}C_{\mathrm{Ft}}}{\Delta t}\right)^n_{i,k}(P^{n+1}_{\mathrm{Fg}i,k}-P^n_{\mathrm{Fg}i,k})$$

整理得：

$$(B^n_{\mathrm{Fw}i,k}T^n_{\mathrm{Fw}i-\frac{1}{2},k}+B^n_{\mathrm{Fg}i,k}T^n_{\mathrm{Fg}i-\frac{1}{2},k})\cdot P^{n+1}_{\mathrm{Fg}i-1,k}+(B^n_{\mathrm{Fw}i,k}T^n_{\mathrm{Fw}i,k-\frac{1}{2}}+B^n_{\mathrm{Fg}i,k}T^n_{\mathrm{Fg}i,k-\frac{1}{2}})\cdot P^{n+1}_{\mathrm{Fg}i,k-1}-$$

$$(B^n_{\mathrm{Fw}i,k}T^n_{\mathrm{Fw}i+\frac{1}{2},k}+B^n_{\mathrm{Fg}i,k}T^n_{\mathrm{Fg}i+\frac{1}{2},k})\cdot P^{n+1}_{\mathrm{Fg}i,k}-(B^n_{\mathrm{Fw}i,k}T^n_{\mathrm{Fw}i,k+\frac{1}{2}}+B^n_{\mathrm{Fg}i,k}T^n_{\mathrm{Fg}i,k+\frac{1}{2}})\cdot P^{n+1}_{\mathrm{Fg}i,k}-$$

$$(B^n_{\mathrm{Fw}i,k}T^n_{\mathrm{Fw}i-\frac{1}{2},k}+B^n_{\mathrm{Fg}i,k}T^n_{\mathrm{Fg}i-\frac{1}{2},k})\cdot P^{n+1}_{\mathrm{Fg}i,k}-(B^n_{\mathrm{Fw}i,k}T^n_{\mathrm{Fw}i,k-\frac{1}{2}}+B^n_{\mathrm{Fg}i,k}T^n_{\mathrm{Fg}i,k-\frac{1}{2}})\cdot P^{n+1}_{\mathrm{Fg}i,k}+$$

$$(B^n_{\mathrm{Fw}i,k}T^n_{\mathrm{Fw}i+\frac{1}{2},k}+B^n_{\mathrm{Fg}i,k}T^n_{\mathrm{Fg}i+\frac{1}{2},k})\cdot P^{n+1}_{\mathrm{Fg}i+1,k}+(B^n_{\mathrm{Fw}i,k}T^n_{\mathrm{Fw}i,k+\frac{1}{2}}+B^n_{\mathrm{Fg}i,k}T^n_{\mathrm{Fg}i,k+\frac{1}{2}})\cdot P^{n+1}_{\mathrm{Fg}i,k+1}+$$

$$B^n_{\mathrm{Fg}i,k}T^n_{\mathrm{FD}i+\frac{1}{2},k}\left[\left(\frac{S_{\mathrm{Fg}}}{B_{\mathrm{Fg}}}\right)^n_{i+1,k}-\left(\frac{S_{\mathrm{Fg}}}{B_{\mathrm{Fg}}}\right)^n_{i,k}\right]+B^n_{\mathrm{Fg}i,k}T^n_{\mathrm{FD}i,k+\frac{1}{2}}\left[\left(\frac{S_{\mathrm{Fg}}}{B_{\mathrm{Fg}}}\right)^n_{i,k+1}-\left(\frac{S_{\mathrm{Fg}}}{B_{\mathrm{Fg}}}\right)^n_{i,k}\right]-$$

$$B^n_{\mathrm{Fg}i,k}T^n_{\mathrm{FD}i-\frac{1}{2},k}\left[\left(\frac{S_{\mathrm{Fg}}}{B_{\mathrm{Fg}}}\right)^n_{i,k}-\left(\frac{S_{\mathrm{Fg}}}{B_{\mathrm{Fg}}}\right)^n_{i-1,k}\right]-B^n_{\mathrm{Fg}i,k}T^n_{\mathrm{FD}i,k-\frac{1}{2}}\left[\left(\frac{S_{\mathrm{Fg}}}{B_{\mathrm{Fg}}}\right)^n_{i,k}-\left(\frac{S_{\mathrm{Fg}}}{B_{\mathrm{Fg}}}\right)^n_{i,k-1}\right]+$$

$$\left(\frac{K_{\mathrm{f}}K_{\mathrm{frw}}}{\mu_{\mathrm{fw}}B_{\mathrm{fw}}}\right)^n_{i,\frac{1}{2},k}\frac{\pi B^n_{\mathrm{Fw}i,k}}{W_{\mathrm{F}}\cdot S_{\mathrm{f}}}\left(\frac{\pi\Delta y_{\mathrm{f}i,1,k}}{\pi\Delta y_{\mathrm{f}i,1,k}+2S_{\mathrm{f}}}P^n_{\mathrm{Fw}i,k}+\frac{2S_{\mathrm{f}}}{\pi\Delta y_{\mathrm{f}i,1,k}+2S_{\mathrm{f}}}P^{n+1}_{\mathrm{fw}i,1,k}-P^{n+1}_{\mathrm{Fg}i,k}+P^{n+1}_{\mathrm{Fsc}i,k}\right)+$$

$$\left(\frac{K_{\mathrm{f}}K_{\mathrm{frg}}}{\mu_{\mathrm{fg}}B_{\mathrm{fg}}}\right)^n_{i,\frac{1}{2},k}\frac{\pi B^n_{\mathrm{Fg}i,k}}{W_{\mathrm{F}}\cdot S_{\mathrm{f}}}\left(\frac{\pi\Delta y_{\mathrm{f}i,1,k}}{\pi\Delta y_{\mathrm{f}i,1,k}+2S_{\mathrm{f}}}P^n_{\mathrm{Fg}i,k}+\frac{2S_{\mathrm{f}}}{\pi\Delta y_{\mathrm{f}i,1,k}+2S_{\mathrm{f}}}P^{n+1}_{\mathrm{fg}i,1,k}-P^{n+1}_{\mathrm{Fg}i,k}\right)+$$

$$B^n_{\mathrm{Fw}i,k}(G^n_{\mathrm{Fw}i,k}-Q^n_{\mathrm{Fwv}i,k})+B^n_{\mathrm{Fg}i,k}(G^n_{\mathrm{Fg}i,k}-Q^n_{\mathrm{Fgv}i,k})=\left(\frac{V_{\mathrm{Fb}}\phi_{\mathrm{F}}C_{\mathrm{Ft}}}{\Delta t}\right)^n_{i,k}(P^{n+1}_{\mathrm{Fg}i,k}-P^n_{\mathrm{Fg}i,k})$$

进一步整理得：

$$(B^n_{\mathrm{Fw}i,k}T^n_{\mathrm{Fw}i-\frac{1}{2},k}+B^n_{\mathrm{Fg}i,k}T^n_{\mathrm{Fg}i-\frac{1}{2},k})\cdot P^{n+1}_{\mathrm{Fg}i-1,k}+(B^n_{\mathrm{Fw}i,k}T^n_{\mathrm{Fw}i,k-\frac{1}{2}}+B^n_{\mathrm{Fg}i,k}T^n_{\mathrm{Fg}i,k-\frac{1}{2}})\cdot P^{n+1}_{\mathrm{Fg}i,k-1}-$$

$$(B^n_{\mathrm{Fw}i,k}T^n_{\mathrm{Fw}i+\frac{1}{2},k}+B^n_{\mathrm{Fg}i,k}T^n_{\mathrm{Fg}i+\frac{1}{2},k})\cdot P^{n+1}_{\mathrm{Fg}i,k}-(B^n_{\mathrm{Fw}i,k}T^n_{\mathrm{Fw}i,k+\frac{1}{2}}+B^n_{\mathrm{Fg}i,k}T^n_{\mathrm{Fg}i,k+\frac{1}{2}})\cdot P^{n+1}_{\mathrm{Fg}i,k}-$$

$$\left(\frac{K_{\mathrm{f}}K_{\mathrm{frw}}}{\mu_{\mathrm{fw}}B_{\mathrm{fw}}}\right)^n_{i,\frac{1}{2},k}\frac{\pi B^n_{\mathrm{Fw}i,k}}{W_{\mathrm{F}}\cdot S_{\mathrm{f}}}P^{n-1}_{\mathrm{Fg}i,k}-\left(\frac{K_{\mathrm{f}}K_{\mathrm{frg}}}{\mu_{\mathrm{fg}}B_{\mathrm{fg}}}\right)^n_{i,\frac{1}{2},k}\frac{\pi B^n_{\mathrm{Fg}i,k}}{W_{\mathrm{F}}\cdot S_{\mathrm{f}}}P^{n+1}_{\mathrm{Fg}i,k}-(B^n_{\mathrm{Fw}i,k}T^n_{\mathrm{Fw}i-\frac{1}{2},k}+B^n_{\mathrm{Fg}i,k}T^n_{\mathrm{Fg}i-\frac{1}{2},k})\cdot$$

$$P^{n-1}_{\mathrm{Fg}i,k}-(B^n_{\mathrm{Fw}i,k}T^n_{\mathrm{Fw}i,k-\frac{1}{2}}+B^n_{\mathrm{Fg}i,k}T^n_{\mathrm{Fg}i,k-\frac{1}{2}})\cdot P^{n+1}_{\mathrm{Fg}i,k}-\left(\frac{V_{\mathrm{Fb}}\phi_{\mathrm{F}}C_{\mathrm{Ft}}}{\Delta t}\right)^n_{i,k}P^{n+1}_{\mathrm{Fg}i,k}+$$

$$(B^n_{\mathrm{Fw}i,k}T^n_{\mathrm{Fw}i+\frac{1}{2},k}+B^n_{\mathrm{Fg}i,k}T^n_{\mathrm{Fg}i+\frac{1}{2},k})\cdot P^{n+1}_{\mathrm{Fg}i+1,k}+(B^n_{\mathrm{Fw}i,k}T^n_{\mathrm{Fw}i,k+\frac{1}{2}}+B^n_{\mathrm{Fg}i,k}T^n_{\mathrm{Fg}i,k+\frac{1}{2}})\cdot P^{n+1}_{\mathrm{Fg}i,k+1}+$$

$$B^n_{\mathrm{Fg}i,k}T^n_{\mathrm{FD}i+\frac{1}{2},k}\left[\left(\frac{S_{\mathrm{Fg}}}{B_{\mathrm{Fg}}}\right)^n_{i+1,k}-\left(\frac{S_{\mathrm{Fg}}}{B_{\mathrm{Fg}}}\right)^n_{i,k}\right]+B^n_{\mathrm{Fg}i,k}T^n_{\mathrm{FD}i,k+\frac{1}{2}}\left[\left(\frac{S_{\mathrm{Fg}}}{B_{\mathrm{Fg}}}\right)^n_{i,k+1}-\left(\frac{S_{\mathrm{Fg}}}{B_{\mathrm{Fg}}}\right)^n_{i,k}\right]-$$

$$B^n_{\mathrm{Fg}i,k}T^n_{\mathrm{FD}i-\frac{1}{2},k}\left[\left(\frac{S_{\mathrm{Fg}}}{B_{\mathrm{Fg}}}\right)^n_{i,k}-\left(\frac{S_{\mathrm{Fg}}}{B_{\mathrm{Fg}}}\right)^n_{i-1,k}\right]-B^n_{\mathrm{Fg}i,k}T^n_{\mathrm{FD}i,k-\frac{1}{2}}\left[\left(\frac{S_{\mathrm{Fg}}}{B_{\mathrm{Fg}}}\right)^n_{i,k}-\left(\frac{S_{\mathrm{Fg}}}{B_{\mathrm{Fg}}}\right)^n_{i,k-1}\right]+$$

$$\left(\frac{K_{\mathrm{f}}K_{\mathrm{frw}}}{\mu_{\mathrm{fw}}B_{\mathrm{fw}}}\right)^n_{i,\frac{1}{2},k}\frac{\pi B^n_{\mathrm{Fw}i,k}}{W_{\mathrm{F}}\cdot S_{\mathrm{f}}}\left(\frac{\pi\Delta y_{\mathrm{f}i,1,k}}{\pi\Delta y_{\mathrm{f}i,1,k}+2S_{\mathrm{f}}}P^n_{\mathrm{Fw}i,k}+\frac{2S_{\mathrm{f}}}{\pi\Delta y_{\mathrm{f}i,1,k}+2S_{\mathrm{f}}}P^{n+1}_{\mathrm{fw}i,1,k}+P^{n+1}_{\mathrm{Fsc}i,k}\right)+$$

$$\left(\frac{K_{\mathrm{f}}K_{\mathrm{frg}}}{\mu_{\mathrm{fg}}B_{\mathrm{fg}}}\right)^n_{i,\frac{1}{2},k}\frac{\pi B^n_{\mathrm{Fg}i,k}}{W_{\mathrm{F}}\cdot S_{\mathrm{f}}}\left(\frac{\pi\Delta y_{\mathrm{f}i,1,k}}{\pi\Delta y_{\mathrm{f}i,1,k}+2S_{\mathrm{f}}}P^n_{\mathrm{Fg}i,k}+\frac{2S_{\mathrm{f}}}{\pi\Delta y_{\mathrm{f}i,1,k}+2S_{\mathrm{f}}}P^{n+1}_{\mathrm{fg}i,1,k}\right)+$$

$$B^n_{\mathrm{Fw}i,k}(G^n_{\mathrm{Fw}i,k}-Q^n_{\mathrm{Fwv}i,k})+B^n_{\mathrm{Fg}i,k}(G^n_{\mathrm{Fg}i,k}-Q^n_{\mathrm{Fgv}i,k})=-\left(\frac{V_{\mathrm{Fb}}\phi_{\mathrm{F}}C_{\mathrm{Ft}}}{\Delta t}\right)^n_{i,k}P^n_{\mathrm{Fg}i,k}\tag{5-39}$$

令：

$$a^n_{\mathrm{Fx}i,k}=B^n_{\mathrm{Fw}i,j,k}T^n_{\mathrm{Fw}i-\frac{1}{2},k}+B^n_{\mathrm{Fg}i,k}T^n_{\mathrm{Fg}i-\frac{1}{2},k}$$

$$a^n_{\mathrm{Fz}i,k}=B^n_{\mathrm{Fw}i,k}T^n_{\mathrm{Fw}i,k-\frac{1}{2}}+B^n_{\mathrm{Fg}i,k}T^n_{\mathrm{Fg}i,k-\frac{1}{2}}$$

$$b^n_{\mathrm{Fx}i,k}=B^n_{\mathrm{Fw}i,k}T^n_{\mathrm{Fw}i+\frac{1}{2},k}+B^n_{\mathrm{Fg}i,k}T^n_{\mathrm{Fg}i+\frac{1}{2},k}$$

$$b^n_{\mathrm{Fz}i,k}=B^n_{\mathrm{Fw}i,k}T^n_{\mathrm{Fw}i,k+\frac{1}{2}}+B^n_{\mathrm{Fg}i,k}T^n_{\mathrm{Fg}i,k+\frac{1}{2}}$$

$$c^n_{\mathrm{F}i,k}=-\left[\begin{array}{l}a^n_{\mathrm{fx}i,k}+a^n_{\mathrm{fz}i,k}+b^n_{\mathrm{fx}i,k}+b^n_{\mathrm{fz}i,k}+\left(\dfrac{V_{\mathrm{Fb}}\phi_{\mathrm{F}}C_{\mathrm{Ft}}}{\Delta t}\right)^n_{i,k}+\\ \left(\dfrac{K_{\mathrm{f}}K_{\mathrm{fwg}}}{\mu_{\mathrm{fw}}B_{\mathrm{fw}}}\right)^n_{i,\frac{1}{2},k}\dfrac{\pi B^n_{\mathrm{Fw}i,k}}{W_{\mathrm{F}}\cdot S_{\mathrm{f}}}+\left(\dfrac{K_{\mathrm{f}}K_{\mathrm{frg}}}{\mu_{\mathrm{fg}}B_{\mathrm{fg}}}\right)^n_{i,\frac{1}{2},k}\dfrac{\pi B^n_{\mathrm{Fg}i,k}}{W_{\mathrm{F}}\cdot S_{\mathrm{f}}}\end{array}\right]$$

$$E^n_{\mathrm{Fx}i,k}=B^n_{\mathrm{Fg}i,k}T^n_{\mathrm{FD}i+\frac{1}{2},k}\left[\left(\frac{S_{\mathrm{Fg}}}{B_{\mathrm{Fg}}}\right)^n_{i+1,k}-\left(\frac{S_{\mathrm{Fg}}}{B_{\mathrm{Fg}}}\right)^n_{i,k}\right]-B^n_{\mathrm{Fg}i,k}T^n_{\mathrm{fD}i-\frac{1}{2},\mathrm{k}}\left[\left(\frac{S_{\mathrm{Fg}}}{B_{\mathrm{Fg}}}\right)^n_{i,k}-\left(\frac{S_{\mathrm{Fg}}}{B_{\mathrm{Fg}}}\right)^n_{i-1,k}\right]$$

$$E^n_{\mathrm{Fz}i,k}=B^n_{\mathrm{Fg}i,k}T^n_{\mathrm{FD}i,k+\frac{1}{2}}\left[\left(\frac{S_{\mathrm{Fg}}}{B_{\mathrm{Fg}}}\right)^n_{i,k+1}-\left(\frac{S_{\mathrm{Fg}}}{B_{\mathrm{Fg}}}\right)^n_{i,k}\right]-B^n_{\mathrm{Fg}i,k}T^n_{\mathrm{FD}i,k-\frac{1}{2}}\left[\left(\frac{S_{\mathrm{Fg}}}{B_{\mathrm{Fg}}}\right)^n_{i,k}-\left(\frac{S_{\mathrm{Fg}}}{B_{\mathrm{Fg}}}\right)^n_{i,k-1}\right]$$

$$U^n_{\mathrm{F}i,k}=E^n_{\mathrm{Fx}i,k}+E^n_{\mathrm{Fz}i,k}$$

$$W^n_{\mathrm{F}i,k}=B^n_{\mathrm{Fw}i,k}(G^n_{\mathrm{Fw}i,k}-Q^n_{\mathrm{Fwv}i,k})+B^n_{\mathrm{Fg}i,k}(G^n_{\mathrm{Fg}i,k}-Q^n_{\mathrm{Fgv}i,k})$$

$$d^n_{\mathrm{F}i,k}=-\left(\frac{V_{\mathrm{Fb}}\phi_{\mathrm{F}}C_{\mathrm{Ft}}}{\Delta t}\right)^n_{i,k}\cdot P^n_{\mathrm{Fg}i,k}-U^n_{\mathrm{F}i,k}-W^n_{\mathrm{F}i,k}-$$

$$\left(\frac{K_{\mathrm{f}}K_{\mathrm{frw}}}{\mu_{\mathrm{fw}}B_{\mathrm{fw}}}\right)^n_{i,\frac{1}{2},k}\frac{\pi B^n_{\mathrm{Fw}i,k}}{W_{\mathrm{F}}\cdot S_{\mathrm{f}}}\left(\frac{\pi\Delta y_{\mathrm{f}i,1,k}}{\pi\Delta y_{\mathrm{f}i,1,k}+2S_{\mathrm{f}}}P^n_{\mathrm{Fw}i,k}+\frac{2S_{\mathrm{f}}}{\pi\Delta y_{\mathrm{f}i,1,k}+2S_{\mathrm{f}}}P^{n+1}_{\mathrm{fw}i,1,k}+P^{n+1}_{\mathrm{Fsc}i,k}\right)-$$

$$\left(\frac{K_{\mathrm{f}}K_{\mathrm{frg}}}{\mu_{\mathrm{fg}}B_{\mathrm{fg}}}\right)^n_{i,\frac{1}{2},k}\frac{\pi B^n_{\mathrm{Fg}i,k}}{W_{\mathrm{F}}\cdot S_{\mathrm{f}}}\left(\frac{\pi\Delta y_{\mathrm{f}i,1,k}}{\pi\Delta y_{\mathrm{f}i,1,k}+2S_{\mathrm{f}}}P^n_{\mathrm{Fg}i,k}+\frac{2S_{\mathrm{f}}}{\pi\Delta y_{\mathrm{f}i,1,k}+2S_{\mathrm{f}}}P^{n+1}_{\mathrm{fg}i,1,k}\right)$$

则，方程(5-39)可写为：

$$a^n_{\mathrm{Fx}i,k}\cdot P^{n+1}_{\mathrm{Fg}i-1,k}+a^n_{\mathrm{Fz}i,k}\cdot P^{n+1}_{\mathrm{Fg}i,k-1}+c^{n+1}_{\mathrm{F}i,k}\cdot P^{n+1}_{\mathrm{Fg}i,k}+$$

$$b^n_{\mathrm{Fx}i,k}\cdot P^{n+1}_{\mathrm{Fg}i+1,k}+b^n_{\mathrm{Fz}i,k}\cdot P^{n+1}_{\mathrm{Fg}i,k+1}=b^n_{\mathrm{F}i,k}\tag{5-40}$$

因此，离散化后的数学模型基本方程为：

$$
\begin{cases}
a_{\mathrm{fx}i,j,k}^{n} \cdot P_{\mathrm{fg}i-1,j,k}^{n+1} + a_{\mathrm{fy}i,j,k}^{n} \cdot P_{\mathrm{fg}i,,j-1,k}^{n+1} + a_{\mathrm{fz}i,j,k}^{n} \cdot P_{\mathrm{fg}i,j,k-1}^{n+1} + c_{\mathrm{f}i,j,k}^{n+1} \cdot P_{\mathrm{fg}i,j,k}^{n+1} + \\
b_{\mathrm{fx}i,j,k}^{n} \cdot P_{\mathrm{fg}i+1,j,k}^{n+1} + b_{\mathrm{fy}i,j,k}^{n} \cdot P_{\mathrm{fg}i,,j+1,k}^{n+1} + b_{\mathrm{fz}i,j,k}^{n} \cdot P_{\mathrm{fg}i,j,k+1}^{n+1} = d_{\mathrm{f}i,j,k}^{n} \\
a_{\mathrm{Fx}i,k}^{n} \cdot P_{\mathrm{Fg}i-1,k}^{n+1} + a_{\mathrm{Fz}i,k}^{n} \cdot P_{\mathrm{Fg}i,k-1}^{n+1} + c_{\mathrm{F}i,k}^{n} \cdot P_{\mathrm{Fg}i,k}^{n+1} + b_{\mathrm{Fx}i,k}^{n} \cdot P_{\mathrm{Fg}i+1,k}^{n+1} + \\
b_{\mathrm{Fz}i,k}^{n} \cdot P_{\mathrm{Fg}i,k+1}^{n+1} = d_{\mathrm{F}i,k}^{n}
\end{cases}
\tag{5-41}
$$

## 三、其他参数的求解

### （一）饱和度求解

用显示方法计算饱和度，对方程(5-4)进行离散化：

$$
\begin{aligned}
& T_{\mathrm{fw}i+\frac{1}{2},j,k}^{n}(P_{\mathrm{fg}i+1,j,k}^{n+1} - P_{\mathrm{fg}i,j,k}^{n+1}) + T_{\mathrm{fw}i,j+\frac{1}{2},k}^{n}(P_{\mathrm{fg}i,j+1,k}^{n+1} - P_{\mathrm{fg}i,j,k}^{n+1}) + \\
& T_{\mathrm{fw}i,j,k+\frac{1}{2}}^{n}(P_{\mathrm{fg}i,j,k+1}^{n+1} - P_{\mathrm{fg}i,j,k}^{n+1}) - T_{\mathrm{fw}i-\frac{1}{2},j,k}^{n}(P_{\mathrm{fg}i,j,k}^{n+1} - P_{\mathrm{fg}i-1,j,k}^{n+1}) - \\
& T_{\mathrm{fw}i,j-\frac{1}{2},k}(P_{\mathrm{fg}i,j,k}^{n+1} - P_{\mathrm{fg}i,j-1,k}^{n+1}) - T_{\mathrm{fw}i,j,k-\frac{1}{2}}(P_{\mathrm{fg}i,j,k}^{n+1} - P_{\mathrm{fg}i,j,k-1}^{n+1}) + \\
& G_{\mathrm{fw}i,j,k}^{n} = \frac{1}{\Delta t}\left[\left(\frac{\phi_{\mathrm{f}} S_{\mathrm{fw}} V_{\mathrm{fb}}}{B_{\mathrm{fw}}}\right)_{i,j,k}^{n+1} - \left(\frac{\phi_{\mathrm{f}} S_{\mathrm{fw}} V_{\mathrm{fb}}}{B_{\mathrm{fw}}}\right)_{i,j,k}^{n}\right]
\end{aligned}
$$

整理得宏观裂隙系统中水相饱和度：

$$
S_{\mathrm{fw}i,j,k}^{n+1} = \left(\frac{B_{\mathrm{fw}}}{\phi_{\mathrm{f}} V_{\mathrm{fb}}}\right)_{i,j,k}^{n+1}
\left\{\Delta t \cdot
\begin{bmatrix}
T_{\mathrm{fw}i+\frac{1}{2},j,k}^{n}(P_{\mathrm{fg}i+1,j,k}^{n+1} - P_{\mathrm{fg}i,j,k}^{n+1}) + \\
T_{\mathrm{fw}i,j+\frac{1}{2},k}^{n}(P_{\mathrm{fg}i,j+1,k}^{n+1} - P_{\mathrm{fg}i,j,k}^{n+1}) + \\
T_{\mathrm{fw}i,j,k+\frac{1}{2}}^{n}(P_{\mathrm{fg}i,j,k+1}^{n+1} - P_{\mathrm{fg}i,j,k}^{n+1}) - \\
T_{\mathrm{fw}i-\frac{1}{2},j,k}^{n}(P_{\mathrm{fg}i,j,k}^{n+1} - P_{\mathrm{fg}i-1,j,k}^{n+1}) - \\
T_{\mathrm{fw}i,j-\frac{1}{2},k}(P_{\mathrm{fg}i,j,k}^{n+1} - P_{\mathrm{fg}i,j-1,k}^{n+1}) - \\
T_{\mathrm{fw}i,j,k-\frac{1}{2}}(P_{\mathrm{fg}i,j,k}^{n+1} - P_{\mathrm{fg}i,j,k-1}^{n+1}) + G_{\mathrm{fw}i,j,k}^{n}
\end{bmatrix}
+ \left(\frac{\phi_{\mathrm{f}} S_{\mathrm{fw}} V_{\mathrm{fb}}}{B_{\mathrm{fw}}}\right)_{i,j,k}^{n}\right\}
\tag{5-42}
$$

则宏观裂隙系统气相饱和度为：

$$
S_{\mathrm{fg}i,j,k}^{n+1} = 1 - S_{\mathrm{fw}i,j,k}^{n+1} \tag{5-43}
$$

同理，对方程(5-21)进行离散化：

$$
\begin{aligned}
& T_{\mathrm{Fw}i+\frac{1}{2},k}(P_{\mathrm{Fg}i+1,k} - P_{\mathrm{Fg}i,k}) + T_{\mathrm{Fw}i,k+\frac{1}{2}}(P_{\mathrm{Fg}i,k+1} - P_{\mathrm{Fg}i,k}) - \\
& T_{\mathrm{Fw}i-\frac{1}{2},k}(P_{\mathrm{Fg}i,k} - P_{\mathrm{Fg}i-1,k}) - T_{\mathrm{Fw}i,k-\frac{1}{2}}(P_{\mathrm{Fg}i,k} - P_{\mathrm{Fg}i,k-1}) + \\
& \left(\frac{K_{\mathrm{f}} K_{\mathrm{frw}}}{\mu_{\mathrm{fw}} B_{\mathrm{fw}}}\right)_{i,\frac{1}{2},k} \frac{\pi}{W_{\mathrm{F}} \cdot S_{\mathrm{f}}}(P_{\mathrm{fw}i,0,k} - P_{\mathrm{Fw}i,k}) + \\
& G_{\mathrm{Fw}i,k} - Q_{\mathrm{Fwv}i,k} = \frac{\partial}{\partial t}\left(\frac{\phi_{\mathrm{F}} S_{\mathrm{Fw}}}{B_{\mathrm{Fw}}}\right)_{i,k} \cdot V_{\mathrm{Fb}i,k}
\end{aligned}
$$

将方程(5-37)代入并整理得：

$$
\begin{aligned}
& T_{\mathrm{Fw}i+\frac{1}{2},k}^{n}(P_{\mathrm{Fg}i+1,k}^{n+1} - P_{\mathrm{Fg}i,k}^{n+1}) + T_{\mathrm{Fw}i,k+\frac{1}{2}}^{n}(P_{\mathrm{Fg}i,k+1}^{n+1} - P_{\mathrm{Fg}i,k}^{n+1}) - \\
& T_{\mathrm{Fw}i-\frac{1}{2},k}^{n}(P_{\mathrm{Fg}i,k}^{n+1} - P_{\mathrm{Fg}i-1,k}^{n+1}) - T_{\mathrm{Fw}i,k-\frac{1}{2}}(P_{\mathrm{Fg}i,k}^{n+1} - P_{\mathrm{Fg}i,k-1}^{n+1}) +
\end{aligned}
$$

$$\left(\frac{K_{\mathrm{f}}K_{\mathrm{frw}}}{\mu_{\mathrm{fw}}B_{\mathrm{fw}}}\right)^{n}_{i,\frac{1}{2},k}\frac{\pi}{W_{\mathrm{F}}\cdot S_{\mathrm{f}}}\left(\frac{\pi\Delta y_{\mathrm{f}i,1,k}}{\pi\Delta y_{\mathrm{f}i,1,k}+2S_{\mathrm{f}}}P^{n}_{\mathrm{Fw}i,k}+\frac{2S_{\mathrm{f}}}{\pi\Delta y_{\mathrm{f}i,1,k}+2S_{\mathrm{f}}}P^{n+1}_{\mathrm{fw}i,1,k}-P^{n+1}_{\mathrm{Fw}i,k}\right)+$$

$$G^{n}_{\mathrm{Fw}i,k}-Q^{n}_{\mathrm{Fwv}i,k}=\frac{1}{\Delta t}\left[\left(\frac{\phi_{\mathrm{F}}S_{\mathrm{Fw}}V_{\mathrm{Fb}}}{B_{\mathrm{Fw}}}\right)^{n+1}_{i,k}-\left(\frac{\phi_{\mathrm{F}}S_{\mathrm{Fw}}V_{\mathrm{Fb}}}{B_{\mathrm{Fw}}}\right)^{n}_{i,k}\right]$$

进一步整理,得到压裂裂缝中水相饱和度:

$$S^{n+1}_{\mathrm{Fw}i,k}=\left(\frac{B_{\mathrm{Fw}}}{\phi_{\mathrm{F}}V_{\mathrm{Fb}}}\right)^{n+1}_{i,k}\left\{\begin{array}{l}\Delta t\cdot\left[\begin{array}{l}T^{n}_{\mathrm{Fw}i+\frac{1}{2},k}(P^{n+1}_{\mathrm{Fg}i+1,k}-P^{n+1}_{\mathrm{Fg}i,k})+T^{n}_{\mathrm{Fw}i,k+\frac{1}{2}}(P^{n+1}_{\mathrm{Fg}i,k+1}-P^{n+1}_{\mathrm{Fg}i,k})-\\ T^{n}_{\mathrm{Fw}i-\frac{1}{2},k}(P^{n+1}_{\mathrm{Fg}i,k}-P^{n+1}_{\mathrm{Fg}i-1,k})-T_{\mathrm{Fw}i,k-\frac{1}{2}}(P^{n+1}_{\mathrm{Fg}i,k}-P^{n+1}_{\mathrm{Fg}i,k-1})+\\ \left(\frac{K_{\mathrm{f}}K_{\mathrm{frw}}}{\mu_{\mathrm{fw}}B_{\mathrm{fw}}}\right)^{n}_{i,\frac{1}{2},k}\frac{\pi}{W_{\mathrm{F}}\cdot S_{\mathrm{f}}}\cdot\left(\begin{array}{l}\frac{\pi\Delta y_{\mathrm{f}i,1,k}}{\pi\Delta y_{\mathrm{f}i,1,k}+2S_{\mathrm{f}}}P^{n}_{\mathrm{Fw}i,k}+\\ \frac{2S_{\mathrm{f}}}{\pi\Delta y_{\mathrm{f}i,1,k}+2S_{\mathrm{f}}}P^{n+1}_{\mathrm{fw}i,1,k}\\ -P^{n+1}_{\mathrm{Fw}i,k}\end{array}\right)+\\ G^{n}_{\mathrm{Fw}i,k}-Q^{n}_{\mathrm{Fwv}i,k}\end{array}\right]+\\ \left(\frac{\phi_{\mathrm{F}}S_{\mathrm{Fw}}V_{\mathrm{Fb}}}{B_{\mathrm{Fw}}}\right)^{n}_{i,k}\end{array}\right\}\tag{5-44}$$

则压裂裂缝中气相饱和度为:

$$S^{n+1}_{\mathrm{Fgi,j,k}}=1-S^{n+1}_{\mathrm{Fw}i,j,k}\tag{5-45}$$

（二）基质气体浓度和压力求解

由:

$$\frac{C^{n+1}_{\mathrm{m}i,j,k}-C^{n}_{\mathrm{m}i,j,k}}{\Delta t}=\frac{1}{\tau}[V_{\mathrm{E}}(P^{n}_{\mathrm{fg}i,j,k})-C^{n}_{\mathrm{m}i,j,k}]-\alpha_{\mathrm{m}}\left(\frac{\rho_{\mathrm{mg}}K_{\mathrm{m}}}{\mu_{\mathrm{mg}}}\right)^{n}_{i,j,k}(P^{n}_{\mathrm{mg}i,j,k}-P^{n}_{\mathrm{fg}i,j,k})$$

整理得基质中气体浓度:

$$C^{n+1}_{\mathrm{m}i,j,k}=C^{n}_{\mathrm{m}i,j,k}+\frac{\Delta t}{\tau}[V_{\mathrm{E}}(P^{n}_{\mathrm{fg}i,j,k})-C^{n}_{\mathrm{m}i,j,k}]-\alpha_{\mathrm{m}}\left(\frac{\rho_{\mathrm{mg}}K_{\mathrm{m}}}{\mu_{\mathrm{mg}}}\right)^{n}_{i,j,k}(P^{n}_{\mathrm{mg}i,j,k}-P^{n}_{\mathrm{fg}i,j,k})\tag{5-46}$$

令 $U(P_{\mathrm{m}})=V_{\mathrm{L}}\dfrac{P_{\mathrm{mg}}}{P_{\mathrm{L}}+P_{\mathrm{mg}}}$,则:

$$U^{n+1}=U^{n}+\frac{\partial U}{\partial P}\Delta P_{\mathrm{mg}}=U^{n}+\frac{\partial\left(V_{\mathrm{L}}\dfrac{P^{n}_{\mathrm{mg}}}{P_{\mathrm{L}}+P^{n}_{\mathrm{mg}}}\right)}{\partial P_{\mathrm{mg}}}\Delta P_{\mathrm{mg}}=U^{n}+\frac{V_{\mathrm{L}}+P_{\mathrm{L}}}{(P_{\mathrm{L}}+P^{n}_{\mathrm{mg}})^{2}}(P^{n+1}_{\mathrm{mg}}-P^{n}_{\mathrm{mg}})$$

因此:

$$C^{n+1}_{\mathrm{m}i,j,k}=\frac{\phi^{n+1}_{\mathrm{m}i,j,k}MP^{n+1}_{\mathrm{mg}i,j,k}}{\rho_{\mathrm{gsc}}zRT}+\frac{V_{\mathrm{L}}P^{n}_{\mathrm{mg}i,j,k}}{P_{\mathrm{L}}+P^{n}_{\mathrm{mg}i,j,k}}+\frac{V_{\mathrm{L}}P_{\mathrm{L}}}{(P_{\mathrm{L}}+P^{n}_{\mathrm{mg}i,j,k})^{2}}(P^{n+1}_{\mathrm{mg}i,j,k}-P^{n}_{\mathrm{mg}i,j,k})$$

整理得到基质中气相压力:

$$P_{\mathrm{mg}i,j,k}^{n+1}=\frac{C_{\mathrm{m}i,j,k}^{n+1}-\left[\frac{V_{\mathrm{L}}}{P_{\mathrm{L}}+P_{\mathrm{mg}i,j,k}^{n}}-\frac{V_{\mathrm{L}}P_{\mathrm{L}}}{(P_{\mathrm{L}}+P_{\mathrm{mg}i,j,k}^{n})^{2}}\right]P_{\mathrm{mg}i,j,k}^{n}}{\left[\frac{\phi_{\mathrm{m}i,j,k}^{n+1}M}{\rho_{\mathrm{gsc}}zRT}+\frac{V_{\mathrm{L}}P_{\mathrm{L}}}{(P_{\mathrm{L}}+P_{\mathrm{mg}i,j,k}^{n})^{2}}\right]} \tag{5-47}$$

## 四、初始边界条件离散化

### （一）初始条件离散化

$$P_{\mathrm{m}i,j,k}^{0}=P_{\mathrm{e}i,j,k} \tag{5-48}$$

$$P_{\mathrm{f}i,j,k}^{0}=P_{\mathrm{e}i,j,k} \tag{5-49}$$

$$P_{\mathrm{F}i,k}^{0}=P_{\mathrm{e}i,j,k} \tag{5-50}$$

$$S_{\mathrm{fw}i,j,k}^{0}=S_{\mathrm{fwoi,j,k}} \tag{5-51}$$

$$S_{\mathrm{Fw}i,k}^{0}=S_{\mathrm{Fwoi,j,k}} \tag{5-52}$$

$$C_{\mathrm{m}i,j,k}^{0}=V_{\mathrm{E}}P_{\mathrm{e}i,j,k} \tag{5-53}$$

### （二）内边界条件离散化

定井底流压：

$$P_{\mathrm{F}i,k}^{n+1}=P_{\mathrm{wf}} \qquad \delta(i-\xi,k-\zeta,t)=1 \tag{5-54}$$

定流量：

$$P_{\mathrm{wf}}^{n+1}=P_{\mathrm{Fw}i,k}^{n+1}-Q_{\mathrm{Fwv}i,k}\frac{\left(\ln\frac{0.208\Delta x_{i,k}}{R_{\mathrm{w}}}+S_{\mathrm{F}}\right)}{2\pi\left(\frac{K_{\mathrm{F}}K_{\mathrm{Frw}}\Delta z}{\mu_{\mathrm{Fw}}}\right)_{i,k}^{n+1}} \qquad \delta(i-\xi,k-\zeta,t)=1 \tag{5-55}$$

$$P_{\mathrm{wf}}^{n+1}=P_{\mathrm{Fg}i,k}^{n+1}-Q_{\mathrm{Fgv}i,k}\frac{\left(\ln\frac{0.208\Delta x_{i,k}}{R_{\mathrm{w}}}+S_{\mathrm{F}}\right)}{2\pi\left(\frac{K_{\mathrm{F}}K_{\mathrm{Frg}}\Delta z}{\mu_{\mathrm{Fg}}}\right)_{i,k}^{n+1}} \qquad \delta(i-\xi,k-\zeta,t)=1 \tag{5-56}$$

### （三）外边界条件离散化

（1）定压边界

外边界条件定压，则边界压力可以不进行计算，只要计算内部各个节点的压力：

$$P_{\mathrm{m}N_{\mathrm{fx}},j,k}^{n+1}=P_{\mathrm{e}N_{\mathrm{fx}},j,k} \tag{5-57}$$

$$P_{\mathrm{m}i,N_{\mathrm{fy}},k}^{n+1}=P_{\mathrm{e}i,N_{\mathrm{fy}},k} \tag{5-58}$$

$$P_{\mathrm{m}i,j,N_{\mathrm{fz}}}^{n+1}=P_{\mathrm{e}i,j,N_{\mathrm{fz}}} \tag{5-59}$$

$$P_{\mathrm{f}N_{\mathrm{fx}},j,k}^{n+1}=P_{\mathrm{e}N_{\mathrm{fx}},j,k} \tag{5-60}$$

$$P_{\mathrm{f}i,N_{\mathrm{fy}},k}^{n+1}=P_{\mathrm{e}i,N_{\mathrm{fy}},k} \tag{5-61}$$

$$P_{\mathrm{f}i,j,N_{\mathrm{fz}}}^{n+1}=P_{\mathrm{e}i,j,N_{\mathrm{fz}}} \tag{5-62}$$

$$S_{\mathrm{fwo}N_{\mathrm{fx}},y,k}^{n+1}=S_{\mathrm{fwo}N_{\mathrm{fx}},y,k} \tag{5-63}$$

$$S_{\mathrm{fwoi},N_{\mathrm{fy}},k}^{n+1}=S_{\mathrm{fwoi},N_{\mathrm{fy}},k} \tag{5-64}$$

$$S_{\mathrm{fwo}i,j,N_{\mathrm{fz}}}^{n+1}=S_{\mathrm{fwo}i,j,N_{\mathrm{fz}}} \tag{5-65}$$

$N_{fx}$、$N_{fy}$、$N_{fz}$分别为宏观裂隙系统 $X$、$Y$、$Z$ 方向的网格数。

(2) 封闭边界

$$P_{mN_{fx}+1,j,k}^{n+1}=P_{mN_{fx},j,k}^{n+1} \tag{5-66}$$

$$P_{m0,j,k}^{n+1}=P_{m1,j,k}^{n+1} \tag{5-67}$$

$$P_{mi,N_{fy}+1,k}^{n+1}=P_{mi,N_{fy},k}^{n+1} \tag{5-68}$$

$$P_{mi,j,N_{fz}+1}^{n+1}=P_{mi,j,N_{fz}}^{n+1} \tag{5-69}$$

$$P_{fN_{fx}+1,j,k}^{n+1}=P_{fN_{fx},j,k}^{n+1} \tag{5-70}$$

$$P_{f0,j,k}^{n+1}=P_{f1,j,k}^{n+1} \tag{5-71}$$

$$P_{fi,N_{fy}+1,k}^{n+1}=P_{fi,N_{fy},k}^{n+1} \tag{5-72}$$

$$P_{fi,j,N_{fz}+1}^{n+1}=P_{fi,j,N_{fz}}^{n+1} \tag{5-73}$$

$$P_{FN_{Fx}+1,k}^{n+1}=P_{FN_{Fx},k}^{n+1} \tag{5-74}$$

$$P_{Fi,N_{Fz}+1}^{n+1}=P_{Fi,N_{Fz}}^{n+1} \tag{5-75}$$

## 第二节　数值方程组的求解

### 一、数值方程组的求解思路

数学模型中,内边界条件和外边界条件各有两种,两种内边界条件、两种外边界条件之间理论上有四种组合关系。图 5-1 所示的发育压裂裂缝的煤储层网格划分形式中,宏观裂隙系统有三条外边界(垂向上一条,水平方向上两条),压裂裂缝系统同样有三条外边界。三条外边界同样有不同的外边界组合形式。不同的外边界、内边界组合形式,数值模型的解法有所不同。

(一) 宏观裂隙系统外边界混合,内边界定产

宏观裂隙系统外边界混合、内边界定产情况下的计算步骤如下。

(1) 由于外边界定压,则边界压力可以不进行计算,只计算内部各节点的压力。

若宏观裂隙系统采用混合外边界形式,则宏观裂隙系统在 $y=R_e$ 处以及 $x=X_F$ 处采用定压外边界条件,而在 $x=0$ 处和垂向上则采用封闭外边界条件,根据图 5-1 所示的网格划分方法,$y=R_e$ 处以及 $x=X_F$ 处边界压力可以不进行计算,只计算内部各节点的压力。

封闭外边界的处理方法有两种,一种是:

$$P_{N_x,j,k}-P_{N_x-1,j,k}=0\text{,即 }P_{N_x,j,k}=P_{N_x-1,j,k}$$

$$P_{N_y,k}-P_{i,N_y-1,k}=0\text{,即 }P_{i,N_y,k}=P_{i,N_y-1,k}$$

$$P_{i,j,N_z}-P_{i,j,N_z-1}=0\text{,即 }P_{i,j,N_z}=P_{i,j,N_z-1}$$

这种处理方法下外边界条件同样不需要计算,只计算内部各节点的压力即可。

另一种是在此边界外虚拟一圈网格,并令其与边界网格压力值相等:

$$P_{N_x+1,j,k}=P_{N_x,j,k}$$

$$P_{i,N_y+1,k}=P_{i,N_y,k}$$

$$P_{i,j,N_z+1}=P_{i,j,N_z}$$

加虚拟网格后需计算节点数为 $N_x\cdot N_y\cdot N_z$。

这里采用第二种方法对封闭外边界条件进行处理,即加虚拟网格。

综上所述，图 5-1 所示的网格划分方法，混和外边界条件下增加虚拟网格后，宏观裂隙系统共有$(N_{fx}+1)\cdot(N_{fy}+1)\cdot(N_{fz}+2)$个节点，需计算$(N_{fx}-1)\cdot(N_{fy}-1)\cdot N_{fz}$个节点。

由于压裂裂缝的宽度相对于煤层气井的整个泄流区域非常小，认为压裂裂缝均为封闭外边界条件，故采用第二种方法对压裂裂缝的外边界条件进行处理，则压裂裂缝共有$(N_{Fx}+1)\cdot(N_{Fz}+2)$个节点，需要计算 $N_{Fx}\cdot N_{Fz}$个节点。

(2) 计算下列参数：

$$T_{fw\left(i\pm\frac{1}{2}\right),j,k},T_{fwi,\left(j\pm\frac{1}{2}\right),k},T_{fwi,j\left(k\pm\frac{1}{2}\right)},G_{fwi,j,k}$$

$$T_{fg\left(i\pm\frac{1}{2}\right),j,k},T_{fgi,\left(j\pm\frac{1}{2}\right),k},T_{fgi,j\left(k\pm\frac{1}{2}\right)},G_{mgvi,j,k}$$

$$T_{Fw\left(i\pm\frac{1}{2}\right),k},T_{Fwi,\left(k\pm\frac{1}{2}\right)},G_{Fwi,k}$$

$$T_{Fg\left(i\pm\frac{1}{2}\right),k},T_{Fgi,\left(k\pm\frac{1}{2}\right)},T_{FD\left(i\pm\frac{1}{2}\right),k},T_{FDi\left(k\pm\frac{1}{2}\right)},G_{Fgi,k}$$

(3) 计算下列参数：

$$a_{fxi,j,k},a_{fyi,j,k},a_{fzi,j,k},c_{fi,j,k},b_{fxi,j,k},b_{fyi,j,k},b_{fzi,j,k},d_{fi,j,k}$$

$$a_{Fxi,k},a_{Fzi,k},c_{Fi,k},b_{Fxi,k},b_{Fzi,k},d_{Fi,k}$$

从内部节点按标准排列开始计算。

(4) 列出系数矩阵方程，解七对角矩阵系数矩阵和五对角系数矩阵方程，可得压力 $P$。

(5) 已知产量 $q_{Fwv}$、$q_{Fgv}$，利用产量方程式(5-23)、式(5-30)求出井底流压 $P_{wf}$。

### (二) 宏观裂隙系统外边界混合，内边界定井底流压

宏观裂隙系统外边界混合，内边界定井底流压情况下的计算步骤如下。

(1) 边界条件的处理方法同(一)。

(2) 计算下列参数：

$$T_{fw\left(i\pm\frac{1}{2}\right),j,k},T_{fwi,\left(j\pm\frac{1}{2}\right),k},T_{fwi,j\left(k\pm\frac{1}{2}\right)},G_{fwi,j,k}$$

$$T_{fg\left(i\pm\frac{1}{2}\right),j,k},T_{fgi,\left(j\pm\frac{1}{2}\right),k},T_{fgi,j\left(k\pm\frac{1}{2}\right)},G_{fgi,j,k},Q_{mgvi,j,k}$$

$$T_{Fw\left(i\pm\frac{1}{2}\right),k},T_{Fwi,\left(k\pm\frac{1}{2}\right)},G_{Fwi,k},Q_{Fwvi,k}$$

$$T_{Fg\left(i\pm\frac{1}{2}\right),k},T_{Fgi,\left(k\pm\frac{1}{2}\right)},T_{FD\left(i\pm\frac{1}{2}\right),k},T_{FDi\left(k\pm\frac{1}{2}\right)},G_{Fgi,k},Q_{Fgvi,k}$$

(3) 计算下列参数：

$$a_{fxi,j,k},a_{fyi,j,k},a_{fzi,j,k},c_{fi,j,k},b_{fxi,j,k},b_{fyi,j,k},b_{fzi,j,k},d_{fi,j,k}$$

$$a_{Fxi,k},a_{Fzi,k},c_{Fi,k},b_{Fxi,k},b_{Fzi,k},d_{Fi,k}$$

从内部节点按标准排列开始计算。

(4) 列出系数矩阵方程，解七对角矩阵系数矩阵和五对角系数矩阵方程，可得压力 $P$。

(5) 已知压力 $P$ 和井底流压，利用产量方程式(5-23)、式(5-30)求出 $q_{Fwv}$、$q_{Fgv}$。

### (三) 宏观裂隙系统外边界封闭，内边界定产

宏观裂隙系统外边界封闭，内边界定产情况下的计算步骤如下。

(1) 外边界封闭的处理方法

由于宏观裂隙系统均采用封闭外边界条件，需对宏观裂隙系统的外边界条件进行处理，根据图 5-1 所示的网格划分方法，这里采用第二种方法进行处理，因此宏观裂隙系统共有$(N_{fx}+2)\cdot(N_{fy}+1)\cdot(N_{fz}+2)$个节点，需要计算内部各节点 $N_{fx}\cdot N_{fy}\cdot N_{fz}$的压力。

压裂裂缝的外边界条件处理方法同(一)。

(2) 计算下列参数：

$$T_{\mathrm{fw}\left(i\pm\frac{1}{2}\right),j,k},T_{\mathrm{fw}i,\left(j\pm\frac{1}{2}\right),k},T_{\mathrm{fw}i,j\left(k\pm\frac{1}{2}\right)},G_{\mathrm{fw}i,j,k}$$

$$T_{\mathrm{fg}\left(i\pm\frac{1}{2}\right),j,k},T_{\mathrm{fg}i,\left(j\pm\frac{1}{2}\right),k},T_{\mathrm{fg}i,j\left(k\pm\frac{1}{2}\right)},G_{\mathrm{fg}i,j,k},Q_{\mathrm{mgv}i,j,k}$$

$$T_{\mathrm{Fw}\left(i\pm\frac{1}{2}\right),k},T_{\mathrm{Fw}i,\left(k\pm\frac{1}{2}\right)},G_{\mathrm{Fw}i,k}$$

$$T_{\mathrm{Fg}\left(i\pm\frac{1}{2}\right),k},T_{\mathrm{Fg}i,\left(k\pm\frac{1}{2}\right)},T_{\mathrm{FD}\left(i\pm\frac{1}{2}\right),k},T_{\mathrm{FD}i\left(k\pm\frac{1}{2}\right)},G_{\mathrm{Fg}i,k}$$

(3) 计算下列参数：

$$a_{\mathrm{fx}i,j,k},a_{\mathrm{fy}i,j,k},a_{\mathrm{fz}i,j,k},c_{\mathrm{f}i,j,k},b_{\mathrm{fx}i,j,k},b_{\mathrm{fy}i,j,k},b_{\mathrm{fz}i,j,k},d_{\mathrm{f}i,j,k}$$

$$a_{\mathrm{Fx}i,k},a_{\mathrm{Fz}i,k},c_{\mathrm{F}i,k},b_{\mathrm{Fx}i,k},b_{\mathrm{Fz}i,k},d_{\mathrm{F}i,k}$$

从内部节点按标准排列开始计算。

(4) 列出系数矩阵方程，解七对角矩阵系数矩阵和五对角系数矩阵方程，可得压力 $P$。

(5) 已知产量 $q_{\mathrm{Fwv}}$、$q_{\mathrm{Fgv}}$，利用产量方程式(5-23)、式(5-30)求出井底流压 $P_{\mathrm{fw}}$。

（四）宏观裂隙系统外边界封闭，内边界定井底流压

宏观裂隙系统外边界封闭，内边界定井底流压情况下的计算步骤如下。

(1) 外边界封闭的处理方法同（三）

(2) 计算下列参数：

$$T_{\mathrm{fw}\left(i\pm\frac{1}{2}\right),j,k},T_{\mathrm{fw}i,\left(j\pm\frac{1}{2}\right),k},T_{\mathrm{fw}i,j\left(k\pm\frac{1}{2}\right)},G_{\mathrm{fw}i,j,k}$$

$$T_{\mathrm{fg}\left(i\pm\frac{1}{2}\right),j,k},T_{\mathrm{fg}i,\left(j\pm\frac{1}{2}\right),k},T_{\mathrm{fg}i,j\left(k\pm\frac{1}{2}\right)},G_{\mathrm{fg}i,j,k},Q_{\mathrm{mgv}i,j,k}$$

$$T_{\mathrm{Fw}\left(i\pm\frac{1}{2}\right),k},T_{\mathrm{Fw}i,\left(k\pm\frac{1}{2}\right)},G_{\mathrm{Fw}i,k},Q_{\mathrm{Fwv}i,k}$$

$$T_{\mathrm{Fg}\left(i\pm\frac{1}{2}\right),k},T_{\mathrm{Fg}i,\left(k\pm\frac{1}{2}\right)},T_{\mathrm{FD}\left(i\pm\frac{1}{2}\right),k},T_{\mathrm{FD}i\left(k\pm\frac{1}{2}\right)},G_{\mathrm{Fg}i,k},Q_{\mathrm{Fgv}i,k}$$

(3) 计算下列参数：

$$a_{\mathrm{fx}i,j,k},a_{\mathrm{fy}i,j,k},a_{\mathrm{fz}i,j,k},c_{\mathrm{f}i,j,k},b_{\mathrm{fx}i,j,k},b_{\mathrm{fy}i,j,k},b_{\mathrm{fz}i,j,k},d_{\mathrm{f}i,j,k}$$

$$a_{\mathrm{Fx}i,k},a_{\mathrm{Fz}i,k},c_{\mathrm{F}i,k},b_{\mathrm{Fx}i,k},b_{\mathrm{Fz}i,k},d_{\mathrm{F}i,k}$$

从内部节点按标准排列开始计算。

(4) 列出系数矩阵方程，解七对角矩阵系数矩阵和五对角系数矩阵方程，可得压力 $P$。

(5) 已知压力 $P$ 和井底流压，利用产量方程式(5-23)、式(5-30)求出 $q_{\mathrm{Fwv}}$、$q_{\mathrm{Fgv}}$。

## 二、宏观裂隙系统的线性方程组

由方程(5-41)可知，离散化后的基本微分方程组是由两个线性方程组成的，构成了两个线性方程组。若采用自然排列的方式对网格进行排序，则线性方程组的系数矩阵均为 $(N_x \cdot N_y \cdot N_z)\times(N_x \cdot N_y \cdot N_z)$ 的矩阵，且为带宽是 $2\cdot N_y \cdot N_z+1$ 的带状矩阵。以三维 4×3×2 网格自然排列为例，其网格排列形式如图 5-2 所示。

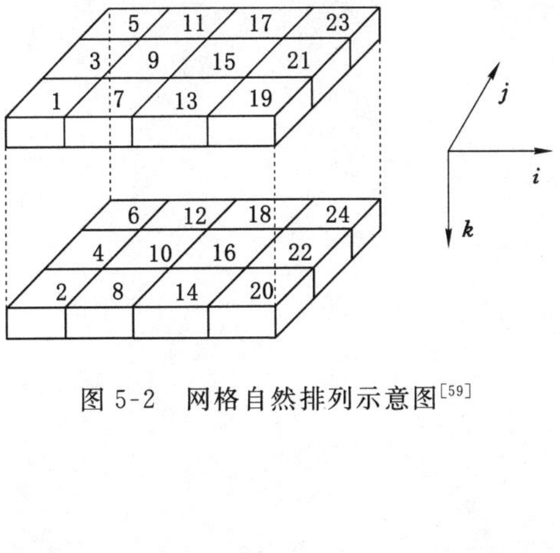


图 5-2　网格自然排列示意图[59]

系数矩阵为 24×24，带宽为 13 的带状矩阵，形式如式(5-76)所示。

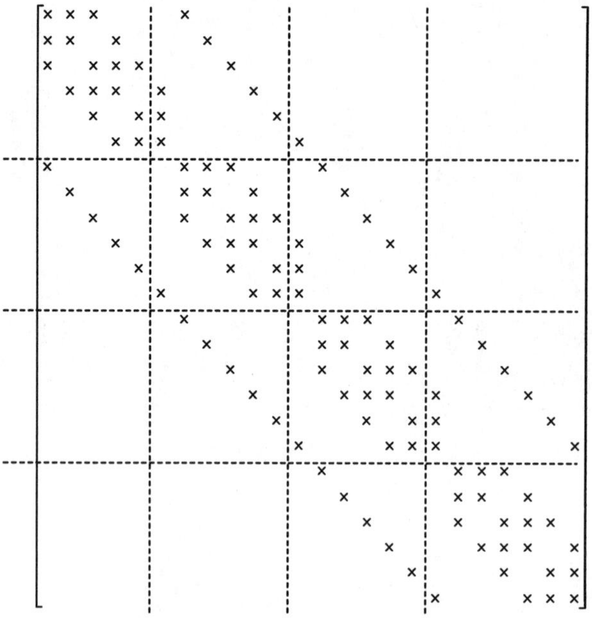

(5-76)

假定 $N_{fx}>N_{fy}>N_{fz}$，根据自然排列的格式，首先在 $Z$ 方向排列，然后在 $Y$ 方向排列，最后在 $X$ 方向排列，则宏观裂隙系统离散化后的基本微分方程的矩阵形式为[59,70]：

$$\boldsymbol{A}_f \boldsymbol{x}_f = \boldsymbol{d}_f \tag{5-77}$$

式中，$\boldsymbol{A}_f$ 为宏观裂隙系统线性方程组的系数矩阵，图 5-2 所示的网格划分方法中，若采用混合外边界形式，则 $\boldsymbol{A}_f$ 是维数为$[(N_{fx}-1)\cdot(N_{fy}-1)\cdot N_{fz}]\times[(N_{fx}-1)\cdot(N_{fy}-1)\cdot N_{fz}]$、带宽为 $2\cdot(N_{fy}-1)\cdot N_{fz}+1$ 的带状矩阵，若采用封闭外边界形式，则维数为 $N_{fx}\cdot N_{fy}\cdot N_{fz}$、带宽为 $2\cdot N_{fy}\cdot N_{fz}+1$ 的带状矩阵；$\boldsymbol{x}_f$ 为宏观裂隙系统待求压力的矩阵，若采用混合外边界形式，则维数为$[(N_{fx}-1)\cdot(N_{fy}-1)\cdot N_{fz}]\times1$，若采用封闭外边界形式，则维数为$(N_{fx}\cdot N_{fy}\cdot N_{fz})\times1$；若采用混合外边界形式，$\boldsymbol{d}_f$ 为维数为$[(N_{fx}-1)\cdot(N_{fy}-1)\cdot N_{fz}]\times1$ 的矩阵，若采用封闭外边界形式，则维数为$(N_{fx}\cdot N_{fy}\cdot N_{fz})\times1$。

以混合外边界形式为例：

$$\boldsymbol{A}_f=\begin{bmatrix} C_{f1} & B_{f1} & & & \\ A_{f2} & C_{f2} & B_{f2} & & \\ & \ddots & \ddots & \ddots & \\ & & A_{fN_{fx}-2} & C_{fN_{fx}-2} & B_{fN_{fx}-2} \\ & & & A_{fN_{fx}-1} & C_{fN_{fx}-1} \end{bmatrix} \tag{5-78}$$

其中：

$$\boldsymbol{A}_{fi}=\begin{bmatrix} A_{fi,1} & & & & \\ & A_{fi,2} & & & \\ & & \ddots & & \\ & & & A_{fi,N_{fx}-2} & \\ & & & & A_{fi,N_{fy}-1} \end{bmatrix} \tag{5-79}$$

式中，$i=2,3,\cdots,N_{fx}-2,N_{fx}-1$；

$$\boldsymbol{A}_{fi,j}=\begin{bmatrix} a_{fxi,,j,1} & & & & \\ & a_{fxi,j,2} & & & \\ & & \ddots & & \\ & & & a_{fxi,j,N_{fx}-1} & \\ & & & & a_{fxi,j,N_{fz}} \end{bmatrix} \tag{5-80}$$

式中，$j=1,2,\cdots,N_{fy}-2,N_{fy}-1$；

$$\boldsymbol{B}_{fi}=\begin{bmatrix} B_{fi,1} & & & & \\ & B_{fi,2} & & & \\ & & \ddots & & \\ & & & B_{fi,N_{fy}-2} & \\ & & & & b_{fi,N_{fy}-1} \end{bmatrix} \tag{5-81}$$

式中，$i=1,2,\cdots,N_{fx}-3,N_{fx}-2$；

$$\boldsymbol{B}_{fi,j}=\begin{bmatrix} b_{fxi,j,1} & & & & \\ & b_{fxi,j,2} & & & \\ & & \ddots & & \\ & & & b_{fxi,j,N_{fz}-1} & \\ & & & & b_{fxi,j,N_{fz}} \end{bmatrix} \tag{5-82}$$

式中，$j=1,2,\cdots,N_{fy}-2,N_{fy}-1$；

$$\boldsymbol{C}_{fi}=\begin{bmatrix} C_{fi,1} & E_{fi,1} & & & \\ D_{fi,2} & C_{fi+1,2} & E_{fi,2} & & \\ & \ddots & \ddots & \ddots & \\ & & D_{fi,N_{fy}-2} & C_{fi,N_{fy}-2} & E_{fi,N_{fy}-2} \\ & & & D_{fi,N_{fy}-1} & C_{fi,N_{fy}-1} \end{bmatrix} \tag{5-83}$$

式中，$i=1,2,\cdots,N_{fx}-2,N_{fx}-1$；

$$\boldsymbol{C}_{fi,j}=\begin{bmatrix} C_{fi,j,1} & E_{fzi,j,1} & & & \\ a_{fzi,j,2} & c_{fi,j,2} & b_{fzi,j,2} & & \\ & \ddots & \ddots & \ddots & \\ & & a_{fzi,j,N_{fz}-1} & c_{fi,j,N_{fz}-1} & b_{fzi,j,N_{fz}-1} \\ & & & a_{fzi,j,N_{fz}-1} & c_{fi,j,N_{fz}} \end{bmatrix} \tag{5-84}$$

式中，$j=1,2,\cdots,N_{fy}-2,N_{fy}-1$；

$$\boldsymbol{D}_{fi}=\begin{bmatrix} D_{fi,2} & & & & \\ & D_{fi,3} & & & \\ & & \ddots & & \\ & & & D_{fi,N_{fy}-2} & \\ & & & & D_{fi,N_{fy}-1} \end{bmatrix} \tag{5-85}$$

式中，$i=1,2,\cdots,N_{fx}-2,N_{fx}-1$；

$$\boldsymbol{D}_{\mathrm{f}i,j}=\begin{bmatrix} a_{\mathrm{fy}i,j,1} & & & & \\ & a_{\mathrm{fy}i,j,2} & & & \\ & & \ddots & & \\ & & & a_{\mathrm{fy}i,j,N_{\mathrm{fz}}-1} & \\ & & & & a_{\mathrm{fy}i,j,N_{\mathrm{fz}}} \end{bmatrix} \tag{5-86}$$

式中，$j=2,3,\cdots,N_{\mathrm{fy}}-2,N_{\mathrm{fy}}-1$；

$$\boldsymbol{E}_{\mathrm{f}i}=\begin{bmatrix} E_{\mathrm{f}i,1} & & & & \\ & E_{\mathrm{f}i,2} & & & \\ & & \ddots & & \\ & & & E_{\mathrm{f}i,N_{\mathrm{fy}}-3} & \\ & & & & E_{\mathrm{f}i,N_{\mathrm{fy}}-2} \end{bmatrix} \tag{5-87}$$

式中，$i=1,2,\cdots,N_{\mathrm{fx}}-2,N_{\mathrm{fx}}-1$；

$$\boldsymbol{E}_{\mathrm{f}i,j}=\begin{bmatrix} b_{\mathrm{fy}i,j,1} & & & & \\ & b_{\mathrm{f}i,j,2} & & & \\ & & \ddots & & \\ & & & b_{\mathrm{fy}i,j,N_{\mathrm{fz}}-1} & \\ & & & & b_{\mathrm{fy}i,j,N_{\mathrm{fz}}} \end{bmatrix} \tag{5-88}$$

式中，$j=1,2,\cdots,N_{\mathrm{fy}}-2,N_{\mathrm{fy}}-1$；

$$\boldsymbol{x}_{\mathrm{f}}=\begin{bmatrix} \boldsymbol{P}_{\mathrm{f}1} \\ \boldsymbol{P}_{\mathrm{f}2} \\ \vdots \\ \boldsymbol{P}_{\mathrm{f}N_{\mathrm{fx}}-2} \\ \boldsymbol{P}_{\mathrm{f}N_{\mathrm{fx}}-1} \end{bmatrix} \tag{5-89}$$

其中：

$$\boldsymbol{P}_{\mathrm{f}i}=\begin{bmatrix} P_{\mathrm{f}i,1} \\ P_{\mathrm{f}i,2} \\ \vdots \\ P_{\mathrm{f}i,N_{\mathrm{fy}}-2} \\ P_{\mathrm{f}i,N_{\mathrm{fy}}-1} \end{bmatrix},i=1,2,\cdots,N_{\mathrm{fx}}-2,N_{\mathrm{fx}}-1 \tag{5-90}$$

$$\boldsymbol{P}_{\mathrm{f}i,j}=\begin{bmatrix} P_{\mathrm{fg}i,j,1} \\ P_{\mathrm{f}i,j,2} \\ \vdots \\ P_{\mathrm{fg}i,j,N_{\mathrm{fz}}-1} \\ P_{\mathrm{fg}i,j,N_{\mathrm{fz}}} \end{bmatrix},j=1,2,\cdots,N_{\mathrm{fy}}-2,N_{\mathrm{fy}}-1 \tag{5-91}$$

$$\boldsymbol{d}_{\mathrm{f}}=\begin{bmatrix} d_{\mathrm{f}1} \\ d_{\mathrm{f}2} \\ \vdots \\ d_{\mathrm{f}N_{\mathrm{fx}}-2} \\ d_{\mathrm{f}N_{\mathrm{fx}}-1} \end{bmatrix} \tag{5-92}$$

$$\boldsymbol{d}_{fi}=\begin{bmatrix} d_{fi,1} \\ d_{fi,2} \\ \vdots \\ d_{fi,N_{fy}-2} \\ d_{fi,N_{fy}-1} \end{bmatrix}, i=1,2,\cdots,N_{fx}-2,N_{fx}-1 \tag{5-93}$$

$$\boldsymbol{d}_{fi,j}=\begin{bmatrix} d_{fi,j,1} \\ d_{fi,j,2} \\ \vdots \\ d_{fi,j,N_{fz}-1} \\ d_{fi,j,N_{fz}} \end{bmatrix}, j=1,2,\cdots,N_{fy}-2,N_{fy}-1 \tag{5-94}$$

### 三、压裂裂缝的线性方程组

同样假定 $N_{fx}>N_{fz}$，根据自然排列的格式，首先在 $Z$ 方向排列，然后在 $X$ 方向排列，则压裂裂缝系统离散化后的基本微分方程的矩阵形式为：

$$\boldsymbol{A}_F\boldsymbol{x}_F=\boldsymbol{d}_F \tag{5-95}$$

式中，$\boldsymbol{A}_F$ 为宏观裂隙系统线性方程组的系数矩阵，是维数为$(N_{Fx}\cdot N_{Fz})\times(N_{Fx}\cdot N_{Fz})$、带宽为 $2\cdot N_{Fz}+1$ 的带状矩阵；$\boldsymbol{x}_F$ 为宏观裂隙系统待求压力的矩阵，维数为$(N_{Fx}\cdot N_{Fz})\times 1$；$\boldsymbol{d}_F$ 为维数为$(N_{Fx}\cdot N_{Fz})\times 1$ 的矩阵。

$$\boldsymbol{A}_F=\begin{bmatrix} C_{F1} & B_{F1} & & & \\ A_{F2} & C_{F2} & B_{F2} & & \\ & \ddots & \ddots & \ddots & \\ & & A_{FN_{fx}-1} & C_{FN_{Fx}-1} & B_{FN_{Fx}-1} \\ & & & A_{FN_{Fx}} & C_{FN_{Fx}} \end{bmatrix} \tag{5-96}$$

其中：

$$\boldsymbol{A}_{Fi}=\begin{bmatrix} a_{Fxi,1} & & & & \\ & a_{Fxi,2} & & & \\ & & \ddots & & \\ & & & a_{Fxi,N_{fz}-2} & \\ & & & & a_{fxi,N_{fz}-1} \end{bmatrix} \tag{5-97}$$

式中，$i=2,3,\cdots,N_{Fx}-1,N_{Fx}$；

$$\boldsymbol{B}_{Fi}=\begin{bmatrix} b_{Fxi,1} & & & & \\ & b_{Fxi,2} & & & \\ & & \ddots & & \\ & & & b_{Fxi,N_{fz}-2} & \\ & & & & b_{Fxi,N_{fz}-1} \end{bmatrix} \tag{5-98}$$

式中，$i=1,2,\cdots,N_{Fx}-2,N_{Fx}-1$；

$$\boldsymbol{C}_{\mathrm{F}i}=\begin{bmatrix} c_{\mathrm{F}i,1} & b_{\mathrm{Fz}i,1} & & & \\ a_{\mathrm{Fz}i,2} & c_{\mathrm{F}i,2} & b_{\mathrm{Fz}i,2} & & \\ & \ddots & \ddots & \ddots & \\ & & a_{\mathrm{Fz}i,N_{\mathrm{fz}}-1} & c_{\mathrm{F}i,N_{\mathrm{fz}}-1} & b_{\mathrm{Fz}i,N_{\mathrm{fz}}-1} \\ & & & a_{\mathrm{Fz}i,N_{\mathrm{fz}}} & c_{\mathrm{F}i,N_{\mathrm{fz}}} \end{bmatrix} \tag{5-99}$$

式中，$i=1,2,\cdots,N_{\mathrm{Fx}}-1,N_{\mathrm{Fx}}$；

$$\boldsymbol{x}_{\mathrm{F}}=\begin{bmatrix} \boldsymbol{P}_{\mathrm{F1}} \\ \boldsymbol{P}_{\mathrm{F2}} \\ \vdots \\ \boldsymbol{P}_{\mathrm{F}N_{\mathrm{fx}}-1} \\ \boldsymbol{P}_{\mathrm{F}N_{\mathrm{fx}}} \end{bmatrix} \tag{5-100}$$

$$\boldsymbol{P}_{\mathrm{F}i}=\begin{bmatrix} P_{\mathrm{F}i,1} \\ P_{\mathrm{F}i,2} \\ \vdots \\ P_{\mathrm{F}i,N_{\mathrm{Fz}}-1} \\ P_{\mathrm{F}i,N_{\mathrm{Fz}}} \end{bmatrix},i=1,2,\cdots,N_{\mathrm{Fx}}-1,N_{\mathrm{Fx}} \tag{5-101}$$

$$\boldsymbol{d}_{\mathrm{F}}=\begin{bmatrix} d_{\mathrm{F1}} \\ d_{\mathrm{F2}} \\ \vdots \\ d_{\mathrm{F}N_{\mathrm{Fx}}-1} \\ d_{\mathrm{F}N_{\mathrm{Fx}}} \end{bmatrix} \tag{5-102}$$

$$\boldsymbol{d}_{\mathrm{F}i}=\begin{bmatrix} d_{\mathrm{F}i,1} \\ d_{\mathrm{F}i,2} \\ \vdots \\ d_{\mathrm{F}i,N_{\mathrm{Fz}}-1} \\ d_{\mathrm{F}i,N_{\mathrm{Fz}}} \end{bmatrix},i=1,2,\cdots,N_{\mathrm{Fx}}-1,N_{\mathrm{Fx}} \tag{5-103}$$

## 四、线性方程组的求解方法

对于形如 $\boldsymbol{Ax}=\boldsymbol{d}$，且系数矩阵 $\boldsymbol{A}$ 为大型稀疏矩阵的方程组，一般采用迭代法进行求解，本书采用预处理共轭梯度法进行求解。共轭梯度法，又称共轭斜量法，简称 CG(Conjugate Gradient)法，是一种变分方法，对应于求一个二次函数的极值[70]。作为一种极小化方法，共轭梯度法是目前求解大型稀疏方程组的有效方法。当系数矩阵条件数远大于 1(病态)时，CG 法的收敛速度是很慢的，为了改善收敛性，可以先降低系数矩阵的条件数，即预处理方法，又称预条件[70]。

首先对系数矩阵 $\boldsymbol{A}$ 预处理。假定 $\boldsymbol{A}$ 正定，$\boldsymbol{M}$ 为非奇异矩阵，则构造迭代公式[66,70]：

$$\boldsymbol{M}\Delta x^{k+1}=\boldsymbol{d}-\boldsymbol{A}x^{k} \tag{5-104}$$

式中，$\Delta x^{k+1}=x^{k+1}-x^{k}$。

构造迭代公式的关键是选取矩阵 $\boldsymbol{M}$，选取矩阵 $\boldsymbol{M}$ 的方法有很多，包括 Doolittle 分解法(LU 分解、LDU 分解)、Cholesky 分解法(平方根法)、Jacobi 迭代、Gauss-Seidel 迭代、对称超松弛(SSOR)方法、块对称超松弛方法等[70]。在 LU 分解中，$\boldsymbol{M}$ 为 $\boldsymbol{A}$ 本身；在 Jacobi 迭代

中，$\boldsymbol{M}$ 为矩阵 $\boldsymbol{A}$ 主对角线上的元素；在 Gauss-Seidel 迭代中，$\boldsymbol{M}$ 为矩阵 $\boldsymbol{A}$ 的下三角部分。本书采用不完全 Cholesky 共轭梯度法(ICCG)。

假定 $\boldsymbol{M}$ 为一个正定矩阵，对 $\boldsymbol{M}$ 进行 Cholesky 分解[70]：

$$\boldsymbol{M}=\boldsymbol{LL}^{\mathrm{T}} \tag{5-105}$$

其中，$\boldsymbol{LL}^{\mathrm{T}}$ 为 $\boldsymbol{A}$ 的一个近似分解，即 $\boldsymbol{A}=\boldsymbol{LL}^{\mathrm{T}}+\boldsymbol{R}$；$\boldsymbol{L}$ 为对角元素，均为正数的下三角矩阵；$\boldsymbol{R}$ 为误差矩阵。

记 $\boldsymbol{L}^{-\mathrm{T}}=(\boldsymbol{L}^{\mathrm{T}})^{-1}$，引入 $z^{(k)}=\boldsymbol{L}^{-\mathrm{T}}\boldsymbol{L}^{-1}r^{(k)}=\boldsymbol{M}r^{(k)}$，计算步骤为[70]：

(1) 任取 $x^{(0)}\in R^{n}$；

(2) $r^{(0)}=\boldsymbol{d}-\boldsymbol{A}x^{(0)}=\boldsymbol{M}^{-1}r^{(0)}$，$p^{(0)}=z^{(0)}$；

(3) 对 $k=1,2,3,\cdots$，

$$\alpha_{\mathrm{k}}=\frac{(z^{(k)},r^{(k)})}{(p^{(k)},\boldsymbol{A}p^{(k)})},$$
$$x^{(k+1)}=x^{(k)}+\alpha_{k}p^{(k)},$$
$$r^{(k+1)}=r^{(k)}-\alpha_{k}\boldsymbol{A}p^{(k)},$$
$$\boldsymbol{M}z^{(k+1)}=r^{(k+1)},$$
$$\beta_{k}=\frac{(z^{(k+1)},r^{(k+1)})}{(z^{(k)},r^{(k)})},$$
$$p^{(k+1)}=z^{(k+1)}+\beta_{k}p^{(k)}$$

(4) $\alpha_{n-1}=\dfrac{(r^{(n-1)},r^{(n-1)})}{(p^{(n-1)},\boldsymbol{A}p^{(n-1)})}$；

(5) $x^{(n)}=x^{(n-1)}+\alpha_{n-1}p^{(n-1)}$。

Cholesky 分解的步骤为[70]：

设系数矩阵 $\boldsymbol{A}=(a_{ij})_{n\times n}$，$\boldsymbol{L}=\begin{pmatrix} l_{11} & & & \\ l_{21} & l_{22} & & \\ \vdots & \vdots & \ddots & \\ l_{n1} & l_{n2} & \cdots & l_{nn} \end{pmatrix}$，其中 $l_{ii}>0,i=1,2,3,\cdots,n$。

则对 $j=1,2,3,\cdots,n$：

① $l_{jj}=\left(a_{jj}-\sum\limits_{k=1}^{j-1}l_{jk}^{2}\right)^{1/2}$；

② 对 $i=j+1,j+2,\cdots,n$，$l_{ij}=\left(a_{ij}-\sum\limits_{k=1}^{j-1}l_{ik}l_{jk}\right)\Big/l_{jj}$。

## 第三节　煤层气生产数值模拟软件

为了方便现场工程应用，根据沁水盆地南部煤层气直井产能的地质与工程协同控制模型，在沁水盆地南部高阶煤储层典型开发地质—工程模型、基于压裂强化改造的典型煤储层物理模型、煤储层与煤层气生产动态过程数学模型以及求解数值模型基础上，建立相应的计算机模型，开发了自主知识产权的“煤层气生产数值模拟软件”，软件采用 Windows 编程风格，选择了具有可交互的“图形用户界面”的软件开发工具。

### 一、煤层气生产数值模拟软件简介

“煤层气生产数值模拟软件”以 Microsoft Visual Studio 2010 软件开发工具为平台，以

VB.Net 语言为基础，结合 Matlab 数学软件和 OpenGL 图形程序接口的混合编程方式开发。

“煤层气生产数值模拟软件”是建立在沁水盆地南部煤层气直井产能的地质与工程协同控制机理基础上的，考虑了富气煤岩体、生产煤储层孔裂隙系统、煤层气开发工程以及煤层气产出过程之间的作用关系，是基于基础模型开发的煤层气数值模拟软件。软件包含三个主要模块：煤层气开发地质—工程模型构建模块、煤层气井产能预测与历史拟合分析模块及煤层气井压降漏斗演化分析模块。煤层气开发地质—工程模型构建模块包括构造地质模型构建、沉积地质模型构建、原位地质模型构建、强化改造的煤储层地质模型构建以及排采动态过程煤储层地质模型构建五个子模块，可进行各类煤储层地质模型的构建以及三维、可视化、人机交互图形的展示，是煤层气井产能预测与历史拟合、压降漏斗演化分析的基础。煤层气井产能预测与历史拟合分析模块包括单井产能预测与历史拟合子模块和井网排采产能预测与历史拟合子模块。煤层气井压降漏斗演化分析模块包括单井压降漏斗演化分析子模块和井网排采压降漏斗演化分析子模块。“煤层气生产数值模拟软件”的软件设计流程如图 5-3 所示。

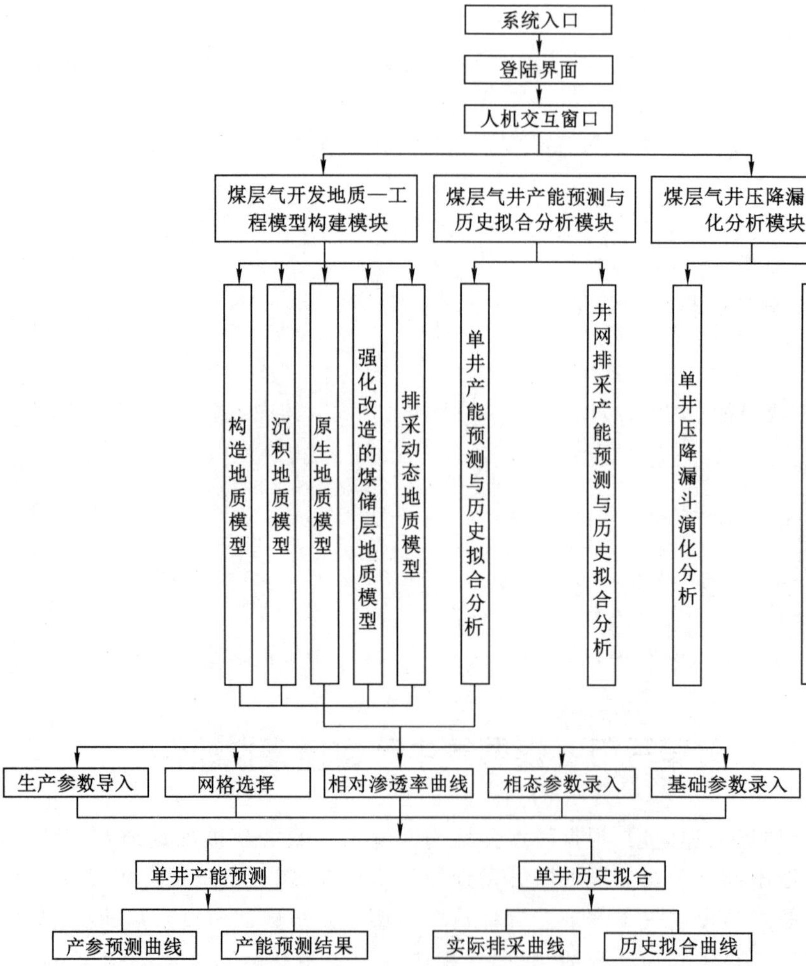


图 5-3　煤层气生产数值模拟软件程序设计流程图

## 二、煤层气生产数值模拟软件功能

“煤层气生产数值模拟软件”各模块的基本功能如下。

### （一）煤层气开发地质—工程模型构建模块

煤层气开发地质—工程模型构建模块主要通过相应地质参数的输入，采用数学方法处理地质数据，构建不同类型的煤储层地质模型，并利用VB.Net与Matlab、OpenGL的混合编程，将所构建的地质模型以三维可视化、人机交互图形的形式展示出来，实现地质模型的保存、放大、缩小、旋转、实时修改等基本操作。模块所构建的煤层气开发地质—工程模型，特别是原位地质模型、强化改造的煤储层地质模型以及排采动态过程煤储层地质模型，是产能预测与历史拟合、压降漏斗演化分析所需的物理模型和数学模型的建立基础。

（1）构造地质模型

该子模块主要应用煤储层构造地质参数，通过参数的数据化处理，构建煤储层的基本构造地质模型，展现煤储层褶曲、断层等地质构造的发育特征。

（2）沉积地质模型

该子模块主要应用煤储层沉积特征，通过数据处理与转化，构建煤储层的基本沉积特征，展现地层层序、含煤特征等。

（3）原位地质模型

该子模块主要用以描述煤储层天然孔、裂隙的发育特征，通过对煤储层天然孔、裂隙发育特征和结构关系，特别是宏观裂隙、显微孔裂隙发育特征和结构关系的研究，量化天然孔、裂隙的发育数量级、发育程度以及天然裂隙的发育方位，展现煤储层宏观结构的基本特征。

（4）强化改造的煤储层地质模型

该子模块以煤储层力学参数、水力压裂工程参数为基数，通过数学运算，得到压裂裂缝的基本发育特征，包括压裂裂缝的长、宽、高，压裂裂缝形态以及优势发育方位，并结合原位地质模型，展现水力压裂后煤储层宏观结构的基本特征。

（5）煤储层排采动态地质模型

该子模块应用煤层气井的基本排采资料、煤储层力学参数以及煤基质收缩参数等，反演排采过程中煤储层渗透率的演化情况，以图形、表格的形式将反演结果展现出来，并判别排采过程中煤储层渗透率的演化模式。

### （二）煤层气井产能预测与历史拟合分析模块

煤层气井产能预测与历史拟合分析模块包括单井产能预测与历史拟合子模块和井网排采产能预测与历史拟合子模块，主要在所构建的地质模型基础上，通过物理模型的建立和数学模型的选择，在应用煤层气井工程参数、煤储层地质参数以及气、水相态参数拟合或预测煤层气井产能，以曲线图或表格的形式将计算结果展现出来，为排采制度调整或增产措施实施提供参考依据。该模块利用VB.Net与Matlab的混合编程实现，能够进行数据的输入、输出与处理，图形的绘制与输出等操作。

（1）单井产能预测与历史拟合子模块

该子模块主要应用煤层气井的网格参数、气、水相态参数、煤储层基本地质参数进行煤层气井产能的预测，或应用煤层气井的实际排采参数、网格参数、气、水相态参数、煤储层基础地质参数进行历史拟合，并反演和验证基础地质参数。其中，网格选择（图5-3）即在所构建的地质模型基础上，通过人为控制与参数输入，建立煤储层基本物理模型，并根据物理模型自动确定产能预测或历史拟合所采用的数学模型。

(2) 井网排采产能预测与历史拟合子模块

该子模块与单井产能预测与历史拟合子模块的功能相类似，但将产能预测与历史拟合的范围扩展至整个井网，同时进行多井的产能预测与历史拟合，并考虑各井之间压降漏斗叠加对相邻煤层气井生产的影响。

(三) 煤层气井压降漏斗演化分析模块

煤层气井压降漏斗演化分析模块包括单井压降漏斗演化分析子模块和井网排采压降漏斗演化分析子模块，在所构建的地质模型基础上，通过物理模型的建立和数学模型的选择，采用与煤层气井产能预测与历史拟合分析模块类似的方法进行煤储层压降漏斗的求解和计算，即已知或人为设定排采参数，求解井控范围内煤储层压力的动态演化。该模块采用 VB. Net、OpenGL 以及 Matlab 三者混合编程，将排采压降漏斗以三维可视化、人机交互图形的形式展示出来，实现图形的保存、放大、缩小、旋转、实时修改等基本操作。

(1) 单井压降漏斗演化分析子模块

该子模块主要应用煤层气井的实际排采参数、网格参数、气、水相态参数、煤储层基本地质参数反演排采过程中煤储层压力的动态变化情况及分布特征，并以三维压降漏斗图形的方式展现出来。模块运算过程中所采用的数学模型与单井产能预测与历史拟合子模块相同。

(2) 井网排采压降漏斗演化分析子模块

该子模块与单井压降漏斗演化分析子模块的基本功能相似，但考虑了井网条件下煤层气井之间的井间干扰，能够演化井网范围内多井压降漏斗的叠加情况，判别井网范围压降漏斗的演化阶段。

## 第四节　煤层气直井产能预测实例

为验证本书所建立的煤层气开发地质—工程模型、改进的 Warren-Root 物理模型的合理性以及煤储层与煤层气生产动态过程数学模型的精确性和适用性，以沁水盆地南部樊庄区块 3# 煤层实际煤层气井为例，应用所开发的“煤层气生产数值模拟软件”进行产能预测及历史拟合实例分析，探讨数学模型的可靠性。

以樊庄区块生产监测区 1 号煤层气井为例，验证数学模型、数值模型以及数值模拟软件在产能预测和历史拟合方面的可靠性。应用所开发的煤层气生产数值模拟软件拟合该井从投产之日 2009 年 6 月 18 日至 2011 年 10 月 8 日共 842 天的日产气量及累计日产气量。

### 一、计算所需参数

(一) 生产监测区 1 号煤层气井基本资料

生产监测区 1 号煤层气井位于樊庄区块南部，至资料记录截止日期(2011 年 10 月 8 日)平均产气量为 1 328.00 $m^3/d$，产水阶段平均产水量为 1.69 $m^3/d$，产气阶段平均产水量为 0.25 $m^3/d$，排水时间为 147 d，是一口典型的高产气井。其主要基础地质及工程参数如表 5-1 所示。

**表 5-1　　生产监测区 1 号煤层气井主要地质参数及工程参数**

| 参数 | | 参数 | |
|---|---|---|---|
| 井口标高/m | 963.00 | 天然裂隙孔隙率/% | 3.67 |
| 煤层厚度/m | 6.30 | 初始储层渗透率/$10^{-3}$ m$^2$ | 2.85 |
| 煤层埋深/m | 778.00 | 初始含水饱和度 | 0.90 |
| 地下水流体势/m | 722.00 | 压裂裂缝长度/m | 150 |
| 原始储层压力/MPa | 5.26 | 压裂裂缝宽度/m | 0.015 |
| 临界解吸压力/MPa | 1.83 | 井筒半径/m | 0.11 |
| 初始含气量/(m$^3$/d) | 21.79 | 井网面积/m$^2$ | 300×300 |

含水饱和度、相对渗透率和毛管力是煤储层主要的相态参数。除初始含水饱和度外，其他时刻煤储层含水饱和度由计算获得；气、水两相相对渗透率由相渗曲线获得，生产监测区 1 号煤层气井的气、水相对渗透率曲线如图 5-4 所示；由于缺少毛管力实验数据，此次验证过程中暂不考虑毛管力的影响，认为毛管力为零，即水相压力等于气相压力。

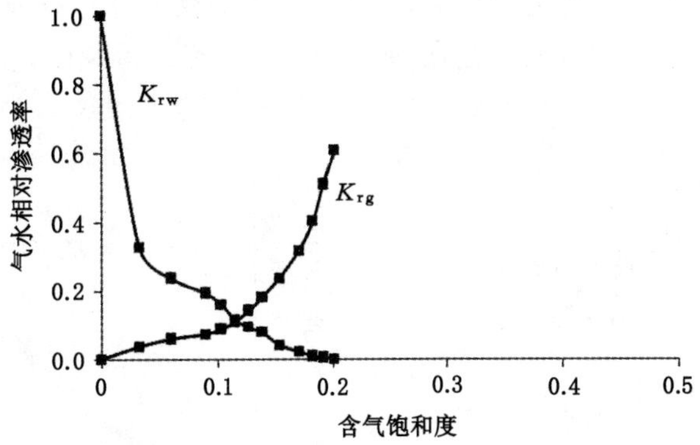


图 5-4　生产监测区 1 号煤层气井气、水相对渗透率曲线

（二）网格参数设定

(1) 空间网格设定

根据本书所建立的物理模型及数学模型，结合生产监测区 1 号煤层气井井网面积、压裂裂缝长度和宽度、煤储层厚度，分别对宏观裂隙系统和压裂裂缝系统划分空间网格。如图 5-1 所示，考虑宏观裂隙系统和压裂裂缝系统的连续性，宏观裂隙系统和压裂裂缝系统在 $X$ 方向均划分 15 个网格，每 10 m 一个网格；宏观裂隙系统在 $Y$ 方向划分 30 个网格，每 10 m 一个网格，压裂裂缝系统在 $Y$ 方向仅有一个网格，网格宽度即压裂裂缝宽度；宏观裂隙系统和压裂裂缝系统在 $Z$ 方向均划分 10 个网格，每 0.63 m 一个网格。

(2) 时间网格设定

根据生产监测区 1 号煤层气井的生产时间，从第三个时间点开始，即 2009 年 6 月 20 日，每隔 10 d 划分一个网格，至 2011 年 10 月 8 日结束，共划分 85 个时间点。

（三）边界条件设定

(1) 内边界条件设定

此次验证采用定日产水量内边界条件，日产水量采用计算时间点生产监测区 1 号煤层气井实际排采日产水量。

(2) 外边界条件设定

由于生产监测区1号煤层气井地下水流体势较高，水源补给相对不充分，且其周围储层未发现断层等特殊地质构造，因此，设定该井为封闭外边界条件。

## 二、生产监测区1号煤层气井历史拟合结果

应用“煤层气生产数值模拟软件”中“单井产能预测与历史拟合”子模块，对生产监测区1号煤层气井从2009年6月20日至2011年10月8日共840天、85个时间点的日产气量及累计日产气量进行历史拟合，得到图5-5所示的日产气量拟合曲线和图5-6所示的累计日产气量拟合曲线。

由图5-5、图5-6所示的历史拟合曲线可以看出，应用“煤层气生产数值模拟软件”得到的生产监测区1号煤层气井日产气量和累计日产气量历史拟合曲线与实际煤层气井日产气量和累计日产气量曲线拟合较好，其平均误差小于5%，误差较小，具有较高的可靠性。

对比图5-5、图5-6可以看出，“煤层气生产数值模拟软件”对累计日产气量的历史拟合结果明显好于日产气量的历史拟合结果。这是由于生产监测区1号煤层气井排采制度调整较为频繁，实际生产过程中产能波动较大，个别时间点无法有效拟合，特别是计算时间步长内所进行的排采制度调整，拟合效果较差；而累计日产气量所展现的是相当长一段时间内煤层气井的总体产气量趋势，受个别时间点排采制度调整的影响相对较弱，拟合效果较好。

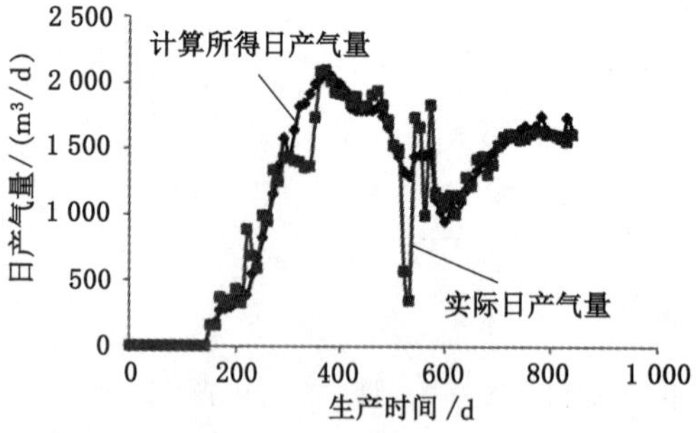


图5-5　生产监测区1号煤层气井日产气量历史拟合曲线

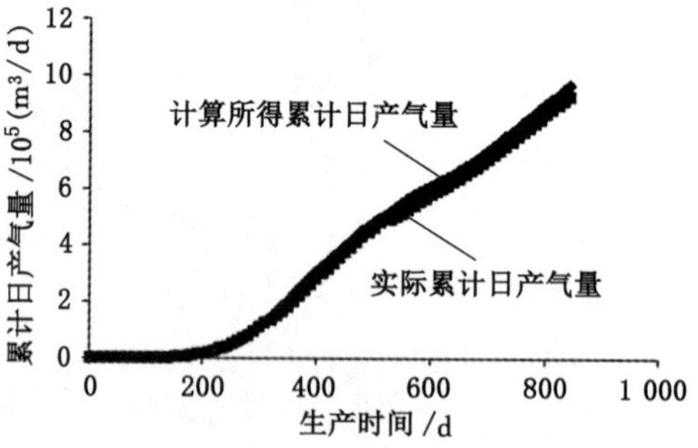


图5-6　生产监测区1号煤层气井累计日产气量历史拟合曲线

## 三、数学模型的可靠性分析

“煤层气生产数值模拟软件”计算所得的历史拟合曲线与实际日产气量和累计日产气量曲线拟合效果良好，误差较小，说明书中所建立的煤储层与煤层气生产动态过程数学模型具有较高的可靠性，符合沁水盆地南部高阶煤储层地质特征与煤层气直井开发工程实际。利用煤储层与生产动态过程数学模型进行产能预测与历史拟合时所出现的误差主要来源于以下四个方面。

(1) 模型本身的缺陷

物理模型和数学模型建立过程中均设定了部分假设条件，忽略或简化了部分因素，这些假设条件的设定对数学模型计算精度造成了一定影响。主要表现在：

① 煤层气在天然裂隙和压裂裂缝中的扩散和渗流被简化为Fick型扩散和层流流动，不同的扩散方式和渗流形式对煤层气井产能具有一定影响，而实际煤层气的扩散方式和渗流形式有待于进一步探讨。

② 应用于单井历史拟合与产能预测的煤储层与生产动态过程数学模型的建立过程中未全面考虑相邻煤层气井的影响，仅在外边界条件的设定中做了简单处理，认为井网条件下煤层气井的有效井控范围为该井至相邻煤层气井之间的范围，忽略了相邻煤层气井之间井间干扰对煤层气单井产能的影响。

③ 模型建立过程中对外边界条件的简化较大，实际煤储层外边界条件复杂，不存在绝对的封闭外边界或定压外边界，一般为混合外边界形式。由于混合外边界形式的势函数确定困难，因此在模型的建立过程中采用简化的混合外边界形式，即在某条外边界采用封闭边界形式，在其他外边界采用定压边界形式，边界条件的此种简化也会对计算结果产生一定影响。

④ 模型建立过程中仅考虑了单渗的情况，即仅有压裂裂缝向井筒供液，天然裂隙、煤基质不向井筒提供流体，实际煤层气井生产过程中煤基质、天然裂隙同样向井筒提供流体，只是流体量相对较小，煤储层本身的渗透率越大，天然裂隙、煤基质向井筒提供的流体量也越大，此假设条件所造成的误差也越大。

（2）基础参数的缺失及不准确

数学模型的建立和求解用到了大量的参数，包括地质参数、气水相态参数以及工程参数等，参数越完整、数据越准确，所得到的计算结果也越精确，参数的缺失和不准确会极大影响计算结果的精度。对生产监测区 1 号煤层气井进行历史拟合时，缺失了部分重要参数，例如压裂裂缝孔隙率和渗透率、毛管力曲线、煤岩的压缩系数、煤层气的扩散系数等，部分参数的准确性也有待于进一步证实，如天然裂隙孔隙率和渗透率、原始煤储层压力、Langmuir 体积、Langmuir 压力、吸附/解吸时间、储层表皮系数等，大量基础数据的缺失和不准确严重制约了计算结果的准备性，是造成计算误差的关键原因。

（3）网格参数的设置

实际计算过程中，空间步长、时间步长设定越精确，所得到的计算结果越准确，同时也意味着计算量的迅速增大。对生产监测区 1 号煤层气井进行历史拟合时，实际煤层气井的排采制度调整过于频繁，产能波动较大，在时间步长范围内进行的排采制度调整无法得到有效拟合，也是造成误差较大的关键原因。随着时间步长的减小，数学模型对排采制度调整的适应性会大幅提高，同时也造成计算量增大。实际计算过程中，需要在尽量保持计算精度的基础上，适当减小空间步长和时间步长的密度，降低计算量。

（4）计算方法的影响

数学模型的解法对计算结果也有一定的影响，不同的模型解法计算精度、收敛性、计算量均不同。数学模型的计算方法指网格划分、差分方法选择、网格排序方式等。本书求解数学模型过程中选择了应用最广但较为简单的三维均匀矩形网格，且未在井筒附近等特殊区域进行井网加密，会造成部分区域拟合效果降低，影响整体拟合结果。另外，矩形网格对边界条件的适应性也较差，也会对计算结果产生一定影响。数学模型的离散选择了 IMPES 差分方法，该方法是一种混合差分方式，应用较为广泛，既能够保证计算精度又有效降低了计算量，但对本书所建立的数学模型，应用 IMPES 差分方法离散化后计算量仍较大，为了减少计算量降低了网格密度，对拟合结果有一定负面影响。数值模型求解过程中采用了最为普遍的网格自然排列方式，该排列方法简单，但矩阵计算量大，同样，为减少计算量，降低了网格密度，从而影响了计算精度。

# 参考文献

[1] LIU S Q,SANG S X,LIU H H,et al.Growth characteristics and genetic types of pores and fractures in a high－rank coal reservoir of the southern Qinshui basin[J].Ore Geology Reviews,2015,64(1):140-151.

[2] LIU S Q,SANG S X,ZHU Q P,et al.Structure and production fluid flow pattern of post-fracturing high-rank coal reservoir in Southern Qinshui Basin[J].Journal of Central South University,2014,21(10):3970-3982.

[3] 邵龙义,肖正辉,何志平,等.晋东南沁水盆地石炭二叠纪含煤岩系古地理及聚煤作用研究[J].古地理学报,2006,8(1):43-52.

[4] 刘焕杰,秦勇,桑树勋.山西南部煤层气地质[M].徐州:中国矿业大学出版社,1998.

[5] 冀涛,杨德义.沁水盆地煤与煤层气地质条件[J].中国煤田地质,2007,19(5):28-30.

[6] 秦勇,桑树勋.煤层气生成与煤层气富集:II.有效生气阶段生气量的估算[J].煤田地质与勘探,1998,26(2):19-21.

[7] 刘洪林,张建博,王红岩.中国煤层气形成的地质条件[J].天然气工业,2004,24(2):5-7.

[8] 刘世奇,桑树勋,李梦溪,等.沁水盆地南部煤层气井网排采压降漏斗的控制因素[J].中国矿业大学学报,2012,41(6):943-950.

[9] LIU S Q,SANG S X,ZHU Q P,et al.Triple medium physical model of post fracturing high-rank coal reservoir in southern Qinshui Basin[J].Journal of Earth Science,2015,26(3):407-415.

[10] LIU S Q,SANG S X,ZHU Q P,et al.Response characteristics and mechanisms of dynamic fluid field for well interference of coal bed methane group wells in production block[J].Energy,Exploration & Exploitation,2014,32(5):771-790.

[11] 魏书宏,韩少明.沁水煤田南部煤层气构造控气特征研究[J].煤田地质与勘探,2003,31(3):30-31.

[12] 赵孟军,宋岩,苏现波,等.沁水盆地煤层气藏演化的关键时期分析[J].科学通报,2005,50(B10):110-116.

[13] 林晓英,苏现波.沁水盆地南部煤层气成藏机理[J].天然气工业,2007,27(7):8-11.

[14] 叶建平,武强,叶贵钧,等.沁水盆地南部煤层气成藏动力学机制研究[J].地质论评,2002,48(3):319-323.

[15] 秦勇,姜波,王继尧,等.沁水盆地煤层气构造动力条件耦合控藏效应[J].地质学报,2008,82(10):1355-1362.

[16] 王红岩,张建博,刘洪林,等.沁水盆地南部煤层气藏水文地质特征[J].煤田地质与勘探,2001,29(5):33-36.

[17] LIU S Q,SANG S X,ZHU Q P,et al.Seepage physical process and its control actions to gas production of coal bed methane wells in Southern Qinshui Basin,China[J].En-

ergy Education Science and Technology Part A:Energy Science and R,2014,32(5):3863-3872.
[18] 傅雪海,秦勇,王文峰,等.沁水盆地中-南部水文地质控气特征[J].中国煤田地质,2001,13(1):31-34.
[19] LIU S Q,SANG S X,ZHU Q P,et al.Mathematical model of post fracturing high-rank coal reservoir in the well dewatering stage in southern qinshui basin[J].Energy Education Science and Technology Part A: Energy Science and Research,2014,32(3):1613-1628.
[20] 刘世奇,赵贤正,桑树勋,等.煤层气井排采液面-套压协同管控--以沁水盆地樊庄区块为例[J].石油学报,2015,36(S1):97-108.
[21] 刘世奇.沁水盆地南部煤层气直井产能的地质与工程协同控制及预测[D].徐州:中国矿业大学,2013.
[22] 刘世奇,桑树勋,李梦溪,等.樊庄区块煤层气井产能差异的关键地质影响因素及其控制机理[J].煤炭学报,2013,38(2):277-283.
[23] ZOU M J,WEI C T,PAN H Y,et al.Productivity of coalbed methane wells in southern of Qinshui Basin[J].Mining Science and Technology (China),2010,20(5):765-769,777.
[24] 李明宅.沁水盆地枣园井网区煤层气采出程度[J].石油学报,2005,26(1):91-95.
[25] 陈振宏,陈艳鹏,杨焦生,等.高煤阶煤层气储层动态渗透率特征及其对煤层气产量的影响[J].石油学报,2010,31(6):966-969.
[26] 张建国,雷光伦,张艳玉.油气层渗流力学[M].东营:中国石油大学出版社,2003.
[27] 倪小明,苏现波,张小东.煤层气开发地质学[M].北京:化学工业出版社,2009.
[28] CAO Y X,DAVIS A,LIU R X,et al.The influence of tectonic deformation on some geochemical properties of coals--a possible indicator of outburst potential[J].International Journal of Coal Geology,2003,53(2):69-79.
[29] FU X H,QIN Y,WANG G G X,et al.Evaluation of coal structure and permeability with the aid of geophysical logging technology[J].Fuel,2009,88(11):2278-2285.
[30] 傅雪海,秦勇,韦重韬.煤层气地质学[M].徐州:中国矿业大学出版社,2007.
[31] 秦积舜,李爱芬.油层物理学[M].东营:中国石油大学出版社,2005.
[32] 贺天才,秦勇.煤层气勘探与开发利用技术[M].徐州:中国矿业大学出版社,2008.
[33] 王杰祥.油水井增产增注技术[M].东营:中国石油大学出版社,2006.
[34] 刘世奇,桑树勋,李仰民,等.沁水盆地南部煤层气井压裂失败原因分析[J].煤炭科学技术,2012,40(6):108-112.
[35] 葛家理.现代油藏渗流力学原理[M].北京:石油工业出版社,2003.
[36] 宋景远.煤层气井压裂液和支撑剂[J].探矿工程(岩土钻掘工程),1996(6):55-57.
[37] 冯文光.煤层气藏工程[M].北京:科学出版社,2009.
[38] 姜汉桥,姚军,姜瑞忠.油藏工程原理与方法[M].2 版.东营:中国石油大学出版社,2006.
[39] 张琪.采油工程原理与设计[M].东营:中国石油大学出版社,2006.
[40] 孙茂远,黄盛初,等.煤层气开发利用手册[M].北京:煤炭工业出版社,1998.

[41] 李军军,桑树勋,李仰民,等.沁水盆地南部煤层气井增产的储层生产控制探讨[J].中国煤炭地质,2011,23(1):12-17.
[42] 张亚蒲,杨正明,鲜保安.煤层气增产技术[J].特种油气藏,2006,13(1):95-98.
[43] 唐巨鹏,潘一山,李成全,等.固流耦合作用下煤层气解吸--渗流实验研究[J].中国矿业大学学报,2006,35(2):274-278.
[44] 桑树勋,朱炎铭,张时音,等.煤吸附气体的固气作用机理(Ⅰ)--煤孔隙结构与固气作用[J].天然气工业,2005,25(1):13-15.
[45] 傅雪海,彭金宁.铁法长焰煤储层煤层气三级渗流数值模拟[J].煤炭学报,2007,32(5):494-498.
[46] PIEROTTI R A, ROUQUEROL J. Reporting physisorption data for gas/solid systems with special reference to the determination of surface area and porosity[J]. Pure Appl Chem,1985,57(4):603-619.
[47] 张慧.煤孔隙的成因类型及其研究[J].煤炭学报,2001,26(1):40-44.
[48] 张慧,王晓刚,等.煤中显微裂隙的成因类型及其研究意义[J].岩石矿物学杂志,2002,21(3):278-284.
[49] 桑树勋,朱炎铭,张井,等.煤吸附气体的固气作用机理(Ⅱ)--煤吸附气体的物理过程与理论模型[J].天然气工业,2005,25(1):16-18,21.
[50] GAN H,NANDI S P,WALKER JR P L.Nature of the porosity in American coals[J]. Fuel,1972,51(4):272-277.
[51] GREGG S J,SING K S W,SALZBERG H W.Adsorption surface area and porosity [J].Journal of The Electrochemical Society,1967,114:220-221.
[52] 傅雪海,秦勇,杨永国,等.甲烷在煤层水中溶解度的实验研究[J].天然气地球科学,2004,15(4):345-348.
[53] 孟召平,田永东,李国富.煤层气开发地质学理论与方法[M].北京:科学出版社,2010.
[54] LEVINE J R.Model study of the influence of matrix shrinkage on absolute permeability of coal bed reservoirs[J].Geological Society,London,Special Publications,1996,109(1):197-212.
[55] LEVINE J R.Coalification:the evolution of coal as source rock and reservoir rock for oil and gas[J].Hydrocarbons from coal:AAPG Studies in Geology,1993,38:39-77.
[56] 傅雪海,秦勇.多相介质煤层气储层渗透率预测理论与方法[M].徐州:中国矿业大学出版社,2003.
[57] 张先敏,同登科.考虑基质收缩影响的煤层气流动模型及应用[J].中国科学:E辑,2008,38(5):790-796.
[58] 岳晓燕,谭世君,吴东平.煤层气数值模拟的地质模型与数学模型[J].天然气工业,1998,18(4)28-31.
[59] 陈月明.油藏数值模拟基础[M].东营:中国石油大学出版社,2009.
[60] WARREN J E.The Performance of Heterogeneous Reservoirs[C]//Fall Meeting of the Society of Petroleum Engineers of AIME,October 1964,Houston,Texas.
[61] WARREN J E,ROOT P J.The behavior of naturally fractured reservoirs[J].Old SPE Journal,1963,3(3):245-255.

[62] 孔祥言.高等渗流力学[M].2 版.合肥：中国科学技术大学出版社，2010.
[63] 庞睿智，郭立稳，齐玉磊.CO 气体在煤层中的扩散机理及模式[J].河北理工大学学报：自然科学版，2009(4)：1-5.
[64] 李传亮.启动压力梯度真的存在吗？[J].石油学报，2010，31(5)：867-870.
[65] 李传亮，杨永全.启动压力其实并不存在[J].西南石油大学学报，2008，30(3)：167-170.
[66] 葛家里，同登科.复杂渗流系统的非线性流体力学[M].东营：石油大学出版社，1998.
[67] 李娜.煤层气分支井产能及优化技术[D].青岛：中国石油大学，2010.
[68] 石丽娜，杜庆军，同登科.煤层气窜流-扩散过程及其对开发效果的影响[J].西南石油大学学报(自然科学版)，2011(3)：137-140.
[69] 熊健，郭平，李凌峰.滑脱效应和启动压力梯度对低渗透气藏水平井产能的影响[J].大庆石油学院学报，2011，35(2)：78-81.
[70] 李维国，黄炳家，同登科，等.数值计算方法[M].东营：中国石油大学出版社，2004.